凝煉知識品味閱讀

工程與法律十講

|增訂四版|

林明鏘、郭斯傑 著

五南圖書出版公司 印行

四版序 | PREFACE

「工程與法律」自初版以來，即開始有效充當臺大法律學院及臺大土木學系選課同學之教材，在不足的授課時數下，能夠提綱挈領，發揮其補充上課內容不完足的功能，而頗受同學喜愛與選用。但因為「工程法律」內容更動甚快，例如：建築法、營造業法、促參法、政府採購法、都更條例時有修正或有修正草案，故本書必須不斷增補及修改必要內容，使得本書能與時俱進，保持其學術生命，故仍勉力增補部分內容，並且同時修訂錯別字或語意不清的論述，兩位作者於此時非常感謝臺大法律學院及臺大土木學系選修本課程之同學熱情指正，使本書可以逐漸減少其瑕疵，但離至善的程度，仍有一段遙遠距離，這是本書兩位作者未來仍會持續努力的學術義務。

本書第四版之修訂，除感謝五南書局法律副總編輯及責任編輯的善意催促及協助外，我們的教學研究助理大力提供協助，功不可沒。他們是臺大法研所碩士班學生：陳紀瑋、謝昕宸同學。最後也要感謝臺大提供二位教授合開工程法律之課程機會，使得本書有用武之地，如果讀者有其他對本書之指教，請不吝透過下述Email給我們有再改善之機會：

臺大法律學院特聘教授
林明鏘 博士
Email：linmc@ntu.edu.tw

臺大土木學系教授
郭斯傑 博士
Email：sjguo@ntu.edu.tw

2021年7月作者謹識於國立臺灣大學

自序 | PREFACE

「工程」與「法律」看似互不相關的兩個研究領域，但是，所有工程界所生的紛爭，莫不與法律規範密切相關。有鑑於此，國立臺灣大學土木學系及法律學系自民國80年代，即有王明德教授與詹森林教授合開課程「工程與法律」的優良傳統。民國92年起，改由土木系曾惠斌教授及郭斯傑教授與法律系林明鏘教授共同於大學部開設三個學分的選修課程，以迄於今，已近十年幾未中斷。惟工程與法律的授課範圍，國內並無定見，所以各種教材並不統一，經過十餘年的教學經驗，乃決定將我們認為重要的法領域及一些基本概念，編成「工程與法律十講」，印行講義，發給同學先行閱讀，以利教學之進行。為免資料散失，共同授課教授乃決定將上課教材公開出版，一方面可以更有利教學資料的保存及更新，另外一方面亦得以公表於國內學界，大家互相砥礪討論，希望「工程與法律」的教材範圍能有一個大家共同接受的最大公約數，使得莘莘學子有一個學習的範圍及框架，有利於此一學門研究深度的累積與開展。

本書草稿曾於民國101學年度上下學期選修「工程與法律」之土木系、法律系同學試用，經改正諸多錯誤及不完整處後，始行定案。所以要先感謝這一年來選修同學所提供之寶貴修正意見。其次，課堂助教，土木系研究生林麗萍，法律學院研究生文大中律師、洪國華律師跟課，協助整理上課內容，居功不小，於此致謝。沒有他（她）們傑出的貢獻，這本書不知又要拖

多少年才得以問世。本書只是我們兩位教授，十餘年來的小小研究教學心得，希望讀者們能給我們批評建議，在下一版修改中，能夠慢慢求其完備。最後，讀者如果有任何意見，請寄到linmc@ntu.edu.tw或sjguo@ntu.edu.tw電子信箱中，我們將會非常感恩。

臺大法律系教授　　臺大土木系教授
林明鏘　　郭斯傑

2013年8月

目錄 | CONTENTS

第六講 營造業法與工程技術顧問公司管理條例 217

第七講 建築師法與技師法 253

第八講 促進民間參與公共建設法（含獎勵民間參與交通建設條例） 287

第九講 都市更新條例 333

圖目錄 | CONTENTS

表目錄 | CONTENTS

第一講

工程與法律之基本概念、法律與紛爭類型

壹、工程與法律之基本概念[1]

案例

臺中市阿拉夜店大火：建材無法可管嗎？

民國100年3月6日，臺中市夜店阿拉（ALA）因猛男表演火把，致不慎引起大火，造成9死12傷之重大慘劇，舉國譁然，事後檢討原因除人為表演過失外，裝潢建材使用易燃物品（隔音泡棉）亦為死傷重大的主要原因之一。試問：

1. 建材管理是工程法律的重要問題嗎？
2. 我國工程法律對裝潢建材使用易燃物品（隔音泡棉）都無法可管嗎？
3. 工程界對建材管理的看法又如何？

「工程法律課程」，其授課重點在於闡述工程相關之「法律概念」及「法律制度」，例如：契約概念及營建管理制度，故欲對工程與法律之內容進行深入的理解前，必須先對牽涉之法律基本概念及法律名詞有充足之先前認識，例如：「工程」的法律意義及研究範圍等問題[2]。無論法律

---

1 有關工程法律的重要參考文獻，臺灣地區之中文書籍約有六十多本論著（請參閱本書附錄重要中文參考文獻者），惟不推薦土木系或其他非法律專業科系之學生，任選一本書後將其念完，蓋因其僅需法律之基本概念即爲已足；至於法律專業科系之同學，若欲對工程法所涉及之個別契約爭點進行瞭解，則王伯儉所著之《工程契約法律實務》有對工程私法契約爭端之基本案型進行解說，且內容淺顯易懂，適於入門讀者之參考，但其不包括公部門之管理法律，則爲其不完整之缺憾。元照出版社，2008年10月2版。

2 Construction law一詞並沒有統一的定義，常見的解釋如下：Construction, involving any improvement or alteration to real property ("real estate") including demolition work to clear a site, is subject to all of the principles and doctrines of law, under the broad, general classfication of Construction Law. The basic principles of law and equity affecting real property have evolved from a broad body of basic laws, regulations, standards, practices, custom, usage, codes and technology. Construction law may embody improvements of all sizes and complexity from basic, residential work, to enormous, complex projects of hydroelectric impoundment and genertion, city planning, and mass transportation. While constrction law cuts across a broad spectrum of laws, it is atill

學、工程學皆係一門博大精深之學問，不同領域間應如何相互理解，非法律專業科系同學又應具備何種基本之「法學常識」，方能對工程中所涉及之法律爭端進行學習？法律專業科系之學生又應如何理解工程上之基本常識，才能圓融無礙地與工程人員進行對話？此種雙重學術障礙的門檻，往往是工程法律初學者最需具備的先決知識，因此以下乃循序對此種法學基本概念及工程概念進行介紹。

一、法律上「工程」的概念（定義）

什麼是工程？又什麼稱爲法律？工程與法律是否有交集之處？常常是本課程第一堂課必須先釐清之問題。法律上對於工程的定義或許可作爲初學工程法律者的切入點：法律宜否對各種學科概念（譬如：工程）加以定義？在英美法系與歐陸法系中有不同的研究方法，前者基於個別案例法之研究角度，認爲並無將各種概念予以抽象定義之必要，因社會事實多端，過於僵化的定義會強將不同個案適用相同標準而損及個案正義之追求；反之，後者則認爲「無規矩不成方圓」，立法者僅能在工程之內涵釐清後，方可對相關工程一般行爲進行管制。本文無意爭論英美法、歐陸法何者較優之千古難題，惟爲了有利初學者之學習方便，本文擬先對法律上工程的概念加以介紹，有利於提供一基本的框架或概念，作爲入門的導覽圖，使初學者不至於迷失方向進而有其學習上之優勢。

目前我國法制對工程的定義並不多見[3]，僅能於政府採購法第7條第1項見其部分規定，其內容爲：「本法所稱工程，指在地面上下新建、增建、改建、修建、拆除構造物[4]與其所屬設備及改變自然環境之行爲，包

---

closely interrelated with many of the traditionally recognized principals and doctrines of the law, including; real property, contracts, torts, business organtions, labor, tax, and (possible) conflicts of laws. (http://definitions.uslegal.com/c/construction/)

[3] 土木工程法草案對工程亦設有定義，其定義爲：「土木專業工程，除建築師法所稱之建築物及其實質環境以外，其他在地面或水域上下新建、增建、改建、修建、修復補強、拆除土木專業工程構造物，以及改變自然環境之行爲：土木專業工程構造物，爲定著於陸地或水域，具有承受及抵抗載重、風力、地震力及其他自然力等構件系統之土木專業工程結構物及工事。」

[4] 建築法對於該法第4條所稱之「構造物」並未明確定義，有認爲若從同條與同法第7條之

括建築、土木、水利、環境、交通、機械、電氣、化工及其他經主管機關認定之工程。」從法條文字可發現其範圍甚為廣泛，即除了包括土木、營建工程外，化工、機械、電氣等此類於土木、營建事件之輔助事項亦包括在政府採購法所稱之工程範圍內，亦即營繕工程為主。惟政府採購法第7條第1項僅限於政府採購事件之工程範圍而已。從而在牽涉工程事件的諸多重要法規範[5]當中衍生的問題在於，不同法律所稱之工程可否作為工程範圍定義統一的理解？例如：「工程法草案」可否對工程另外定義？對工程之法律定義之結構分析，得以圖1-1示之。

再者，若仔細觀察政府採購法第7條第1項之規範結構，應不難發現其有兩段之結構，前段係屬抽象性之定義，即「新建、增建、改建、修建及拆除行為」，是對工程特徵之描述，重點在於「建」及「拆」兩者；本項後段尚有抽象概括條款：一切「改變自然環境之行為」，避免掛一漏萬之其他工程行為型態，惟問題在於個案中應如何適用本條之定義？舉例來說，樹屋的建造、貨櫃屋（啤酒屋）「室內裝潢」是否屬政府採購法第7條第1項所稱之工程？「裝潢」有無同條所指之改變自然環境的行為？

圖1-1　工程概念

（本圖由本書自製）

「雜項工作物」概念，可認為若建築物並非雜項工作物者，且具有頂蓋、樑柱或牆壁，且供個人或公眾使用者方屬之，並且有學者採取更嚴格之定義，要求「頂蓋、樑柱、牆壁」應三者兼備，而非僅有其一，參照朱柏松，〈論越界、違章建築之法律效力〉，月旦法學雜誌第104期，2004年1月，頁190至203。而「構造物」與民法第66條第1項所稱之「定著物」，屬於不同之概念，此觀諸司法院大法官釋字第93號解釋理由書即可得知，該號解釋指出「定著物指非土地之構成分，繼續附著於土地而達一定經濟上目的不易移動其所在之物而言」，繼而認為「輕便軌道」屬於定著物，但「輕便軌道」並不具有「頂蓋、樑柱、牆壁」，因此，自不屬於建築法所稱之「構造物」。

5 譬如下述各講之：政府採購法、促進民間參與公共建設法、營造業法、建築法或都市更新條例等。

又，地質鑽探之抽取岩心是否爲同條所稱之工程？單純地貌之改變，例如：僅打地樁但不開挖，是否屬之？對此問題，本文以爲法律上工程的概念，係指以土木、營建爲中心並結合其他機械、化工、電氣科學之特殊學問，其範圍非常廣泛，惟絕不單以營建爲中心，亦絕不僅限於建築物、工作物之興造，即便單純地形、地貌之改變，只要涉及自然環境之影響，即應納入工程法律所規範之範圍。但本書並不擇取如此廣泛之概念，否則環評制度即應納入本書之討論，其範圍即屬廣義之工程。所以，本文採取狹義之「工程」定義以免打擊範圍過大。

二、法律與契約的概念

法律依憲法及中央法規標準法係由立法院三讀通過，總統公布之對一般人民[6]具有抽象性的法規範。依據中央法規標準法第2條規定法律可分爲「法」、「律」、「條例」及「通則」等四種名稱，對法律之理解最重要者在於，法律和行政命令之區隔，因原則上僅有法律可以對人民做限制、侵害或剝奪其自由或權利之規制（憲法第23條規定）。其次，依憲法第171條、第172條規定，法律和行政命令具有法位階性高低之關係，其位階依序爲憲法、法律、命令，而低階之法規範原則上不可違背上位規範所決定之價值。再者，憲法作爲我國法治最高的價值決定，亦已約略提及「工程」在憲法之地位：例如我國憲法第107條第10款所稱之「度量衡」賦予中央政府介入營建工程管制之權限，亦是目前部分工程由中央主管機關統一管轄之原因；此外，「法律先占」亦爲主因。惟若與憲法第109條、第110條比較觀察，似可發現憲法有意將營建工程管制權限劃歸爲地方自治之權限，惟隨著憲法第109條之凍結及地方自治之立法制度在我國之效能不彰，工程管制似已形成由中央政府以法律全面管轄之趨勢，而地方法規僅扮演次要之管制角色。例如：地方之「自治條例」[7]。

---

6 惟有例外，譬如離島建設條例；又在法律當中亦可能未對所有事項加以規制，譬如按建築法第98條、第99條之規範，特種建築物即不受建築法的管制，例如，台中火力發電廠即是特種建築物。

7 例如：臺北市道路挖掘管理自治條例、臺北市拆除合法建築物賸餘部分就地整建自治條例、臺北市下水道橋樑隧道附掛纜線管理自治條例等。

惟在德國等其他歐陸大陸法中，基於行政效率與管理功能最適的考量，營建之管制權限多爲地方自治團體的權限。各位試想，若臺北火車站之使用執照係由中央政府所核發，其工程圖說亦係由中央政府予以保存，惟若發生火災時，臺北市消防隊欲尋找工程圖說以定救災路線，卻要透過市政府向中央主管機關索討圖說，其救災時間之耗費與行政流程之耽擱，並不符合管制功能最適理論。從而本文認爲關於營建管制，中央政府之權限應僅限於「度量衡」統一標準之框架而已，至於建管等工程行政宜回歸地方自治之本旨而由地方自治團體立法及執行較爲有效率。

契約常定工程法律中最低位階之規範，但卻最直接影響當事人間權利義務關係，依據「私法自治原則」，契約只要不違反強行規定或善良風俗，均具有拘束契約當事人之效力。契約又可分成私法契約與行政契約（§135～149行政程序法）兩種，各受不同法律之規定限制，前者受民法及其特別法（如消費者保護法）之限制；後者則受行政程序法之規範。

三、中央主管機關權責的劃分：內政部與行政院公共工程委員會（民國102年以後的財政部或交通及建設部）

2012年前重要之營建工程管理法律，如：建築法、建築師法、都市更新條例、工程技術顧問公司管理條例、營造業法等，其主管機關爲內政部，但因促進民間參與公共建設法、政府採購法之主管機關卻爲行政院公共工程委員會，加以區隔主管機關是否妥當不無疑問。此外，自2012年後我國行政組織體系產生重大變革，原內政部轄下之營建管理業務和公共工程委員會之權責，將移轉至新設之「交通及建設部」予以統籌；而政府採購與促進民間參與公共建設業務則移交予財政部負責[8]，但因政黨輪替後，執政黨認爲原來此部分之組織改造政策有重新檢討的必要，因此已於2016年6月撤回此一提案[9]，但就既有內政部與公共工程委員會間職權如何妥善協調，仍是難題。

[8] 陳隆欽，〈行政院新機關組織法案立法情形〉，人事月刊第323期，2012年7月，頁43至54。

[9] 交通部網頁資料，2016年7月6日：「……惟經行政院考量爲落實改組後行政院政策及蔡總統政見，有就原送法案重新檢討之必要，爰於105年6月23日以院授發社字第1051300809號函請立法院同意撤回本部組改法案……」

四、地方自治團體

目前依建築法及相關工程重要法律之地方主管機關亦分別列有直轄市政府及縣市政府。但是雜項執照的發放，尚有鄉鎮市公所，因此，目前地方行使建管之權利方面，地方自治團體亦扮演著不容忽視的角色。表1-1則是臺灣目前各縣市政府之主管工程機關（或內部一級單位）：

表1-1　地方工程主管機關（單位）

縣市政府名稱	工程主管機關
臺北市政府	都發局
新北市政府	工務局
桃園市政府	工務局
臺中市政府	建設局
臺南市政府	工務局
高雄市政府	工務局
基隆市政府	工務處
新竹市政府	工務處
新竹縣政府	工務處
苗栗縣政府	工務處、建設處
雲林縣政府	工務處、建設處
彰化縣政府	工務處、建設處
嘉義縣政府	工務處、建設處
嘉義市政府	工務處、建設處
屏東縣政府	工務處、行政處採購品管科
宜蘭縣政府	工務處、建設處
花蓮縣政府	建設處
臺東縣政府	建設處
南投縣政府	工務處
澎湖縣政府	工務處、建設處
連江縣政府	工務局、建設局
金門縣政府	物資處

（本表由本書自製）

貳、工程與法律之法律關係

案例

購置工業區之住宅案例（買賣契約是否有效？）

甲向乙購買位於新北市中和區之預售屋，結果發現該屋位於乙種工業區內，甲應如何向乙主張其權利？得否主張解除契約，請求退還定金？區位是否屬契約必要之點？

工程與法律之交接領域

假設法律與工程為兩個圓的話，其間之關係，可簡單畫一個圖1-2表示。

工程法律之研究，本質上會涉及到工程與法律兩大學門交錯之管制規範法規，若依照法律關係加以分類，私法法律關係係以民法（尤其是民法契約相關規定）作為工程法律之重心；而公法關係則以行政主體的公法行政管制為核心，得再分述如下：

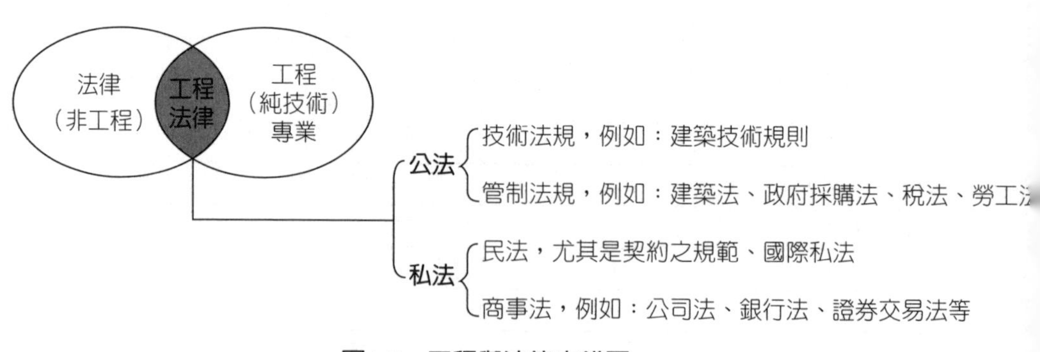

圖1-2　工程與法律交錯圖

（本圖由本書自製）

（一）私法關係

例如業主（地主）與營造商基於雙方合意所形成之工程契約，在當事人之私法關係間具有主導性之地位，而尤以民法第490條以下所稱之承攬契約類型[10]最爲重要，惟須注意的是，工程契約並不限於承攬契約之單一型態，同時具有買賣、承攬及委任等諸多特性之有名或無名契約的混合性契約，在工程實務中亦所在多有，諸如：「統包」之工程契約，廠商於設計階段所爲之給付行爲乃係工程圖說之完成，具有委任契約之特性；其後之施工行爲則同於一般工程契約具承攬契約之內容，從而「統包」契約具有混和契約之特性。從而，部分論者認爲民法承攬一節所立之規範，係工程法律之基礎法理而已，其他具有法律管制之規範亦不應排除，除與「私法自治」、「契約自由」等一般私法基本原則有所違背外，民法亦忽視工程契約可能具有之混和特性，而有再予檢討之必要。甚至應該增訂「工程契約」一節，以符合當事人未約定權利義務時之實際補充需要。

在當事人雙方所合意形成之契約關係中，最爲重要的是個別契約內容之約定，會直接影響到廠商與業主之具體權利與義務關係，惟契約內容之探尋在工程實務中極具特色，申言之：除契約書所載之條文約款外，招標公告、附件文書或開會紀錄等皆可能成爲契約內容之一部分。蓋依我國民法之規定，契約僅需當事人雙方就契約主要之點達成合意即爲成立，不以書面爲必要，是故，若業主與廠商於會議中達成之協議即便未得見於正式契約約款內，亦可能仍具有拘束雙方當事人之效力，而實務上對會議紀錄是否成爲契約內容一部之爭議，則以公部門所發包之公共工程契約最爲常見。

契約成立生效後，契約中的債務人負有給付義務（包括主給付義務與從給付義務）及附隨義務。債務人若未依契約內容而履行，則有涉及民法債務不履行的相關規定，債務不履行主要有三個態樣：給付遲延、給付不能、不完全給付。所謂附隨義務，乃爲履行給付義務或保護債權人人身或財產上利益，於契約發展過程基於誠信原則而生之義務，包括協力及告知

---

10 民法第490條第1項：「稱承攬者，謂當事人約定，一方爲他方完成一定之工作，他方俟工作完成，給付報酬之契約。」例如：委託藝術家朱銘代爲雕刻媽祖神像。

義務，以輔助實現債權人之給付利益。倘債務人未盡此項義務，應負民法第227條第1項不完全給付債務不履行之責任[11]。參照下圖。

契約問題的爭議之所以重要，乃係因涉及到風險事前分配之問題，尤其工程具有變異性、特殊性，因充滿不可預料之工地狀況，導致風險分配之結果影響當事人權益甚劇，舉例以言：我國雪山隧道工程，囿於地質探勘技術之極限，原預定之潛盾機因不堪使用導致工期有展延必要，且展延期內因物價飛漲同樣造成施工成本激增，若施工成本激增係不可歸責於當事人雙方時，有關此種風險應如何負擔或分配之問題，即具有關鍵性之價值。基於「私法自治」、「契約嚴守」等原則，應以契約探求當事人眞意作爲判斷依據。再者，契約約款理論上具有避免訴訟、預防紛爭之功用，惟須有賴契約當事人於事前就工程之特性予以判斷並合理分配風險，然因我國公共工程實務契約常係使用定型化契約及契約要項加以訂定，忽略工程個案所具有之特殊風險性，往往導致個別契約喪失事前控管之機能，亦係工程爭議層出不窮之主因[12]。

圖1-3　債務不履行態樣

---

11 參照最高法院100年度台上字第2號判決。

12 我國工程契約使用例稿（定型化契約範本）之特性，導致原定契約內容喪失風險負擔之機能，若按契約加以分配風險將產生顯失公平之結果，除容易造成紛爭外，亦使司法過度介入契約之內容，而導致「契約嚴守」精神在工程契約中不易彰顯，亦與私法之一般原則有違。此外，工程界人士對於契約之認知亦與法律規範有所脫離，蓋工程界重於工程之完成與契約「結果」之正確，契約內容成爲枝微末節之旁枝事項，惟私法自治所形成之契約規範效力可謂是法律界的基本定律，此種不同學門對契約所生之認知差異，亦造成工程與法律對話之障礙。

（二）公法關係

公法關係係以行政主體的行政管制行爲[13]爲核心，具公權力行使之特性，除涉及國家管制之問題外，亦常會直接對私人契約約款之有效性造成直接影響，而在法律研究上又以法律位階之公法規範爲重心，蓋因諸如：建築技術規則等行政命令，因偏向技術性之標準而在法制研究中未具有重要性。此外，在諸多與工程相關之公法規範中，應以下列行政五法對於工程之直接規範最爲重要，以下各講會加以詳細說明之：

1. 建築法[14]

建築法在營建管理中占有極重要之地位，該法係管理建築物類似自然人之出生到死亡的一切流程（請參閱圖1-4），且建築法亦授權多項子法規定（即法律學上所稱之法規命令），如「建築技術規則」等[15]，但在法學研究上，仍以建築法爲軸心，而對於建築法各種具體規範目的之理解，亦有助於營建管制基本法律體系之認識。譬如：營建管制爲何要設計諸多許可制（即證照）之存在？這是因法律上之基本假設認爲：透過層層事前、官方監督與許可，希冀提供人民一個安全、可長遠使用的安全住宅，以保障人民生命權與財產權。這是一種國家廣義的「擔保責任」。

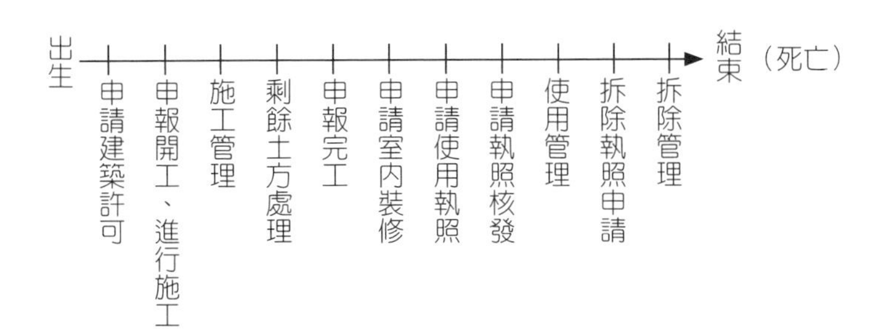

圖1-4　建築法之管制體系

（本圖由本文自製）

---

13 法規範的管制作用又可細分爲：預防→管制→責任三階段之不同法規範。

14 美國建築規則多係由建築師公會所自訂，而非法律規範，譬如紐約州即屬之，其建築規則係業界基於長久慣行所形成之慣例，對違反者，公會有懲戒的權限，可將會員逐出公會，且伴隨強行入會之工會制度，逐出工會亦即代表不可再爲執業，效力不可謂不強，翻譯上論者有稱爲「魯班規則」，此種藉由公會自律所建立的工程規範與臺灣之管制模式截然不同，有其比較法研究上的重要價值。

15 建築技術規則除總則編外共有三大編，條文約有1007條。

2. 政府採購法

我國政府工程採購每年涉及數千億以上之國家預算，乃係目前工程界最大的商機與案件來源，惟政府採購涉及公共利益的追求、公法與私法的銜接及公平競爭保障等特性，其內涵遠較民間自辦的工程案件複雜，廠商如何在與政府締約的過程中保障其私人權益，政府又如何達成其工程採購目的確保公共利益，締約雙方如何在工程契約中商議合理分配風險，契約進行中合理進行契約協商變更，皆屬目前工程法律界極具爭議與挑戰之難題。

3. 促進民間參與公共建設法（含獎勵民間參與交通建設條例，以下簡稱獎參條例）（簡稱BOT法）

政府利用民間資金及專業效率共同完成公共建設，乃是BOT法律最主要目的，而台灣高鐵或高雄捷運爲臺灣BOT事件最典型之案例，BOT制度的產生來自於公部門具有大量的土地或眾多的法定公共任務卻無足夠之資金，私部門擁有充沛的資金及技術卻無推動公共事務的公權力，因此希望藉由民間的活力來推動國家建設的發展，達到雙贏之結果。但是執行結果顯示：其中尙有諸多問題難以克服，弊案亦層出不窮。

4. 營造業法

營造業法係爲合理管制最主要的營造主體：營造業廠商，健全我國工程體質所定之一部重要法律，具有工程管制的關鍵意義，亦對我國工程品質確保有重要之影響。惟我國營造業法自施行以來，仍有許多問題尙待解決，譬如：營造業評鑑制度的合理性與正當性、營造業負責人的專業責任、營造業營業範圍之限制及營造業工程之分包等議題，皆有待學說與制度之探討與補充。

5. 都市更新條例（以下簡稱都更條例）

都市更新目前已與促進民間參與公共建設（以下簡稱促參）業務及政府採購業務成爲工程鼎足三立之制度，廣受社會大眾注目。但是因爲都更條例立法偏差，導致臺北士林文林苑事件，民眾對都更制度戒愼恐懼與不安。

工程法律管制具有強制干預人民生活型態的作用，尤其國家管制手段需要有法律之明文，才能限制人民之權利與自由，譬如，臺中市阿拉（ALA）夜店大火之問題發生後，建築法是否有規範之漏洞，有無修法必要以防範使用易燃材料充爲裝潢之建材？而此種國家對於工程的引導作用，即係利用公法規範（例如：修改建築技術規則）加以體現，其規範特色是強制一體適用，人民不可以透過雙方協議排除公法之適用；反之，私法關係原則上是基於「私法自治」、「契約自由」之原則，人民原則上可透過雙方協議予以改變民法上權利義務關係，但仍不得與法律之強行規定相互牴觸。

再者，工程法律亦牽涉到國際法之問題，因營建技術、營建規則具有世界之共通性：FIDIC[16]（全文爲Fédération Internationale des Ingénieurs-Conseils，縮寫自國際諮詢工程師協會的法文原名）爲國際工程師協會所訂的營建慣例，隨著國際間之跨國營建成爲極普遍之趨勢，亦有成爲我國法下工程法理之可能（民法§1規定之習慣與法理），舉例以言，工地施工時挖到地下不爲人知之古蹟時應由何人承擔風險？此類事項在國際慣例上有一定之遊戲規則，多數國家的營造業者多會遵守，而若要吸引外國廠商進駐或鼓勵國內企業走出臺灣，相關國際規範就不能加以忽視，反而應加速研究分析。

參、臺灣工程之歷史

臺灣現代意義之營建歷史依李乾朗先生之見解應從1895年日治時代開始發展，1930年起則進入第二階段，1960年後爲第三階段。惟從法制史而言，國家管制的全盤介入則起於1970年代建築法、建築師法之全面修正開始，簡言之，自70年代以後國家逐漸增強營建管制力度與深度，開

---

16 FIDIC的中文譯本得參閱唐萍，菲迪克（FIDIC）合同指南（中英文對照本），機械工業出版社，2012年5月31日初版。

始進行全方位的工程管制[17]。

1980、90年代則分別完整化政府採購制度。尤其是營建工程的法制化，使得公共工程的發包不再僅靠「機關營繕工程及購置定製變賣財物稽察條例」（現已廢止）之部分及事後監督。90年代則因爲公共建設經費不足，爲注入民間資金及人力，故建立官民合作之BOT（學說上亦稱之公私協力）制度，獎參條例及促參法分別完成立法。台灣高鐵及高雄捷運始有完整之法源依據，可以透過制度進行官民合作，從事大規模之合作興建，營建公共工程，臺灣全面進入另一個嶄新的管制手法年代。

肆、工程法律之特性與紛爭之類型

案例

建築師的法律責任與工程紛爭

張建築師設計並監造一幢12層之RC建築物，其中結構部分，並依建築法交由劉結構技師辦理，劉技師因一時疏忽，致結構計算有誤，該建築物於921大地震，因4級地震而倒塌，住戶死傷慘重，試問：

1. 張建築師與劉結構技師應如何連帶負法律責任？
2. 張建築師主張結構部分應由劉技師單獨負責，在法律上是否有理由？

工程法律之體系在管制理論流程角度下，得以預防階段、管制階段及責任階段[18]等三階段作爲區分，惟在嚴格的分類區分的立場，此三階段之界限卻不夠明確，舉例來說，建造執照之許可制度，應歸類爲預防或管制

17 建築史的相關書籍，可參李乾朗，《臺灣建築百年》，美照文化，1998年3月增訂版，頁8至10。

18 責任在我國可細分爲民事責任、刑事責任及行政責任，且三者可同時並行，行爲人並不僅是擇一負責。

之階段即頗具疑問。再者，工程法律的另一主要特色係工程管制中充滿預防、管制與責任三者互相重疊的情形，譬如建築法第13條第1項：「本法所稱建築物設計人及監造人爲建築師，以依法登記開業之建築師爲限。但有關建築物結構及設備等專業工程部分，除五層以下非供公眾使用之建築物外，應由承辦建築師交由依法登記開業之專業工業技師負責辦理，建築師並負連帶責任。」即同時重疊包含預防、管制與責任等三大階段之法規範，但此種流程分類，仍可以作爲工程法律體系分類之參考，以充上課舉例，講授之參考。例如：上述建築師法第13條第1項所稱之「連帶責任」是否包含刑事上、民事上及「行政上」（吊照）之連帶責任呢？法律內容含糊不清也造成本案例解答上之歧異性。

一、我國工程法律之特性及其問題

（一）工程法令不完全為行政機關或人民所嚴格遵守

工程法律規範在實踐面上來說常有應然面（sollen）與實然面（sein）之落差，尤其在工程法律的管制規範中，法規範與實務之實然面（需求面）矛盾特別顯著。舉例而言，建築法第33條明定建照執照之審核期限爲10或30天[19]；但實際上，行政機關建照執照的審核發放實際上往往須長達數月，推其原因乃係建照執照之審核涉及工程複雜之計算及核對，最長30天的審核期限具有行政機關現實上難以達成的困難。其次，我國違章建築的管制亦係另一適例，蓋基於合法建築秩序的維護，對於違反行政義務之人民行爲，政府機關應隨時予以糾正，必要時亦得以公權力強制人民履行其義務。而頂樓加蓋的違章建築除非經申請許可或加蓋面積及建材符合相關行政命令之要求，原則上非屬建築法承認的合法建築物。依照建築法第97條之2的規定，內政部應訂定適當辦法處理之，惟吾人應不難發現，頂樓加蓋之事例於我國非常頻繁，相關建築規範未能發生應有之管制

---

[19] 建築法第33條：「直轄市、縣（市）（局）主管建築機關收到起造人申請建造執照或雜項執照書件之日起，應於十日內審查完竣，合格者即發給執照。但供公眾使用或構造複雜者，得視需要予以延長，最長不得超過三十日。」

功能，人民並不加以遵守或服從，行政主管機關亦無能為力。

從前述二例可知，法律的應然規範固然不可與社會客觀環境完全脫節，亦不宜與社會主流認知價值差距過大。行政機關雖有依法行政之義務，但當法律明定之行政義務客觀上難以達成時（包含執法成本過高及人民守法意願過低），亦僅能將相關法律強制規範解釋為訓示規定，以避免行政機關無法依法行政。其次，法律的制定亦須衡量人民遵守秩序與違反秩序而受懲罰之成本差距，若責任成本輕微且違反行為義務可產生重大利益時，亦難以對人民產生強制遵守的效果。此外，須特別說明的是，工程法律的管制因本質上多僅具有技術管制之色彩，道德非難性較低，人民違反工程法上之作為或不作為時受良心譴責情形較少，亦係工程法律管制難以落實的原因。

（二）行政機關多以行政命令便宜從事工程管制，法律保留密度明顯不夠

憲法第23條明定對人民基本權利的限制須受法律保留原則的拘束，司法院大法官釋字第443號解釋理由書明白宣示「層級化之法律保留原則」[20]，從而，法律保留原則的意義並不在要求：所有限制人民基本權利的國家行為，皆必須有狹義法律之明文規定，若法律對行政命令之發布有具體、明確授權，仍得為對人民自由權利加以限制。但在工程法律的管制體系當中，眾多攸關人民生命、財產保障或營業自由的重要事項，目前行

[20] 司法院釋字第443號解釋理由書（節錄）認為：「憲法所定人民之自由及權利範圍甚廣，凡不妨害社會秩序公共利益者，均受保障。惟並非一切自由及權利均無分軒輊受憲法毫無差別之保障：關於人民身體之自由，憲法第八條規定即較為詳盡，其中內容屬於憲法保留之事項者，縱令立法機關，亦不得制定法律加以限制（參照本院釋字第三九二號解釋理由書），而憲法第七條、第九條至第十八條、第二十一條及第二十二條之各種自由及權利，則於符合憲法第二十三條之條件下，得以法律限制之。至何種事項應以法律直接規範或得委由命令予以規定，與所謂規範密度有關，應視規範對象、內容或法益本身及其所受限制之輕重而容許合理之差異：諸如剝奪人民生命或限制人民身體自由者，必須遵守罪刑法定主義，以制定法律之方式為之；涉及人民其他自由權利之限制者，亦應由法律加以規定，如以法律授權主管機關發布命令為補充規定時，其授權應符合具體明確之原則；若僅屬與執行法律之細節性、技術性次要事項，則得由主管機關發布命令為必要之規範，雖因而對人民產生不便或輕微影響，尚非憲法所不許。又關於給付行政措施，其受法律規範之密度，自較限制人民權益者寬鬆，倘涉及公共利益之重大事項者，應有法律或法律授權之命令為依據之必要，乃屬當然。」即屬學理上之「層級化法律保留原則」，並參閱吳庚，《行政法理論與實用》，2012年12版，頁86以下。

政機關多以行政命令予以管制（例如：建築技術規則、違章建築處理辦法等），而是否具有充分之法律授權？授權之目的、內容、範圍是否明確？則頗有疑問。舉例而言，建築材料對建築安全影響重大，亦對業者的營業自由或人民之生命、財產有直接影響，但目前我國僅以建築技術規則管制建築材料之使用方式，建築法本身毫無規範，是否違背法律保留原則的要求即非無疑問，尤其建築法第97條作爲建築技術規則的法源依據，其條文文義可否得出規範得包含建築材料規範之一具體授權意旨，容有討論空間。

（三）公權力介入之機制欠缺補充性原則之考量

我國公法規範雖允許行政機關於私權發生紛爭時介入該私法爭議，目的在保障人民之權益並兼顧社會和諧之公共利益，惟鑑於私權爭議的本質應由私人彼此間相互解決。並宜考量行政公權力的介入有效性，公權力對私權爭議之介入應受補充性原則之拘束，申言之：公權力僅在最後必要時方得對私權爭議加以干預。然而在我國工程法律的規範當中，行政機關卻常有過度或過早介入私權爭執之疑慮，以鄰損事件爲例：基於臺灣處於多地震地帶、地質特殊且建築物相鄰緊密，因工程而發生之鄰損事件在實務中並非罕見，而當鄰損事件發生時，行政機關多會因當事人反映迅速介入當事人之私權爭執予以調處，但在調處期間常命營造業者暫停施工，對當事人之權益影響極爲重大，是否符合公權力介入補充性原則？有商榷之餘地。

然而行政機關對於鄰損事件的介入調處，除有違反法律保留原則的疑慮外，毋寧更重要的是，行政機關得開啓調處之要件及公權力行使或發動之限制要件爲何？調處程序是否符合正當法律程序的要求？本文以爲，行政機關非不可介入私權爭議當中，惟其開啓要件須受限制，亦即須基於重大公益考量或爲消弭企業與人民地位嚴重不平等所生之最後手段性，方具備公權力介入的正當性。再者，調處程序基於正當法律程序的要求亦須受到憲法及法律之管制，尤其因調處而作成限制起造人繼續施工之行政處分，因對起造人權益影響重大，應設有最長期間之限制及替代方案之提供

（譬如起造人得以提存擔保方式取代停工處分），對人民權益之保障方屬公平與合理。

（四）工程行政命令規範過細或缺乏彈性

目前建築行政命令等法規範常過於僵化缺乏彈性，在實務執行上造成問題，例如：建築技術規則之總則編，有關建築物用途分類、組別及用途項目（§3-3）即是最典型之適例，且建築法一部分違反法律保留，另一部分行政命令卻又過與細緻而缺乏彈性。這種法規過度僵化卻同時也缺乏彈性的矛盾衝突，是建築法中目前難以解決的問題，有待全盤去檢視建築法中的規定，其規範是否缺乏彈性，致實務上難以遵循之情形存在。

（五）工程法律常以防弊為主軸，缺乏興利或裁量空間之設計

法律制度的設計除在防止公務人員執法時所產生之弊端發生消極作用外，亦應有對人民或公共利益興利的積極作用，使公務人員得爲公益謀取最大的利益。然而因我國文官體系的廉潔性未獲全民肯認，導致目前諸多法規範的設計主要在防弊，亦即防止公務人員執法時貪污舞弊之機會，大量限縮公務人員之行政裁量權限，其中又以政府採購法之規範最爲顯著。然而過度注重防弊之設計，會使得國家行政缺乏具體個案之裁量權限和彈性，造成政府官員無法及無權勇於任事，替政府爭取最大利益，就長遠的國家發展來看並不妥適。例如：政府採購法第22條有關限制性招標須有嚴格之法定要件；採購不訂底價，除須敘明理由外，並須受法律限制（政府採購法§47規定）。雖具有防弊作用，但實際執行上，仍發生許多弊端。因此，防弊要件須檢視是否眞正具備防弊功能？而非紙上遊戲規則，反而窒礙行政機關的彈性空間。

二、工程法律之紛爭類型

依時間軸分類歸納工程紛爭的可能類型：共有①及②兩種主要類型，參圖1-5。

在訴訟實務上最常見都是因契約紛爭所提起由民事法院審理之民事訴

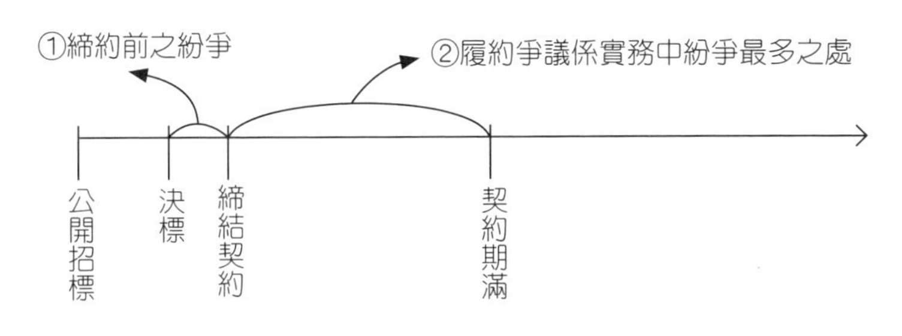

圖1-5　工程紛爭類型

（本圖由本書自製）

訟，因爲不論採購契約及承攬契約均屬民事契約，所以行政法院審理的行政契約紛爭，反而是極爲少數，例如ETC行政契約之紛爭問題。

歸納國內已發生工程弊案尚有諸多值得國人關注者，例如：

1. 高捷弊案：政府出資逾八成以上，是否仍堪稱爲BOT案件？
2. ETC事件：投資契約的定性到決標過程，疑雲重重。
3. 東興大樓：921大地震倒塌案，政府有沒有國家責任？
4. 桃園機場捷運事件：涉及民間發包、施工之BOT促參事件，但民間發現無法獲利，致解除契約，重由政府編列預算興建，致耽擱興建時程。
5. 南科減震工程：兩種工法，一種貴、一種便宜，但效果差不多，公部門卻選貴但效果相去不多的工法，是否有違政府採購法？
6. 貓空纜車：需否申請建照、環評、坡審、水保審？
7. 高鐵：地層下陷，促參法有無賦予公權力，可禁止人民抽取地下水，以確保BOT案件之營運？
8. 阿拉夜店：管不到的室內裝修建材？或是執法不嚴？
9. 廣慈博愛院：被解約的BOT社會福利設施，社會福利設施也能BOT嗎？
10. 大、小巨蛋：興建及管理過程中，紛爭不斷。
11. 消防署政府採購弊案：前署長一人可以一手壟斷採購案？政府採購法令全盤失靈？

伍、延伸閱讀

林明鏘，〈工程與法律教學研究之科際整合〉，臺大法學論叢第38卷第3期，2009年9月，頁1至34。

第二講

建築法與建築技術規則

案例

建築法管制之溯及既往政策

國立臺灣大學有數十棟在民國60年前建築法未全面施行建築許可制前，業已興建完成之校舍，民國100年以後，臺灣大學某系館，因為陳年建物無建照及使用執照，如今欲增建無障礙空間及電梯。試問：國立臺灣大學是否須依建築法規定再申請建築執照及使用執照？由誰申請？校長、總務長或系主任？向誰（哪個行政機關）申請？（建築法§96）

壹、建築法之重要概念與體系

一、建築執照

建築法之管制流程及效力範圍係從申請建築許可到建築物之拆除管理，乃是建築物從出生到死亡之管制，規範時間可能長達幾十年，稱建築法爲工程法律之憲法亦不爲過。建築法所管制之建築執照分別爲：建造執照、雜項執照、使用執照及拆除執照，目前建築執照多由地方主管機關核發，僅少部分特種建築物得由中央主管機關核發。建築許可之目的即在於事前管制作用，惟不適當之管制亦會引發問題，舉例以言：依照建築法第33條規定，我國建築執照之許可視其結構之複雜程度，最長應於30天，通常則在10天內審查先竣應予核發。惟在實證研究上，因建築許可之審核需要專業知識的操作與反覆核算，通常須耗時數個月之時間，從而目前短暫期間之發照設計，是否會導致主管機關審核建築設計以保障人民安全之目的無法達成，不無疑問[1]。

---

1 實務上則產生「技術行政分離」以茲因應，所謂技術與行政分離係指依建築法第34條規定主管機關不審查技術事項。此外，短暫期間設計之目的，推其原因應在避免公務人員貪污舞弊情狀之發生，惟因建管機關於工程結束（即使用執照取得）前具長時效的抽驗權限，

二、設計人與監造人及其他主體（技師、工地主任）

其次，相較於建築許可之管制，我國建築法目前對使用執照之管理甚爲簡陋，惟讀者應不難發現，建築物自完工交付後之使用期間，應係建築物最長久之狀態，目前制度設計上，輕使用管理重執照之核發應係顯而易見。再者，建築法第13條使建築師成爲唯一之法定設計與監造人，並在營建法律關係中，賦予建築師領導其他專業技師之特別地位，惟若仔細探查我國目前建築師、專業技師的實際執業人數及各別之專業知識，應不難發現建築師與專業技師在營建管理中乃各負有不同之法定責任，目前建築法第13條使建築師具有特殊之法律地位似不妥適。目前建築師與技師之分工如圖2-1。

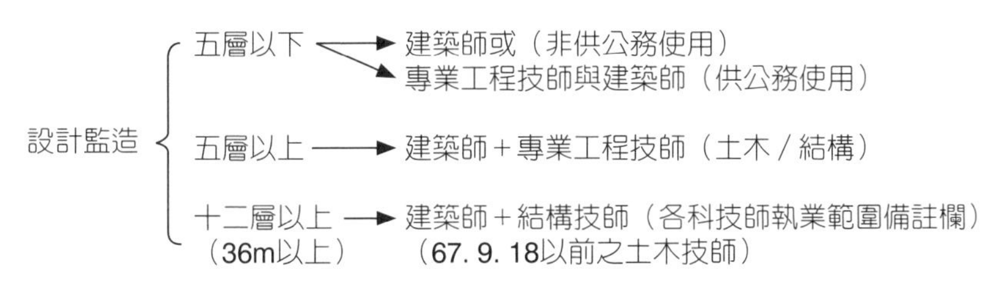

圖2-1　建築師與其他專業技師關係

（本圖由本書自製）

導致短暫審核期間的設計亦無法達原本防弊之目的，詳參林明鏘，〈論建造執照之審查與簽證：技術與行政分立制度〉，月旦法學雜誌第151期，2007年，頁6至18。

貳、老舊建築物之處理與不真正溯及既往之概念

我國建築法係遲至民國60年代方完備化，建築、使用、拆除等之執照管制亦係自此才開始全面施行，因此衍生的問題在於，民國60年代以前即已建造完工並交付使用的老舊建築物有無申請執照之必要？尤其隨著建築技術規則之進步，老舊建築物的設計圖說多有遺失外，其設計亦多不符合現行之技術規範，例如：消防及無障礙空間、綠建築之要求，此種以老舊建築物適用現行技術規範之結果，是否有違「法律不溯及既往」之基本原則？

按「法律不溯及既往」係指不能將新制定之法令適用到已經完成或結束之事實上，惟「繼續性之事實」涉及法律規範之變更時，因其事實尚未結束，非屬法律不溯及既往所涵蓋之範圍，而有適用新法規範之必要，此種有關繼續性事實須適用新法規範之概念，法律學說上則稱爲「不眞正溯及既往」。而老舊建築物因處於尚在使用之狀態，應屬於繼續性之事實，從而適用現行之建築技術規範與法律不溯及既往原則尚無違背。

惟須注意的是，老舊建築物雖仍屬現行技術規範所規制之對象，但基於衡平之考量，立法者亦認爲不需將所有老舊建物一併納入新法規範之必要，從而，建築法第96條第1項即定有除外條款，其明定：「本法施行前，供公眾使用之建築物而未領有使用執照者，其所有權人應申請核發使用執照。但都市計畫範圍內非供公眾使用者，其所有權人得申請核發使用執照。」依本條規範應可發現執照許可制度施行前已興建完成之老舊建物，僅「供公眾使用之建築物」所有人負有依現行技術規則申請新使用執照之義務，其目的乃係供公眾使用之建物因有不特定多數人進出，其使用安全對公益影響重大，而有區別於非供公眾使用之建物（即民宅）管制之必要。但本條僅規定須申請使用執照，並不包含建築執照在內，因此，從「法律保留原則」及「文義解釋」而論，供公眾使用之舊建物並不需要申請建築執照。只申請使用執照而無申請建造執照，在邏輯上雖有矛盾，但是，除非修改建築法第96條規定，否則並無課以人民此種義務之法理。

參、建築物之概念與應用上之灰色地帶

案例

抽水站是否為「建築物」？

臺北市政府興建抽水站是否為建築法第4條所稱之建築物？若是，其興建與使用需否申請建照執照及使用執照？（參考法條：建築法§4、§98、§99）

一、法律的解釋與適用

法律的解釋與適用涉及法律三段論法之概念邏輯順序，亦即：大前提（法條意義之解釋）→小前提（事實之確定）→事實涵攝於法律的邏輯架構。大前提是法律規範之內容，亦即法規範本身；小前提係指個案所涉之具體事實；涵攝則係將個案具體事實適用於法規範當中，判斷是否符合特定法規範之構成要件，從而發生特定之法律效果。

二、例如抽水站或汙水處理廠是否爲建築法所稱之建築物？而毋庸申請建造執照？

法律的具體解釋與適用具有上述邏輯順序，依照建築法第4條規範大前提可知，建築法之建照許可管制係以建築物與雜項工作物爲中心，因此抽水站若被認定爲建築法所稱之「建築物」或「雜項工作物」時，即有申請建照執照之必要。此外，建築法第98條、第99條尚對建築物的執照許可義務設有除外規定（即不用申請建築及使用執照），從而，即便肯認抽水站屬建築法所稱之建築物，仍應進一步判斷抽水站是否屬同法第98條、第99條所稱之「特種建築物」等除外事項而加以排除，不必申請建築執照。

按建築法第4條明定：「本法所稱建築物，爲定著於土地上或地面下具有頂蓋、樑柱或牆壁，供個人或公眾使用之構造物或雜項工作物。」其構成要件可分成下述三者，且必須全部構成：

（一）定著於「土地上」或「地面下」

「定著」理論上應是永久性的附著於土地上，若非「永久性」，文義解釋上即非屬定著。然如此解釋將會至少產生兩問題：其一，爲何建築物之管制須以「永久性定著」爲限？蓋暫時性附著於土地之建物，亦可能對公共安全具重大影響，譬如暫時供表演用之馬戲團帳篷，其於表演期間供不特定多數人使用，僅因非永久性使用而不受執照管制，惟一旦倒塌亦可能造成不特定多數人之傷亡，故難謂無管制之必要。其次，因目前建築法無更具體規定「定著」概念，導致暫時性與永久性之區別標準模糊不清，舉例以言，臺北市環南家禽批發市場核准之使用年限長達「九年」，卻因被臺北市政府認爲係屬暫時性建築物，而無須申請執照許可，即屬法律條文不明確所生之規範漏洞。所以，本書認爲，暫時性建築物因也可能對公眾安全產生重大影響；同時避免解釋僵化導致之規範漏洞，建築法第4條所稱之「定著」應不以永久性定著於土地之建築物爲限。但本件「抽水站」因係永久性定著於土地上故合於本第一要件。

（二）具有頂蓋、樑柱「或」牆壁（隧道？水庫？橋樑？水塔？）

文義解釋上，頂蓋、樑柱或牆壁三者具其一即可符合本要件，舉例以言，涼亭具頂蓋、樑柱但無牆壁亦可符合建築物之概念。本件所涉興建之「抽水站」具頂蓋、樑柱和牆壁，仍符合本要件之要求。

（三）供個人或公眾「使用」

建築法第4條所稱之「使用」具有二種解釋可能性：其一，主觀說之立場著重於供特定或不特定多數人的使用；其二，客觀說則以建築物功能有供一般客觀大眾使用爲中心。本件「抽水站」不論從主觀說之角度或客觀說之立場，因抽水站至少具有供公務人員個人使用之特性，客觀上亦得由人民共享其抽水防洪功能，而構成建築法第4條所稱之「使用」尚無疑義。不能因其平時大門深鎖，一般人無從進入而認其非得供「個人」或「公眾」使用，而非屬建築物。此外，建築物建築面積的大小，本法（建築法）亦未加以限縮，是否妥當？容有討論空間，例如：宜蘭著名之狗籠農舍。

但是，建管行政機關則認爲：抽水站及汙水處理廠均毋庸申請建造執照，此一見解，有待商榷，除非具備建築法第98條及第99條之除外規定，排除建築法之適用外，其實該構造物均有申請建造執照之必要。

肆、建築技術規則

除建築法之外，實務界其實較重視「建築技術規則」，該規則係依照建築法第97條所制定，總計條文千餘條，分成四編：「建築技術規則總則編」、「建築技術規則建築設計施工編」、「建築技術規則建築構造編」、「建築技術規則建築設備編」。

就法規性質來說，內政部認爲屬於「法規命令」[2]，但就建築技術規則之內容來說，涉及許多工程重要事項，攸關人民與廠商的財產權與工作權，就母法建築法之授權上，是否合於司法院大法官歷來之解釋，符合「授權明確性」的要求，仍有疑義。舉例來說，以建築法過去之另一子法，即營造業法之前身，營造業管理規則，其裁罰規定就曾被認爲欠缺母法之「具體明確授權」，違反法律保留原則，因此，要求立法機關另制定營造業法[3]。

建築技術規則雖然未有罰則規定，但母法中則有「違反本法與基於本法發布之命令」處罰之規定，若構成要件均由建築技術規則來規範，是否

---

2 參照內政部營建署網站：http://www.cpami.gov.tw/chinese/index.php?option=com_rgsys&view=detail&id=7328&Itemid=202（最後瀏覽日期：2013/3/26），就法規查詢上，係將「建築技術規則」歸類於「法規命令」中。

3 參照司法院大法官釋字第394號解釋。

合於大法官解釋，值得懷疑，特別是建築技術規則之內容遠遠多過建築法母法，雖然就細節性、技術性事項，大法官解釋亦肯認得以法律具體明確授權行政機關以法規命令定之，但就授權之建築法第97條，僅言「有關建築規劃、設計、施工、構造、設備之建築技術規則，由中央主管建築機關定之」，幾乎屬於就上述事項全盤授權建築技術規則決定，不單單僅是細節性、技術性事項，因此，可能並不完全合於大法官對於法規命令之要求[4]。

伍、建築法重要條文解說

一般人每日生活平均約有二分之一的時間活動於建築物中，是以建築法作爲建築管理最主要之法律，與人民之生命安全及公共福祉息息相關，具有行政管制的重要性。此法最初之版本起自民國27年，且在民國60年進行大幅修訂，最近一次修正係在民國109年1月15日由總統公布修正第40條、第77條之3、第77條之4及第87條。建築法爲保護人民生命財產安全，內容涵蓋了建築物全生命週期之管理，共分九章：第一章爲總則，第二章爲建築許可，第三章爲建築基地，第四章爲建築界線，第五章爲施工管理，第六章爲使用管理，第七章爲拆除管理，第八章爲罰則，第九章附則，全文共105條。本書以下將挑選其若干重要條文加以介紹：

第1條（立法宗旨）

爲實施建築管理，以維護公共安全、公共交通、公共衛生及增進市容觀瞻，特制定本法；本法未規定者，適用其他法律之規定。

解說

建築法第1條明文宣示該法之立法目的，係以實施建築管理，以維護

---

4 參照司法院大法官釋字第538號解釋。

公共安全、公共交通、公共衛生及增進市容觀瞻為其主旨，並具有特別法之地位，僅在建築法未涉及之部分，方得適用其他法律之規定。但事實上，農業發展條例上之「農舍」，即不適用建築法之規定（農發條例§8之1），造成建築法之管制效力，被大幅減弱，違反建築法為特別法之基本定性。

此外，建築法是否兼具有保障個人權利之性質？申言之，建築法得否成為「保護規範」？本條文義完全未提及「保護人民財產生命」，容有爭論，但最高行政法院卻有裁判認為「建築法」具有「保護規範性」，誠為正確。

第2條（主管機關）

Ⅰ主管建築機關，在中央為內政部；在直轄市為直轄市政府；在縣（市）為縣（市）政府。

Ⅱ在第三條規定之地區，如以特設之管理機關為主管建築機關者，應經內政部之核定。

解說

建築法第2條明定建築法之主管機關，原則在中央為內政部；在直轄市為直轄市政府；在縣（市）為縣（市）政府；惟本條第2項亦指明，於規定地區得以特設之管理機關為主管建築機關，然應經內政部之核定，例如國家公園內之建築管理機關，即非地方主管機關。此外，為因應民國101年之國家組織再造計畫，依照目前行政院所公布之資料，內政部所主管之營建法規未來於組織再造後交由「交通及建設部」管轄，理解上應予注意[5]。

5　參考網站：行政院組織改造網，http://www.rdec.gov.tw/mp.asp?mp=140（最後瀏覽日期：2011/11/21）。

第3條（適用地區）

Ⅰ本法適用地區如左：

一、實施都市計畫地區。

二、實施區域計畫地區。

三、經內政部指定地區。

Ⅱ前項地區外供公眾使用及公有建築物，本法亦適用之。

Ⅲ第一項第二款之適用範圍、申請建築之審查許可、施工管理及使用管理等事項之辦法，由中央主管建築機關定之。

解說

建築法適用範圍依照本條之規範，除應包含實施都市計畫地區（全臺灣有431都市計畫區，占全國80%以上人口地區）、實施區域計畫地區（全臺北、中、南、東四個區域計畫）與經內政部指定地區外，其他地區外供公眾使用及公有建築物亦有本法之適用。其次，臺灣實施都市計畫地區雖主要集中於都會之平原地帶，山區部分非當然在都市計畫內，但因其大部分仍屬區域計畫範圍，所以目前全國建築物原則均應受到建築法之管制，僅在符合建築法第98條、第99條的例外規定時，得例外不受建築法之拘束。

第4條（建築物）

本法所稱建築物，爲定著於土地上或地面下具有頂蓋、樑柱或牆壁，供個人或公眾使用之構造物或雜項工作物。

解說

建築法所稱建築物，係指爲定著於土地上或地面下具有頂蓋、樑柱或牆壁，供個人或公眾使用之構造物或雜項工作物，參圖2-2。從而，地下商店街、民宅頂樓加蓋的鐵皮屋、山上的涼亭等皆爲本法建築物之概念所涵括。但是，「樹屋」以及「貨櫃屋」是否受建築法之管制？即有討論空間，判斷標準仍然是：1.「定著」地面上下；2.有頂蓋，樑柱或牆壁；3.供個人或公眾使用者，三個要件。

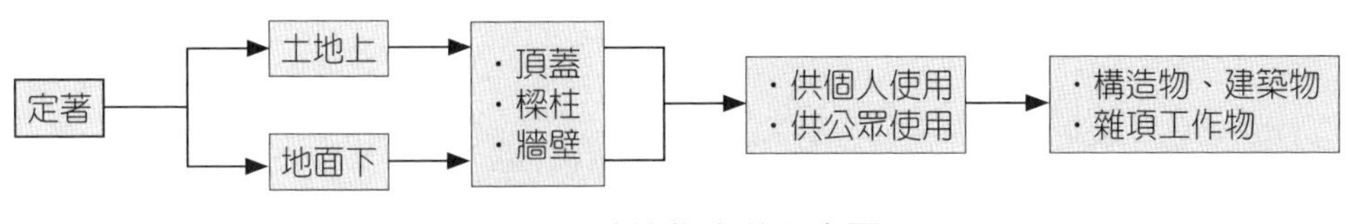

圖2-2　建築物定義示意圖

第5條（公眾使用建築物）

本法所稱供公眾使用之建築物，為供公眾工作、營業、居住、遊覽、娛樂及其他供公眾使用之建築物。

解說

其他使用目的乃避免掛一漏萬，所以例如：供教育使用、供民眾膜拜及參訪之寺廟、教堂等均屬供公眾使用之建物。動物收容所亦屬其他使用目的。

第6條（公有建築物）

本法所稱公有建築物，為政府機關、公營事業機構、自治團體及具有紀念性之建築物。

解說

考量供公眾使用或公有之建築物因對公共安全具重大影響，有特別予以管制之必要，故除本法第2條第2項明定公眾使用及公有建築物原則必受本法管制外，本法除在第5條中特別具體指明供公眾使用之建築物，係指為供公眾工作、營業、居住、遊覽、娛樂及其他供公眾使用之建築物，例如：校舍、辦公大樓、木柵動物園等外，並於本條中定義所謂「公有建築物」，指政府機關、公營事業機構、自治團體及具有紀念性之建築物，以求其明確。實務上曾有發生疑義的情形，例如「眷村」、「BOT建築物」，前者由於是以「國軍老舊眷村改建條例」為之，向來被國防部與內政部函釋排除在外[6]，後者則有認為要視具體個案適用的規定而論，不一

[6] 參照國防部93年勁勢字第0930009633號、內政部93年內授營建管字第0930084597號。

而足[7]。

第7條（雜項工作物）

本法所稱雜項工作物，爲營業爐竈、水塔、瞭望臺、招牌廣告、樹立廣告、散裝倉、廣播塔、煙囪、圍牆、機械遊樂設施、游泳池、地下儲藏庫、建築所需駁崁、挖填土石方等工程及建築物興建完成後增設之中央系統空氣調節設備、昇降設備、機械停車設備、防空避難設備、污物處理設施等。

解說

建築法所稱雜項工作物，係法列舉指爲營業爐竈、水塔、瞭望臺、招牌廣告、樹立廣告、散裝倉、廣播塔、煙囪、圍牆、機械遊樂設施、游泳池、地下儲藏庫、建築所需駁崁、挖填土石方等工程及建築物興建完成後增設之中央系統空氣調節設備、昇降設備、機械停車設備、防空避難設備、污物處理設施等設施。因其範圍廣泛，諸如：昇降設備（如電梯、電扶梯）、機械遊樂設施（如摩天輪、雲霄飛車）和污物處理設施（如化糞池、焚化爐、污水處理廠等）或高速公路旁常見的T-Bar等都屬建築法義之雜項工作物，而應受建築法的管制，須申請「雜項工作物執照」（簡稱：雜照）。

第8條（主要構造）

本法所稱建築物之主要構造，爲基礎、主要樑柱、承重牆壁、樓地板及屋頂之構造。

建築物之具體主要構造，併可參見建築技術規則構造編之具體相關規定。

---

7 參照公共工程委員會96年工程技字第09600490870號：「公有建築，依建築法規定係指政府機關、公營事業機構、自治團體及具紀念性之建築物，依促進民間參與公共建設法所興建之BOT建築物，應依綠建築推動方案規定判斷是否屬本方案所指公有新建建築物。」

第9條（建造）

本法所稱建造，係指左列行爲：

一、新建：爲新建造之建築物或將原建築物全部拆除而重行建築者。

二、增建：於原建築物增加其面積或高度者。但以過廊與原建築物連接者，應視爲新建。

三、改建：將建築物之一部分拆除，於原建築基地範圍內改造，而不增高或擴大面積者。

四、修建：建築物之基礎、樑柱、承重牆壁、樓地板、屋架及屋頂，其中任何一種有過半之修理或變更者。

解說

建築法之建造行爲共分成四種態樣，分別爲新建、增建、改建及修建。其規範目的在於以主管機關得以事前「許可」的方式予以管理。例如：若欲在房屋內利用鋼樑做出夾層，按本條定義即屬於增建行爲（因增加建築物樓地板面積），抑或如臺灣大學動物醫院於原建築物上多建造3樓鋼結構，亦同爲一種增建行爲。此外，我國人民習慣於屋頂上加蓋建築物，理應也須受建管許可之限制，否則即因違反建築法之規範而屬違章建築物。尚須補充說明的是，除這四種行爲外，諸如漏水、水電檢修、更換窗戶、老舊建物之外牆拉皮等行爲，因僅係建築物內且非過半面積之修理或變更的修繕行爲，則不需受本條規定之控管。

第13條（設計人及監造人）

Ⅰ本法所稱建築物設計人及監造人爲建築師，以依法登記開業之建築師爲限。但有關建築物結構及設備等專業工程部分，除五層以下非供公眾使用之建築物外，應由承辦建築師交由依法登記開業之專業工業技師負責辦理，建築師並負連帶責任。

Ⅱ公有建築物之設計人及監造人，得由起造之政府機關、公營事業機構或自治團體內，依法取得建築師或專業工業技師證書者任之。

Ⅲ開業建築師及專業工業技師不能適應各該地方之需要時，縣（市）政府得報經內政部核准，不受前二項之限制。

解說

本條第1項涉及建築師與專業技師的職務範圍與責任分配之重大爭議，蓋因本條明定建築物設計人及監造人僅以建築師爲限，從而排除以一般專業技師承擔設計及監造責任之可能。惟以臺灣大學土木工程學系畢業生爲例，土木系學生依技師法之規定得參與各類專業工業技師（例如土木技師、結構技師、大地技師、水利技師、消防技師……等）考試，而依建築師法第2條則規定土木工程學系畢業者須修滿建築設計二十二學分以上，並具有建築工程經驗而成績優良者才得參加建築師執照考試，從而，依照建築法之規定，專業土木技師得監造橋樑、水壩、高速公路、隧道等工程，卻唯獨不能監造建築物，從法律體系而言似不一致。若從工程建設之本質而論，供人使用之建築物和公共建設工程的設計性質並不相同，土木技師不得單獨爲建築設計尙屬合理之規定，然而工程監造因與公共工程執行方法並無不同，此條文對於非建築師者監造的限制性，似有限制過廣之疑慮。有違比例原則。

此外，本條對建築師連帶責任之規定造成實務運作極大之困擾。因爲連帶責任在刑事法上已不復存在。只存在於民事法及行政法上之事項。

其次，雖本條第2項定有明文，但目前多數的公有建築物仍習慣委託外部的設計師進行設計及監造，其主因在於公務員待遇和設計監造所得付出法律責任之極度不對等，使得本項規範在實務上難以推動。

第14條（承造人）

本法所稱建築物之承造人爲營造業，以依法登記開業之營造廠商爲限。

解說

本條所稱之「依法登記」，指依照「營造業法」向主管機關設立登記之營造廠。

第28條（建築執照種類）

建築執照分左列四種：

一、建造執照：建築物之新建、增建、改建及修建，應請領建造執照。
二、雜項執照：雜項工作物之建築，應請領雜項執照。
三、使用執照：建築物建造完成後之使用或變更使用，應請領使用執照。
四、拆除執照：建築物之拆除，應請領拆除執照。

解說

按本法第28條之規範，主管機關依建築法審核之執照可分爲下述四類：

一、**建造執照**：係指對建築物之新建、增建、改建及修建所爲之審查，本法第9條所定之諸項行爲皆應申請建造執照。

二、**雜項執照**：係指雜項工作物之建築之審查，譬如：T-Bar、摩天輪、水塔、煙囪、擋土牆、駁坎都屬於雜項工作物，應申請雜項執照。此外在地方自治條例內，可能對不同大小的廣告招牌有特別之規定，例如「臺北市廣告物暫行管理規則」及「臺北市競選廣告物管理自治條例」等。

三、**使用執照**：係指建築物建造完成後之使用或變更使用，建築物一般在有水有電並申請使用執照通過後，才能依法使用。當建築物使用目的或面積改變（例如在學校校舍裡面設立餐館），都需要變更使用執照。

四、**拆除執照**：係指建築物之拆除，因拆除涉及人民安全與各類歷史古蹟與建物的保護，故亦有依建築法予以管制之必要。拆除重建歷史建物或古蹟時除了須申請拆除執照，未來重建時還需保持與原本建物相同的高度與面積，還要申請新建執照[8]。

建築法的目的在規範建築行爲以保護人民安全，但其主要執照條文是在民國60年修訂而成。惟相關法條隨時代變化亦產生許多困擾，諸如：臺

8 有關各種建築執照之深入檢討，可請閱林明鏘，〈建築管理法治基本問題之研究〉，臺大法學論叢第30卷第2期，1989年3月，頁29以下、頁38至51。

灣大學土木系館約在民國50年左右建造，以今日的規定而言，土木系館屬公有建築物並有接水接電，依法應申請建造執照與使用執照。但實際上，土木系館想要依建築法第96條第1項規定申請補發使用執照在實務上卻極爲困難，因爲按目前之執照審核標準：

1. 當初此館的設計圖說早已遺失，需要重畫。
2. 國內在921地震後建築規則把結構之安全係數加大，故需要結構鑑定與補強。
3. 根據消防法規，要有火災警鈴與灑水系統和足夠的儲備消防用水。
4. 需增設無障礙設施。

供公眾使用之建築物須具備上述要件，方得申請使用執照。臺北市工務局曾有行政命令表示：老舊既存違章建築物申請使用執照須以民國83年12月31日爲基準，只要能舉證（例如空照圖）此建築是在此時點之前興建完成的，即得列管緩拆；其餘違建應屬即報即拆之種類（臺北市違章建築處理規則§4）。

此外，在建築實務上有所謂申請執照之「退件制度」，即將申請人不合要件之申請退回，並視爲未曾申請。從保障當事人之程序權利而言，似爲不合法之陋習，而宜命申請人補正要件，始稱合法。

第34條（審查人員）

Ⅰ直轄市、縣（市）（局）主管建築機關審查或鑑定建築物工程圖樣及說明書，應就規定項目爲之，其餘項目由建築師或建築師及專業工業技師依本法規定簽證負責。對於特殊結構或設備之建築物並得委託或指定具有該項學識及經驗之專家或機關、團體爲之；其委託或指定之審查或鑑定費用由起造人負擔。

Ⅱ前項規定項目之審查或鑑定人員以大、專有關系、科畢業或高等考試或相當於高等考試以上之特種考試相關類科考試及格，經依法任用，並具有三年以上工程經驗者爲限。

Ⅲ第一項之規定項目及收費標準，由內政部定之。

解說

建築法上雖然有規定由行政機關來進行行政監督，但行政機關在實務上多委託具有專業之職業團體爲之，性質上屬於行政程序法第16條之「行政委託」，如臺北市的室內裝修，就委託臺北市建築師公會審查。

第55條（變更之備案）

Ⅰ起造人領得建造執照或雜項執照後，如有左列各款情事之一者，應即申報該管主管建築機關備案：

一、變更起造人。

二、變更承造人。

三、變更監造人。

四、工程中止或廢止。

Ⅱ前項中止之工程，其可供使用部分，應由起造人依照規定辦理變更設計，申請使用；其不堪供使用部分，由起造人拆除之。

解說

起造人於取得建造執照或雜項執照後，若有變更起造人（例如：起造人死亡）、變更承造人（例如：公司倒閉）、變更監造人、工程中止或廢止等情形者，應即申報該管主管建築機關備案。此外，若起造人中止工程時，其可供使用部分，應由起造人依照規定辦理變更設計，申請使用；其不堪供使用部分，則由起造人拆除之，因工地所有權屬於起造人所有。

在建築物施工過程中，可能因建設公司或施工廠商中途倒閉，而導致承造人或監造人的變更。國立中正大學數年前即有發生學生宿舍BOT案得標建設公司在建造途中倒閉之情事，但根據起造人所有原則及BOT之精神，因該公司並未經破產清算程序，以終結其法人格，故工地之產權仍歸該公司所有而學校無法接管，導致實務上中正大學與該建設公司之訴訟爭議，纏訟數年，延宕宿舍之完工時程。

第56條（勘驗）

Ⅰ建築工程中必須勘驗部分，應由直轄市、縣（市）主管建築機關於核定建築計畫時，指定由承造人會同監造人按時申報後，方得繼續施工，主管建築機關得隨時勘驗之。

Ⅱ前項建築工程必須勘驗部分、勘驗項目、勘驗方式、勘驗紀錄保存年限、申報規定及起造人、承造人、監造人應配合事項，於建築管理規則中定之。

解說

建築工程須經勘驗之部分，應由直轄市、縣（市）主管建築機關於核定建築計畫時，指定由承造人會同監造人按時申報後，方得繼續施工，主管建築機關並得隨時勘驗之，所以勘驗次數比起舊法，並無任何限制，對起造人反而不利。

地方主管機關所訂定的建築管理自治條例內有勘驗的各種相關規定。一般來說在主要結構體完成前（例如大底灌漿、結構體出地面、上樑）時主管機關一定會進行勘驗，且高層建築的勘驗次數會更頻繁（臺北市建築管理自治條例§19）。民國92年的修法中，建築法第56條已改爲無須至工地進行實質審查，並討論是否修改本條規定將現場勘驗委外給民間專業單位（例如結構技師公會）代爲執行。

民國88年921大地震時，臺北市東星大樓發生倒塌且壓死87位住戶，受害者家屬即以「臺北市政府怠忽職守，未做實際的勘驗」爲申請國賠的理由之一，引用的條文即是本條。此案一審時法官認爲臺北市政府未實地勘驗，只做形式上的審查而認爲國賠成立，但市府認爲其已是全國公務員人數最多的機關之一，但臺北市建管處施工管理科內人數仍不滿30人，而臺北市每天的工地數量實在太多，不可能每個都去實地勘驗，故都是以施工紀錄做形式審核，只要文件齊備、程序正確即可通過審查，認爲本條實有窒礙難行之處，故提起上訴。本案二審仍維持國賠成立，但三審判定國賠不成立撤銷原判決，發回更審，後來以庭外和解的方式落幕。本案究竟何方有理？根據國家賠償法第2條第2項規定，成立國賠須具備下列八種要件：

1. 須為公務員的行為（包括公務員的作為與不作為之國賠責任）。
2. 須為執行職務的行為。
3. 須為行使公權力的行為。
4. 公務員須有故意或過失。
5. 須為不法的行為。
6. 須侵害人民的自由或權利。
7. 須發生損害。
8. 須該不法侵害行為與人民所受損害間有相當因果關係。

本案是否符合前揭八大要件？本條的相關規定於此應如何適用仍有待進一步的釐清與制定。因為本案公務人員是否怠於執行職務，有無期待可能性？未見最高法院終審判決表示意見甚為可惜！但是臺北地院民事法庭於101年9月21日判決東星大樓原建商有諸多施工疏失，判臺北市政府賠受災戶1億94萬元，其判決理由，頗令人注意。

第58條（停工修改拆除）

建築物在施工中，直轄市、縣（市）（局）主管建築機關認有必要時，得隨時加以勘驗，發現左列情事之一者，應以書面通知承造人或起造人或監造人，勒令停工或修改；必要時，得強制拆除：

一、妨礙都市計畫者。
二、妨礙區域計畫者。
三、危害公共安全者。
四、妨礙公共交通者。
五、妨礙公共衛生者。
六、主要構造或位置或高度或面積與核定工程圖樣及說明書不符者。
七、違反本法其他規定或基於本法所發布之命令者。

解說

建築物施工過程中，主管機關於必要時得隨時進行勘驗，若經發現有妨礙都市計畫、妨礙區域計畫、危害公共安全、妨礙公共交通、妨礙公共衛生者、主要構造或位置或高度或面積與核定工程圖樣及說明書不符者、違反本法其他規定或基於本法所發布之命令等情形者，主管機關得勒令停工或修改；必要時，亦得予以強制拆除，其目的在於預防施工中產生危害。

臺北市在331地震時曾經發生臺北國際金融中心塔式吊車掉落而奪走五條人命的意外，近年也發生臺中金典酒店在整修外牆時發生鷹架倒塌的事件。此時即可依本條第3款規定強制勒令其停工、修改或拆除。

高雄捷運工程曾在進行開挖時，連續壁湧水湧沙且地基下陷，導致鄰房房屋傾斜，居民驚慌逃出，但危樓在當日晚間遭高雄市政府因危害於公共安全，強制連夜把房子拆除，居民搶救財物不及。高雄市政府雖依促參法第24條第1項規定得予以拆除，但是否有權利濫用的嫌疑？索賠方面又是哪方該負責呢？高雄市政府或廠商是否應負賠償住戶責任？雖然工程都會投保營造綜合險，但連夜把房子拆掉可能連保險公司估驗賠償的機會都沒有，保險公司在這樣情形未必會理賠。此時主管機關即應依特別犧牲補償之法理，予住戶相當損失補償，始符公平[9]。

第60條（賠償責任）

建築物由監造人負責監造，其施工不合規定或肇致起造人蒙受損失時，賠償責任，依左列規定：

一、監造人認爲不合規定或承造人擅自施工，至必須修改、拆除、重建或予補強，經主管建築機關認定者，由承造人負賠償責任。

二、承造人未按核准圖說施工，而監造人認爲合格經直轄市、縣（市）（局）主管建築機關勘驗不合規定，必須修改、拆除、重建或補強者，由承造人負賠償責任，承造人之專任工程人員及監造人負連帶責任。

---

[9] 參照促進民間參與公共建設法第24條：「依前條規定使用公、私有土地或建築物，有拆除建築物或其他工作物全部或一部之必要者，民間機構應報請主辦機關同意後，由主辦機關商請當地主管建築機關通知所有人、占有人或使用人限期拆除之。但屆期不拆除或情況緊急遲延即有發生重大公共利益損害之虞者，主辦機關得逕行或委託當地主管建築機關強制拆除之（第1項）。前項拆除及因拆除所遭受之損失，應給予相當補償；對補償有異議，經協議不成時，應報請主辦機關核定後爲之。其補償費，應計入公共建設成本中（第2項）。」

解說

建築物由監造人負責監造，工程施工不符合法律規定或肇致起造人之損失時，若損害賠償係因監造人認爲不合規定或承造人擅自施工，至必須修改、拆除、重建或予補強，經主管建築機關認定者，由承造人負賠償責任，但監造人無須負連帶賠償責任；若責任係因承造人未按核准圖說施工，而監造人認爲合格經直轄市、縣（市）（局）主管建築機關勘驗不合規定，必須修改、拆除、重建或補強者，由承造人負賠償責任，承造人之專任工程人員及監造人則應負連帶責任。

本條第2款最常見於辦理變更設計後所發生之案例，但也不乏本身設計即有問題的案例。

設計變更代表竣工圖和當初申請執照時的請照圖是不一樣的，故須重新申請建照，否則即有本條之承造人賠償責任問題。

第72條（公眾用建物使用執照之申請）

供公眾使用之建築物，依第七十條之規定申請使用執照時，直轄市、縣（市）（局）主管建築機關應會同消防主管機關檢查其消防設備，合格後方得發給使用執照。

解說

供公眾使用建築物因對人民與公共安全影響重大，本法明定其使用執照須由直轄市、縣（市）（局）主管建築機關會同消防主管機關檢查其消防設備，合格後方得予以核發。

惟國內消防法規修改的速度很快，有時常因某種震驚社會的事件，就進行過度的修改而出現不必要或窒礙難行的規定。常見的消防設備、消防裝置有滅火器、自動灑水設備、緩降機、消防箱、自動偵測滅火系統、停電照明裝置等，但是否不問建築物種類皆須具備各種消防設備實有疑問，諸如室內游泳池而言，是否需要自動灑水設備即值得商榷。

第73條（使用程序）

Ⅰ建築物非經領得使用執照，不准接水、接電及使用。但直轄市、縣（市）政府認有左列各款情事之一者，得另定建築物接用水、電相關規定：

一、偏遠地區且非屬都市計畫地區之建築物。

二、因興辦公共設施所需而拆遷具整建需要且無礙都市計畫發展之建築物。

三、天然災害損壞需安置及修復之建築物。

四、其他有迫切民生需要之建築物。

Ⅱ建築物應依核定之使用類組使用，其有變更使用類組或有第九條建造行爲以外主要構造、防火區劃、防火避難設施、消防設備、停車空間及其他與原核定使用不合之變更者，應申請變更使用執照。但建築物在一定規模以下之使用變更，不在此限。

Ⅲ前項一定規模以下之免辦理變更使用執照相關規定，由直轄市、縣（市）主管建築機關定之。

Ⅳ第二項建築物之使用類組、變更使用之條件及程序等事項之辦法，由中央主管建築機關定之。

解說

建築法明定建築物非經領得使用執照，不准接水、接電及使用。但直轄市、縣（市）政府認有本條各款例外情事者，得另定建築物接用水、電之相關規定。依照本條第4項，主管機關另公布「建築物使用類組及變更使用辦法」。

此外，使用用途改變時也要申請使用執照變更。例如都市計畫乙種工業區除供公害輕微之工廠與其必要附屬設施，及工業發展有關設施使用外，經縣（市）政府審查核准後，僅得供公共服務設施及公用事業設施、一般商業設施（含一般事務所）使用。若將建築物作爲住宅使用，即違反此條之規定。

臺大鹿鳴堂一樓原本爲辦公室，而後來改成超商、餐廳等使用。在這些商店在營業之前都先應辦理使用執照變更，但很多情形都是先開張、先營業再辦理申請變更使用用途，都會違反本條規定，而得依照建築法第91條規定，處以6萬到30萬罰鍰。

第77條（公共安全衛生之檢查（二））

Ⅰ建築物所有權人、使用人應維護建築物合法使用與其構造及設備安全。

Ⅱ直轄市、縣（市）（局）主管建築機關對於建築物得隨時派員檢查其有關公共安全與公共衛生之構造與設備。

Ⅲ供公眾使用之建築物，應由建築物所有權人、使用人定期委託中央主管建築機關認可之專業機構或人員檢查簽證，其檢查簽證結果應向當地主管建築機關申報。非供公眾使用之建築物，經內政部認有必要時亦同。

Ⅳ前項檢查簽證結果，主管建築機關得隨時派員或定期會同各有關機關複查。

Ⅴ第三項之檢查簽證事項、檢查期間、申報方式及施行日期，由內政部定之。

解說

建築物使用安全乃係建築法關注之重點，本條即明定建築物所有權人、使用人應維護建築物合法使用與其構造及設備安全；直轄市、縣（市）（局）主管建築機關對於建築物得隨時派員檢查其有關公共安全與公共衛生之構造與設備；供公眾使用之建築物，應由建築物所有權人、使用人定期委託中央主管建築機關認可之專業機構或人員檢查簽證，其檢查簽證結果應向當地主管建築機關申報。非供公眾使用之建築物，經內政部認有必要時亦同。

依據本條規定及行政院發布之「建築物公共安全檢查簽證及申報辦法」，為維護建築物安全，須施以建築物公共安全檢查簽證及申報。所謂的設備安全包含：消防設備、逃生通道、升降機、避雷針、緊急供電系統、空調系統、燃氣系統鍋爐等；此外，內政部目前正在研擬是否擴張檢查範圍至結構、冷氣機、花壇與外牆安全在內。

第77-1條（公安衛生檢查）

爲維護公共安全，供公眾使用或經中央主管建築機關認有必要之非供公眾使用之原有合法建築物防火避難設施及消防設備不符現行規定者，應視其實際情形，令其改善或改變其他用途；其申請改善程序、項目、內容及方式等事項之辦法，由中央主管建築機關定之。

解說

供公眾使用或經中央主管建築機關認有必要之非供公眾使用之原有合法建築物防火避難設施及消防設備不符現行規定者，爲維護公共安全，主管機關應視其實際情形，令其改善或改變其他用途。目前主管機關亦依本條授權發布有「原有合法建築物防火避難設施及消防設備改善辦法」。

此外，當消防法規有所修改而變得更加嚴格時，就算當初消防檢查時是通過的，也應該令其改善，並無法律溯及既往之情事，因爲屬於「不眞正溯及」（即非溯及）。

第77-2條（室內裝修應遵守之規定）

Ⅰ建築物**室內裝修**應遵守左列規定：

一、供公眾使用建築物之室內裝修應申請審查許可，非供公眾使用建築物，經內政部認有必要時，亦同。但中央主管機關得授權建築師公會或其他相關專業技術團體審查。

二、裝修材料應合於建築技術規則之規定。

三、不得妨害或破壞**防火避難設施**、消防設備、防火區劃及主要構造。

四、不得妨害或破壞保護民眾隱私權設施。

Ⅱ前項建築物室內裝修應由經內政部登記許可之室內裝修從業者辦理。

Ⅲ室內裝修從業者應經內政部登記許可，並依其業務範圍及責任執行業務。

Ⅳ前三項室內裝修申請審查許可程序、室內裝修從業者資格、申請登記許可程序、業務範圍及責任，由內政部定之。

解說

建築物室內裝修應符合本法規範，本條乃係因民國84年底臺中市發生威爾康餐廳大火的重大意外事件後，於民國85年底增訂之條文。其目的在於使建築物之室內裝修有審查許可機制，並限制其應由內政部登記許可之室內裝修業者辦理。經行政院主計處之統計，目前全臺約有4,200家合法登記之室內裝修業者，每年進行室內裝修之金額規模高達1,200億元，占營造業全年生產毛額之30%[10]。惟違法未登記的室內裝修業者目前仍數倍多於合法登記者，主要係相關市場之龐大商機具有強大經濟誘因之故。

有關室內裝修之具體執行，除本條之四款授權外，內政部於99年12月23日修正發布「建築物室內裝修管理辦法」共42條，自民國100年4月1日施行。此管理辦法主要規定供公眾使用之建築物其室內裝修審查機構、人員及許可程序。對照非供公眾使用建築之室內裝修原則上即不受許可審查限制，有待立法補強。

第81條（停止使用及拆除）

Ⅰ直轄市、縣（市）（局）主管建築機關對傾頹或朽壞而有危害公共安全之建築物，應通知所有人或占有人停止使用，並限期命所有人拆除；逾期未拆者，得強制拆除之。

Ⅱ前項建築物所有人住址不明無法通知者，得逕予公告強制拆除。

解說

本條爲地方主管機關基於公益考量，對於有危害公共安全之虞之建築物，得通知所有人或目前占有之人停止使用，並授予主管機關限期拆除且於逾期未拆除時逕行拆除之權力。

---

[10] 參照杜功仁，〈住宅整建產業之結構分析〉，行政院國家科學委員會專題研究計畫成果報告，2005年。

第96條（使用執照之核發）

Ⅰ本法施行前，供公眾使用之建築物而未領有使用執照者，其所有權人應申請核發使用執照。但都市計畫範圍內非供公眾使用者，其所有權人得申請核發使用執照。

Ⅱ前項建築物使用執照之核發及安全處理，由直轄市、縣（市）政府於建築管理規則中定之。

解說

雖此條文係在現行建築法施行前，供公眾使用之建築物而未領有使用執照，應申請核發使用執照。但實際上臺大除了土木系系館以外，農產品中心、女8、女9學生宿舍等建物至今都尚未領有使用執照，其目的在補強供公眾使用建築物，最起碼的安全查核，有其立法之正當性。

臺大土木系系館過去曾因為申請核發使用執照前前後後花了好幾百萬元，且耗費不少時間。理由在於，該棟建築物過去並未設立消防水池，因此有必要於附近挖個消防水池來符合法令。但過去該系教授們，因空間太小而自行加了夾層，致使使用坪數與建照坪數不符，難以通過使用執照之申請。後來，在聘請建築師重畫過去已遺失的系館建築圖，幾經波折成功申請了執照，解決此一問題。

教育部發現有間私立大學宿舍裡頭住著人卻沒有使用執照，進行全面調查後驚見臺大的女8、女9宿舍也沒有使用執照。臺大女8、女9宿舍雖沒有達到可拆除年限，但也有五十年左右的歷史，要重畫建築圖、拿到建造執照到拿到使用執照可說是沒有經濟效益且漫長路途的，退一步而言是否可以成為歷史建物呢？不過應該是不可能的事情。沒有使用執照，那要把入住學生趕出來？應該也不太可能，學校沒有其他的地方可以容納搬出來的學生去住。那學校又該怎麼做呢？除了宿舍以外，還有很多老舊館舍沒有使用執照又該怎麼辦呢？

雖說此條文有立法之正當性，但實際進行之難度可說是極高的，甚至於不太可能依現行建管標準取得使用執照，因為建管標準逐漸提升對老舊建築物而言門檻過高。

本條規定在法理上並沒有違反法律不溯及既往原則，因爲該建築物仍存在，屬於繼續性事實，而非已完成之事實，故屬「非眞正溯及」！在法理上並無疑義，只是在事實上因爲建築法的日新月異，審查標準不斷提高，例如：無障礙空間、綠建築、消防、兩性平等設施等，所以申請准許使用執照難度不低，且耗費甚鉅致本條文規定常流於形式，而幾乎無申請之實情。如何處理常使有舊建築物的各管理機關（如：臺大、師大、成大等有悠久歷史或其他有悠久歷史之百年中學、小學），因冗長的行政程序及罰鍰規定而畏縮不前，解決之道似宜訂定特殊之申請要件及許可審查標準，才能有效解決日前法律與事實有重大差距之問題。

此外，本條規定僅應申請使用執照，但行政機關卻要求臺大補申請建造執照，是否違反法律保留原則仍有商榷的餘地。

本條並於第2項中授權地方政府得於自治條例中，適當放鬆除結構安全之外之其他過多要求。

第96-1條（強制拆除不予補償）

Ⅰ依本法規定強制拆除之建築物均不予補償，其拆除費用由建築物所有人負擔。

Ⅱ前項建築物內存放之物品，主管機關應公告或以書面通知所有人、使用人或管理人自行遷移，逾期不遷移者，視同廢棄物處理。

解說

本條爲強制拆除之程序上均不予補償，及物品遷移須加以分類，凡不可歸責所有人之天災地變，仍應由國家負相當補償責任。

第98條（特種建築物之許可）

特種建築物得經行政院之許可，不適用本法全部或一部之規定。

解說

內政部審議行政院交議之特種建築物申請案，具有下列情形之一者，得建請行政院核定爲特種建築物，免適用建築法全部或一部之規定：

一、涉及國家機密之建築物。
二、因用途特殊，適用建築法確有困難之建築物。
三、因構造特殊，適用建築法確有困難之建築物。
四、因應重大災難後復建需要，具急迫性之建築物。
五、其他適用建築法確有困難之建築物。

本條規定不僅侵害地方自治團體營建管理權限，而且只規定「不適用建築法全部或一部」，法律明確性亦有諸多問題，有違憲嫌疑，有待全盤進行檢討修正，加以明確化。

第99條（例外規定）

Ⅰ左列各款經直轄市、縣（市）主管建築機關許可者，得不適用本法全部或一部之規定：
一、紀念性之建築物。
二、地面下之建築物。
三、臨時性之建築物。
四、海港、碼頭、鐵路車站、航空站等範圍內之雜項工作物。
五、興闢公共設施，在拆除剩餘建築基地内依規定期限改建或增建之建築物。
六、其他類似前五款之建築物或雜項工作物。

Ⅱ前項建築物之許可程序、施工及使用等事項之管理，得於建築管理規則中定之。

解說

本條爲規定得不適用本法全部或一部之建築物，包含紀念性之建築、地面下之建築、臨時性之建築、交通設施之雜項工作物、興闢公共設施於拆除建築基地內依期限改建或增建之建築物，以及與上述五類建築物類似之建築物或雜項工作物。但仍授權主管機關就上述建築物之許可、施工或使用等事項之管理，透過建築管理規定制定規範之。

第103條（評審委員會）

Ⅰ直轄市、縣（市）（局）主管建築機關爲處理有關建築爭議事件，得聘請資深之營建專家及建築師，並指定都市計畫及建築管理主管人員，組設建築爭議事件評審委員會。

Ⅱ前項評審委員會之組織，由內政部定之。

解說

本條爲建築爭議事件評審委員會設置之授權規定，主要針對鄰損80%、及變更起造人及監造人名義、三次協調機會、選定鑑定機構、提存金額與其凍結解除之事項。

案例補充

固著不含黏貼的吸音泡棉？

臺中一家名為「阿拉」的酒吧，於民國100年3月凌晨因火舞表演不慎引燃天花板隔音泡棉進而引成大火，造成9人喪命的重大意外。此店不僅違法在住宅區內營業，更不實登記為飲酒店類卻行酒吧之實。其實早在民國99年，業主自行委外進行公共安全檢查時，消防技師即指出「內部裝修材料部分採用易燃建材施作」，並提出「需採用符合耐燃建材規定之防火建材施作」等建議事項。惟臺中市都發局接獲該份報告後僅回覆酒吧業者「准予報備，列管定期檢查，並於99年8月10日前改善，再行申報」，終造成此悲劇釀成。

究其原因，乃因為「建築技術規則」建築設計施工編內對於內部裝修的定義為「固著」於建築物構造體之天花板、內部牆面或高度超過1.2公尺固定於地板之隔屏或兼作櫥櫃使用之隔屏，並不及於「黏貼」者，以至於造成火災的吸音泡棉得以免除於公共安全稽查項目之外。事後，財團法人臺灣建築中心也積極地研擬泡棉相關的防火規定，未來政府也修正消防法內對吸音泡棉等易燃裝飾品之使用規範，並積極追蹤列管安全檢查有問題之店家。

問題思考

建築法的目的爲規範建築行爲，但許多建築並未遵守。究竟哪些行爲應受建築法管制？適用的法條又是哪一條？相當值得大家思考。

1. 太陽馬戲團下月將來臺演出，故在大佳河濱公園蓋了馬戲團棚。此棚有頂蓋、支柱、座位和空調，預計使用兩個禮拜後拆除，是否需申請使用執照？
2. 貓纜的營運公司目前是臺北捷運公司，並有纜繩、塔柱、纜車等設施，則貓空纜車的塔柱和車站是否需申請建造執照？貓纜的各站點有大有小，各站有無適用建築法第98或99條之可能？
3. 抽水站除了管理員的定時巡視或颱風時的短暫人員進駐外，都屬於沒有人的狀態，則是否需要申請使用執照？
4. 軍方蓋房子要不要申請建築執照？

根據內政部報請行政院核定之解釋即86年8月13日營署工程字第18092號函，認爲：因抽水站與汙水處理廠爲特種建築物（建築法§98），故建築物本體不需要建照，但旁邊的辦公室與員工宿舍或辦公管理大樓仍需要建照，此一見解又破壞建築法爲特別法、基準法之區別，是否正確，有待大家思考！！

陸、相關考題

以下依建築法及建築技術規則，依序分類相關試題。

一、建築法

（一）總則

1. A公司承租某公寓大廈住宅內之建築物，於其內設置網咖，並販售簡餐。因該建築物出入人數漸多，影響社區正常生活，該公寓大廈管理委員會遂向主管機關舉報。（106高考三等公職建築師營建法規與實務）

(1) 若該建築物之使用執照核准用途為「集合住宅」，對於此商業使用之情形，所有權人有何法律責任？
(2) 對於此商業使用之情形，使用人有何法律責任？
(3) 該管理委員會要求主管機關依法應限A公司立即停業，並強制拆除其營業設施，主管機關應如何處理？

2. 請分析下列名詞是否屬於建築法上之「建築物」？（106高考三等公職建築師營建法規與實務）
(1) 土地公廟
(2) 風力機組之塔基
(3) 貨櫃屋

3. 依農業用地興建農舍辦法規定，申請興建農舍之農業用地，在那些情形不得依該辦法申請興建農舍？又那些情形不得申請興建集村農舍？（103高考三等公職建築師營建法規與實務）

4. 請依現行建築法及其相關規定回答下列問題：（102關務、交通人員升官等考試郵政營建法規）
(1) 試述建築法適用地區為何？又所稱建造係指那些行為？
(2) 試述那些建築物經直轄市、縣（市）主管建築機關許可者，得不適用本法全部或一部之規定？

5. 請依現行營建、建築行政法規及其相關規定回答下列問題：（102關務、交通人員升官等考試郵政營建法規概要）
(1) 依行政程序法之規定，公務員在行政程序中有那些情形之一者，應自行迴避？
(2) 請列舉五項現行中央機關發布或會同發布之禁建限建規定名稱，試列敘之。
(3) 依現行政府採購法之規定，請敘明何謂「工程」？

6. 一般行政法規，不外乎是對相關的人、事、時、地及物等類別的規定各訂有明文。依建築法第一章總則，請論述回答以下問題：（101高考

三等公職建築師營建法規與實務）

(1)與建築行為相關的「人」包括那些人？其各應負何職責？

(2)其各應負何職責？

7. 建築物之外牆如何定義？此外牆應如何區別屬專有部分或共用部分？又，依公寓大廈管理條例規定，公寓大廈外牆面之使用有何限制？（101司法特考檢察事務官營繕工程組營建法規）

8. 地方政府普遍叫苦人員不足、財源不足、公共設施沒經費徵收、違章建築拆不完，如果你是地方建管首長，有那些法規及作法應該改進，以解決上述之問題？（100簡任公務人員、關務人員升官等考試建築工程）

9. 依建築法第70條之1規定所稱建築工程部分完竣，係指那幾種情形？符合該等情形者，起造人有何權利？（100四等身障特考建築工程營建法規概要）

10. 請說明下列法規之立法目的：（100高考三等建築工程營建法規）

(1)建築法

(2)國土綜合發展計畫法（草案）

11. 何謂高層建築？法規對於高層建築之消防設備有何規定？（100地特三等建築工程營建法規）

12. 試說明國家公園建築物設計規範之立法目的。在國家公園內其建築物之屋頂層、造型及立面有何特殊之規定？其法定空地有何特殊之規定？（99地特三等公職建築師營建法規與實務）

（二）建築許可（§ 21～§ 41）

▶ 建築執照

13. 請依建築法第28條及第29條，說明建築執照種類及其規費或工本費之規定。（103高考三等建築工程營建法規）

14. 依建築法第34條規定，主管建築機關審查建築物工程圖樣及說明書，應就規定項目為之，其餘項目由建築師或建築師及專業工業技師依建築法規定簽證負責。試就內政部訂頒「建造執照及雜項執照規定項目審查表」說明主管建築機關在「土地使用管制」方面應審查那些事項？（103高考三等公職建築師營建法規與實務）

15. 請依山坡地建築管理辦法第4條之規定，說明起造人申請雜項執照時，應檢附那些規定之文件？（103地特三等建築工程營建法規）

16. 特種建築物得經行政院之許可，不適用建築法全部或一部之規定。試問，向行政院申請核定為特種建築物者，起造人除申請書外，須檢具那些文件圖說？（102高員鐵路人員考試建築工程營建法規）

17. 山坡地應於雜項工程完工查驗合格後，領得雜項工程使用執照，始得申請建造執照。試問：雜項工程進行時，依規定應做好那些安全防護措施？（102員級鐵路人員考試建築工程營建法規概要）

18. 依建築法規定，涉及建造行為以外主要構造、防火區劃、防火避難設施、消防設備、停車空間及其他與原核定使用不合之變更者，應申請變更使用執照。請就「建築物使用類組及變更使用辦法」之規定詳細說明那些設施或設備之變更須申請變更使用執照？（102員級鐵路人員考試建築工程營建法規概要）

19. 請依建築法、建築技術規則及區域計畫法簡要說明下列用語定義或問題：（102高考三等公職建築師營建法規與實務）
(1) 何謂供公眾使用之建築物？
(2) 何謂建築物之主要構造？
(3) 如何計算天花板高度？
(4) 何謂防火時效？
(5) 請說明區域計畫法之立法目的。

20. 請依建築法第28條之規定，說明建築執照分為那四種？（102調查人員營繕工程組）

21.山坡地開發，有那幾款情形不得開發？又有那幾款情形例外？（102高考二等建築工程營建法規）

22.請依現行建築法及其相關規定回答下列問題：（102關務、交通人員升官等考試郵政營建法規概要）
(1) 何謂「主管建築機關」？又建築執照分為那四種？試分述之。
(2) 建築基地之法定空地併同建築物之分割，非於分割後合於那些規定者不得為之？試敘明之。

23.請依建築法相關規定，說明何謂「建築物」？應請領建造執照之建築行為有那幾種？（101警察、鐵路特考員級鐵路人員考試建築工程營建法規）

24.請定義「營建剩餘土石方處理方案」所指之營建工程剩餘土石方？建築物拆除之事業廢棄物經再利用為建築工程填地材料，此工程填地行為是否應申請雜項執照？（101司法特考檢察事務官營繕工程組營建法規）

25.試依建築法、都市計畫法及其相關法令規定，簡答下列問題：（100高考三等公職建築師營建法規與實務）
(1) 已完成都市主要計畫，而尚未公布實施細部計畫之地區，於何種情形下，得准予發照建築？
(2) 承上題，若領得建造執照後，始公布實施細部計畫，且發現其有妨害都市計畫時，試依①領得建造執照，但尚未申報開工；②已完成50%結構體；③已建築完竣，正申領使用執照中等三種情況，分別說明主管建築機關應作何處置？
(3) 承上題，若各處置結果，因而使起造人蒙受損失時，應如何處理？

▶室內裝修

26.依建築法第77條之2規定，辦理建築物室內裝修應遵守何種規定？對違反規定者的裁罰標準又如何？（103高考二等建築工程營建法規）

27. 交通部臺灣鐵路管理局某一火車站，因近年來旅客快速增加且使用年期已久，擬辦理修繕與內部裝修工作。請依「建築法」與「建築物室內裝修管理辦法」規定，回答下列問題：（103佐級警察、鐵路人員升等考試營建法規與結構學概要）
    (1) 增建、修建與改建有何分別？
    (2) 除委請依法登記開業之建築師外，那些人亦具備「設計人」之資格？
    (3) 那些是室內裝修之從業者？並說明其業務範圍。

28. 試依建築法規定，詳述實施建築物室內裝修時，應委由何資格者辦理，及在執行中應遵守那些規定？（101地特三等建築工程營建法規）

29. 某市中心區，有一棟興建於民國65年之四樓百貨商場，各層面積約2000平方公尺，擬裝修內部更新，以提升市場競爭力。試依建築法及建築物室內裝修管理辦法，詳述何謂「室內裝修」，並列舉說明執行本案室內裝修，應遵守之法令規定。（100高考三等公職建築師營建法規與實務）

30. 請問「建築物室內裝修管理辦法」第4條所稱之「室內裝修從業者」，係指何種行業或從事人員？同法第5條所規定之室內裝修從業者的「業務範圍」為何？（100高考三等建築工程營建法規）

31. 請依建築法及建築物室內裝修管理辦法規定，說明何者為室內裝修從業者及其業務範圍？並說明其辦理建築物室內裝修應遵守那些規定？（101警察、鐵路特考高員建築工程營建法規）

32. 試依建築法規定，詳述實施建築物室內裝修時，應委由何資格者辦理，及在執行中應遵守那些規定？（100地特三等建築工程營建法規）

（三）建築基地（§42～§47）

33. 建築技術規則建築構造編之第65條規定，地基調查得依據建築計畫作業階段分期實施，地基調查計畫之地下探勘調查點之數量及深度規定

有那些？（106地特三等建築工程營建法規）

34. 依據建築法，何謂建築基地？並請說明對於建築基地之寬度、地面、面積等有何相關規定？（105高考三等公職建築師營建法規）

35. 市鎮都市計畫，依都市計畫法第15條第1項規定，應先擬定主要計畫書。而該主要計畫書依同條項第10款規定，包括「其他應加表明之事項」，此事項有何範圍之限制？又依同法第17條第1項規定，第15條第1項第9款所定之實施進度，應就其計畫地區範圍預計之發展趨勢及地方財力，訂定分區發展優先次序。倘主管機關未於法定期限完成細部計畫之法定程序，對於細部計畫範圍內之私有土地所有人申請核發建築執照，主管機關是否可予准許？（101司法特考檢察事務官營繕工程組營建法規）

36. 試依括號內法令，簡述下列各用語：（100高考三等公職建築師營建法規與實務）
(1) 歷史建築（文化資產保存法）
(2) 畸零地（建築法）
(3) 集合住宅（建築技術規則）
(4) 管理負責人（公寓大廈管理條例）
(5) 同等品（政府採購法）

37. 建築基地內應留設之法定空地，非依規定不得分割、移轉，且不得重複使用。試問建築基地之法定空地若要併同建築物分割，必須檢討符合那些條件始得核准？（100司法特考檢察事務官營繕工程組營建法規）

38. 何謂丙種建築用地？若此類建地經劃定為山坡地者，請列舉不得開發建築之情形。（100地特三等建築工程營建法規）

39. 何謂土地「毗鄰變更」？那些地目適用此規定？（100地特四等建築工程營建法規概要）

（四）建築界線（§ 48～§ 52）

40.請試述下列名詞之意涵：（103高考三等公職建築師營建法規與實務）
(1) 社會住宅
(2) 建築線指定
(3) 遮煙性能
(4) 權利變換

41.建築法上之「建築線」有何功能？此建築線之指定，對土地所有權人之間有何影響？（100鐵路、公路、港務人員升資考試員級晉高員級鐵路技術類營建法規與結構學）

42.試依建築法說明建築線之定義。建築線對建築基地與建築物之限制為何？（99地特四等建築工程營建法規概要）

（五）施工管理（§ 53～§ 69）

43.依據建築法第60條規定，建築物由監造人負責監造，其施工不合規定或肇致起造人蒙受損失時，其賠償責任有那些規定？（106地特三等建築工程營建法規）

44.依建築法的規定，建築物的起造人應負那些責任？（106高考三等建築工程營建法規）

45.某公家機關將一新建的建築工程，依政府採購法規定，發包給甲營造廠承攬，而該甲營造廠又把該工程的模板鷹架分包給乙工程公司施作。該工地發生模板鷹架倒塌，請問甲營造廠及乙工程公司應分別負那些責任？（106高考三等建築工程營建法規）

46.試說明建築法第58條建築物在施工中，主管建築機關發現那些情事可勒令停工或修改；必要時，得強制拆除？（105高考二等建築工程營建法規）

47.建築法第54條規定，起造人自領得建造執照或雜項執照之日起，應於

6個月內開工；並應於開工前，會同承造人及監造人將開工日期，連同姓名或名稱、住址、證書字號及承造人施工計畫書，申請該管主管建築機關備查。試依建築施工管理相關規定，說明建築工程施工計畫書應包括之內容。（105地特三等建築工程營建法規）

48. 請依建築法相關條文回答下列問題：（103司法特考檢察事務官營繕工程組營建法規）
   (1) 建築物之新建、增建、改建及修建，應請領建造執照。依第31條規定，建造執照或雜項執照申請書，除起造人及設計人的個人資料以外，還需載明那些事項？
   (2) 直轄市、縣（市）（局）主管建築機關，對於申請建造執照或雜項執照案件，認為不合規定者，應將其不合條款之處，詳為列舉，一次通知起造人，令其改正。依第36條規定，起造人應於接獲第一次通知改正之日起多久期限內，依照通知改正事項改正完竣送請復審？
   (3) 依第41條規定，起造人自接獲通知領取建造執照或雜項執照之日起，逾多久未領取者，主管建築機關得將該執照予以廢止？
   (4) 依第54條規定，起造人自領得建造執照或雜項執照之日起，應多久內開工？因故不能於前項期限內開工時，應敘明原因，申請展期一次，期限為多久？
   (5) 依第53條規定，承造人因故未能於建築期限內完工時，得申請展期多久？

49. 請依建築法第32條之規定，說明工程圖樣及說明書應包括那些規定之內容？（103地特三等建築工程營建法規）

50. 請說明領得建築執照起，扣除核定施工期限，最多有多少時間提出竣工申請之相關規定。（102高考二等建築工程營建法規）

51. 建築法明定，起造人應依核定工程書圖施工，如於興工前或施工中變更設計時，應申請辦理變更執照；試詳述得於竣工後，備具竣工平面、立面圖，一次報驗，不需辦理變更設計之機制。（101地特三等公

職建築師營建法規與實務）

52.依建築法之施工管理規定，回答下列問題：（100一般警察、警察特考、鐵路人員高員三級鐵路人員考試建築工程營建法規）
 (1) 建築物施工中，主管建築機關認有必要，得隨時加以勘驗，在發現有何種情形之一者，應以書面通知承造人或起造人或監造人，勒令停工或修改，必要時得強制拆除？
 (2) 若監造人於施工中發現上述之情事時，應如何處理？
 (3) 建築物於施工中，發現施工不合規定或肇致起造人蒙受損失時，承造人與監造人之賠償責任如何歸屬？

（六）拆除管理（§78～§84）

53.建築物從設計、施工、竣工、使用至拆除等程序，主管機關對其行政管制不同一般行政事務之管制，而是採多階段方式，請以建築物之生命週期，說明建築管理及行政管制之關係。（102司法特考檢察事務官營繕工程組營建法規）

（七）其他

54.繼921震災後，本年初又發生0206地震，造成建築物倒塌與百餘人傷亡及財物損失。初步調查除結構體受損外，尚有土壤液化引發之問題。請依建築法及建築技術規則構造篇等相關法規，回答下列問題：（105地特三等公職建築師營建法規）
 (1) 請說明建築行為人就大樓倒塌可能應負之責任。
 (2) 請說明供公眾使用建築物之地基調查應辦理地下探勘，其方法有那些？若位於砂土層有液化之虞者，其地基調查應如何分析？
 (3) 並請試擬對既有及未來新建之建築物如何提升其耐震安全。
 (4) 國內市場上複合式商業經營規劃趨勢漸增，當建築物內規劃設置機械遊樂設施時（例如旋轉馬車），請依建築法第77條之3規定，詳述執行該事務時應依那些規定管理使用。

55. 建築法第77條規定，建築物所有權人、使用人應維護建築物合法使用與其構造及設備安全。試依「建築法」、「建築物室內裝修管理辦法」與「建築物公共安全檢查簽證及申報辦法」等營建法規，說明有關維護建築物安全應符合之規定內容要項。（105地特三等建築工程營建法規）

56. 依據建築法規定，建築物所有權人、使用人應維護建築物合法使用與其構造及設備安全，應定期申報並檢查供公眾使用之建築物，請依據建築物公共安全檢查簽證及申報辦法規定，說明建築物公共安全檢查申報客體、申報主體及申報規模，請以建築物之所有權人及建築使用用途之不同說明之。（103普考建築工程營建法規概要）

57. 建築物所有權人、使用人應維護建築物合法使用與其構造及設備安全，定期委託辦理相關檢查及簽證並申報結果。請依建築法及建築物公共安全檢查專業機構及專業檢查人認可要點之內容，回答以下問題：（103高考二等建築工程營建法規）
(1) 建築物公共安全檢查申報之委託對象資格有何規定？
(2) 受委託專業機構的組織及專業人員有何規定？

58. 何謂「建築物公共安全檢查簽證及申報制度」？檢查簽證項目為何？以火車站為例，其建築物規模、申報期間及申報頻率為何？（102高員鐵路人員考試建築工程營建法規）

59. 建築物公共安全之維護與民眾生活息息相關，請依建築法及建築物公共安全檢查簽證及申報辦法等相關規定，回答下列問題：（102薦任升官等考試建築工程營建法規）
(1) 請說明制定建築法之目的。
(2) 請說明何者為供公眾使用之建築物？
(3) 就十六層以上或建築物高度在五十公尺以上之住宿類集合住宅而言，何者得為建築物公共安全檢查之申報人？
(4) 前述集合住宅使用之建築物，應檢查項目與檢查頻率有何規定？

60. 以性能式建築防火安全設計取代條文式規定已成為當前世界潮流。請說明：（102薦任升官等考試建築工程營建法規）
 (1) 性能法規（Performance-based codes）與條文式法規（Prescriptive-based codes）有何不同？
 (2) 並請就建築技術規則等相關法令規定，說明建築物之防火及避難設施如何以性能法規取代條文式法規。
 (3) 說明那些類別建築物必須提具防火避難性能設計或綜合檢討計畫及評定書送中央主管建築機關認可？

61. 某建商於興建高層住宅期間，因建築物下部結構深開挖，似造成工地周遭鄰房有受損之情形。但因各鄰房受損害情形不一，且部分鄰房受損害之舉證亦不夠充實，使得建商與各鄰房所有人間因損鄰爭議事件紛擾不止。受損戶遂集體向當地建管主管機關陳情，請求主管機關介入處理。該機關依據○○市建築物施工損鄰爭議事件處理要點，要求建商依據該要點與各受損戶解決損鄰爭議。惟該建商並未能依據該處理要點與各受損戶達成和解，且在未與所有受損戶達成和解之情形下，工程已達到完工程度，並向建管主管機關請領使用執照。（101普考建築工程營建法規概要）
 (1) 試依中央法規標準法令體系，評述該「○○市建築物施工損鄰爭議事件處理要點」之性質與拘束效果。
 (2) 國內各縣市政府皆設有類似之損鄰爭議事件處理要點。請列舉此類要點中，解決損鄰爭議之主要手段與機制。
 (3) 倘該建商無視於建管主管機關之要求，命其依據前開要點與受損戶達成補償或賠償，建管主管機關得否據此理由，而拒發使用執照，請詳述理由。

62. 近年關於民眾不滿住宅前方興建高層建築，致擋住景觀及日照，而引發爭訟。就我國營建法規體系而言，有關景觀與日照之保障，是否有法令依據？請分別討論之。（100地特三等建築工程營建法規）

63. 請解釋建築危評規模之內容。（100地特四等建築工程營建法規概要）

二、建築技術規則

1. 請依據建築技術規則，詳細說明設置建築物雨水及生活雜排水回收再利用系統之相關規定為何？（105高考三等公職建築師營建法規）

2. 試說明建築技術規則第110條建築物防火間隔與建築外牆防火之相關規定。（105高考二等建築工程營建法規）

3. 依建築技術規則建築設計施工編規定，請詳述新建或增建建築物之「空氣音隔音設計」與「樓板衝擊音隔音設計」之適用範圍。（105地特三等公職建築師營建法規）

4. 為便利行動不便者進出及使用，建築物應依「建築技術規則」規定設置無障礙設施，並符合相關規範。試依據「建築物無障礙設施設計規範」，說明無障礙通路之組成內容以及室外通路設計應符合之規定。（105地特三等建築工程營建法規）

5. 「建築技術規則」對於建築物之分間牆、分戶牆規定應設置具有防音效果之隔牆，而為強化建築防音構造，提升建築音環境品質，「建築技術規則」於民國105年增訂有關置放機械設備空間樓板、分戶樓板及昇降機房之樓板與分間牆、分戶牆之隔音構造與性能規定。試依現行「建築技術規則」說明分間牆與分戶牆之隔音構造與性能規定。（105地特三等建築工程營建法規）

6. 容積率及容積獎勵辦法為建築開發規劃時重要之考慮因素，常影響整個建築開發專案的成敗與利潤。請說明容積率之定義，並分別說明容積移轉獎勵及綠建築獎勵之意義各為何？（103高考三等建築工程營建法規）

7. 政府為推動建築物全面無障礙理念，近年大幅修正建築技術規則，藉以實踐無障礙生活環境理念。請說明何謂「無障礙設施」？又建築技術規則規定，何等建築物應設置無障礙設施？而那些情形得免檢討設置？（103高考三等公職建築師營建法規與實務）

8. 為因應性能式建築防火安全設計，依據建築技術規則總則編等相關法令規定，得申請免適用該規則有關建築物防火避難一部或全部之規定，請說明申請人得向中央主管建築機關申請建築物防火避難性能設計之認可程序與應備書件為何？其採用之性能驗證方法及驗證項目有那些？請列舉說明。（103普考建築工程營建法規概要）

9. 請就建築技術規則建築設計施工編第1條、第261條、第262條，說明下列用語定義：（103司法特考檢察事務官營繕工程組營建法規）
   (1) 順向坡
   (2) 活動斷層
   (3) 集合住宅
   (4) 承重牆

10. 高層建築物係指高度在五十公尺或樓層在十六層以上之建築物。請依建築技術規則建築設計施工編第230條之規定，說明高層建築物之地下各層最大樓地板面積之計算公式，並說明在何種情況下，得不受此計算公式之限制？（103地特三等建築工程營建法規）

11. 為因應高齡化社會及行動不便者之需求，既有五層以下已領得使用執照之建築物，實有增設昇降設備之需要，請就「建築技術規則」及「既有公共建築物無障礙設施替代改善計畫作業程序及認定原則」說明有何放寬規定，俾利老舊建築物增設昇降設備，以改善建築物之機能？（102高員鐵路人員考試建築工程營建法規）

12. 為鼓勵基地之整體規劃與合併使用，獎勵設置公益性開放空間，建築技術規則訂有「實施都市計畫地區建築基地綜合設計」專章。但為避免建築物於領得使用執照後，未依規定開放供公眾使用之情形，請就如何「確保開放空間之公益性」及兼顧「建築物之安全私密需求」二個層面，說明現行建築技術規則有何規定？（102員級鐵路人員考試建築工程營建法規概要）

13. 醫療照護場所或身心障礙者醫療、復健等場所之使用者，多有行動遲緩，故於檢討建築物防火避難時應更注意此現象，請以建築技術規則規定說明對於這類場所防火避難之特別規定。（102高考三等建築工程營建法規）

14. 名詞解釋（102普考建築工程營建法規概要）
 (1)「棟」與「幢」
 (2)帷幕牆
 (3)遮煙性能
 (4)新建無障礙住宅
 (5)公寓大廈之住戶

15. 因應地球暖化氣候遽變，建築技術規則於都市計畫地區規定何種情形應設置雨水貯集滯洪設施？雨水貯集滯洪設施之設置規定為何？（102普考建築工程營建法規概要）

16. 請依建築技術規則及其相關規定回答下列問題：（102關務、交通人員升官等考試郵政營建法規）
 (1)試依總則編第3-3條，敘明建築物用途分類之類別及組別為何？並請說明其分類在建築物使用管理階段之變更用途時，有那些操作原則？試分述之。
 (2)請列表說明防火構造之建築物，其主要構造之柱、樑、承重牆壁、樓地板及屋頂應分別具多少防火時效？

17. 請依現行建築技術規則及其相關規定回答下列問題：（102關務、交通人員升官等考試郵政營建法規概要）
 (1)何謂「道路」及「建築物雨水或生活雜排水回收再利用」？
 (2)防火設備為何？又對防火區劃之劃設有何規定？試分述之。

18. 近年來由於人口都市化，建築物多朝高層化、複合化發展，其相對之防火安全備受重視，請說明何謂高層建築物？並請說明建築技術規則對高層建築物樓梯之座數、防火區劃及直通樓梯等有那些特別規定？（101警察、鐵路特考高員建築工程營建法規）

19. 請依現行建築法、建築技術規則、區域計畫法、都市計畫法、政府採購法及相關營建法規簡要回答下列問題：（101警察、鐵路特考員級鐵路人員考試建築工程營建法規）
   (1) 區域計畫之擬定機關。
   (2) 何謂「防火時效」？
   (3) 何謂「山坡地保育區」？
   (4) 何謂「再生綠建材」？
   (5) 驗收不符契約規定時，何種情況下得辦理減價驗收？

20. 請依建築技術規則規定，說明防火門窗組件包括那些項目？並說明常時關閉式之防火門及常時開放式之防火門各有何規定？（101警察、鐵路特考員級鐵路人員考試建築工程營建法規）

21. 依據建築技術規則建築設計施工編之定義，何謂屋頂突出物？如設置太陽能供電系統於屋頂突出物，應注意那些建築管理與再生能源之相關規定？（101高考三等建築工程營建法規）

22. 工程實務中，凡從事建築物之建造行為時，應於其施工場所設置適當之防護圍籬、擋土設備、施工架等安全措施，以預防人命之意外傷亡、地層下陷、建築物之倒塌等而危及公共安全。依建築技術規則，請論述回答以下問題： 建築工程施工時，何種情況應採取必要之擋土設備安全措施？其擋土設備安全措施應依那些規定辦理？（101高考三等公職建築師營建法規與實務）

23. 法規的修正，係就現行法規予以修改。法規的修正，包括有增（減）條款及就原有條款文字內容加以修改。例如高層建築物、節能建築物及室內裝修防耐火材料之規定等，都曾於必要情形時予以修正。依中央法規標準法，請論述回答以下問題：（101高考三等公職建築師營建法規與實務）
   (1) 法規在那些情形時予以修正？
   (2) 法規修正的機關及程序為何？

24. 有關依據建築技術規則建築設計施工編第2條規定留設「私設道路」申請核發建造執照並領有使用執照，該「私設道路」遭土地所有權人等設置路障及障礙物等阻塞，導致無法通行時，應依何種法律規範處理？（101普考建築工程營建法規概要）
參考法條：建築法第26條、第58條第3款

25. 何謂「集村農舍」？集村農舍是否屬於建築技術規則建築設計施工編所規定之「集合住宅」？（101司法特考檢察事務官營繕工程組營建法規）

26. 何謂「防火區劃」？其作用為何？建築技術規則有何規定？（100地特三等公職建築師營建法規與實務）

27. 建商常規劃「夾層屋」產品，以最小坪數創造最大使用空間。依據建築技術規則之規定，「夾層」之定義為何？關於夾層空間之設計有何限制？（100地特四等建築工程營建法規概要）

三、綠建築（建築技術規則建築設計施工編§298～§323）

1. 我國之綠建築評估系統共有「綠化量」、「基地保水」、「水資源」、「日常節能」、「二氧化碳減量」、「廢棄物減量」、「污水垃圾改善」、「生物多樣性」及「室內環境」等九大評估指標。請說明：（106高考三等公職建築師營建法規與實務）
(1) 何謂綠建築分級評估制度？
(2)「候選綠建築證書」之意義及取得時點？
(3)「綠建築標章」之意義及取得時點？
(4) 取得「綠建築標章」或「候選綠建築證書」之必要取得指標為何？

2. 請就建築技術規則綠建築相關設計技術規範，說明下列用語定義：（102高員鐵路人員考試建築工程營建法規）
(1) 綠化總二氧化碳固定量
(2) 集雨面積Ar（m^2）

(3) 地下貯集滲透
(4) 建築物室內裝修材料
(5) 綠建材

3. 為因應全球暖化，達成節能減碳之目標，政府次第積極推展綠建築推動方案、生態城市綠建築推動方案、智慧綠建築推動方案，其中「綠建築」已然成為重要策略之一。請依前述推動方案及相關規定，回答下列問題：（102高考三等公職建築師營建法規與實務）
   (1) 臺灣地區之「綠建築」評估指標有那些項目？
   (2) 推動綠建築標章對環境之永續發展與提升生活環境品質有那些貢獻？

4. 請依現行建築技術規則對綠建築之相關規定回答下列問題：（102關務、交通人員升官等考試郵政營建法規）
   (1) 何謂「建築基地保水」及「建築物節約能源」？
   (2) 試述建築物基地綠化，除應符合其直轄市、縣（市）主管建築機關之綠化相關規定外，尚應符合那些規定？

5. 為因應全球暖化，達成節能減碳之目標，政府致力積極推展綠建築推動方案、生態城市綠建築推動方案與智慧綠建築推動方案，對辦理都市更新計畫亦訂有相關之容積獎勵辦法。請依都市計畫法及都市更新建築容積獎勵辦法，說明辦理都市更新之處理方式有那幾種？綠建築標章可分為那幾個等級？對配合辦理綠建築設計獎勵有那些規定？（101警察、鐵路特考高員建築工程營建法規）

6. 「綠建築標章」之申請，由原來之「七大指標」變更為「九大指標」之評估系統，兩者之差異何在？而政府推動綠建築之做法上，對公有建築之興建有何重要規定？（100四等身障特考建築工程營建法規概要）

7. 綠建築政策已是行政院國家重點發展計畫。請試述「綠建築」的基本定義，並請簡述「綠建築」九大指標的意義。（100一般警察、警察特

考、鐵路人員員級鐵路人員考試建築工程營建法規概要）

8. 何謂綠建築九大評估指標？（100普考建築工程營建法規概要）

9. 極端氣候下，有時候會有百年之洪泛，低窪地區之建築與都市計畫法規需要如何改善？（100簡任公務人員、關務人員升官等考試建築工程）

10. 無障礙時代來臨，目前有那些都市公共設施及公有建築設施需要改善？請從相關法規之訂定及執行上提出分析與建議。（100簡任公務人員、關務人員升官等考試建築工程）

11. 一般高樓火災容易從管道間延燒及大樓管線維修不易，請問如何防止？請從建築法及公寓大廈管理條例提出看法。（100薦任公務人員、關務人員升官等考試建築工程）

12. 如何建構低碳城市？涉及那些營建法規？請列舉說明其關聯性與可能產生之效果。（100薦任公務人員、關務人員升官等考試建築工程）

13. 依據綠建築評估指標之涵意，何謂「水資源指標」？由建築設計之角度，有那些可提升此指標之規劃方向？（100地特三等公職建築師營建法規與實務）

第三講

政府採購法
——體系與問題

案例

公立高中校服採購案

臺北市某公立高中為民國100年8月入學的高一新生採購制服，擬依政府採購法規定公開招標，預算金額為新臺幣300萬元，試問：

1. 該高中校服之採購，應採取(1)最有利標或(2)最低標價決標？（§52、§56）
2. 得否於招標公告中限制廠商資格須有製作校服經驗之廠商？（§36、§37）

壹、政府採購法之緣由及主要問題

我國政府採購法施行前，國家採購事項係由「機關營繕工程及購置定製變賣財物稽察條例」（已廢止）加以管制，惟該條例乃係側重政府財務預算機關的管制，且管制對象及密度不足，例如，對於財物之採購只限於部分之行為，對政府採購的全部流程無法全盤加以規制。因其規範密度不足，於實務上衍生甚多弊端，因此，為建立政府採購制度，依公平、公開之採購程序，提升採購效率與功能，確保採購品質[1]，我國於民國87年公布政府採購法之條文，並於一年後（即民國88年5月27日起）施行。施行迄今早已逾數十年，生效施行後仍發生不少執法上之漏洞及弊端（例如：消防署長採購弊案），有待全盤檢討修正本法，以期能眞正確保採購品質，又能兼顧採購程序之公平公開性。

政府採購法的主要流程及其法規性質[2]架構得如圖3-1所示：

---

[1] 請參閱政府採購法第1條。黃鈺華，《政府採購法解讀：逐條釋義》，元照出版社，2014年1月5版，頁1。

[2] 法規性質主要依新主體說可分成公法、私法性質，公法係指該法規範僅適用於行政主體或行政機關，私法係指任何人均能適用該法規範者，其區別實益在於審判法院歸屬之不同及

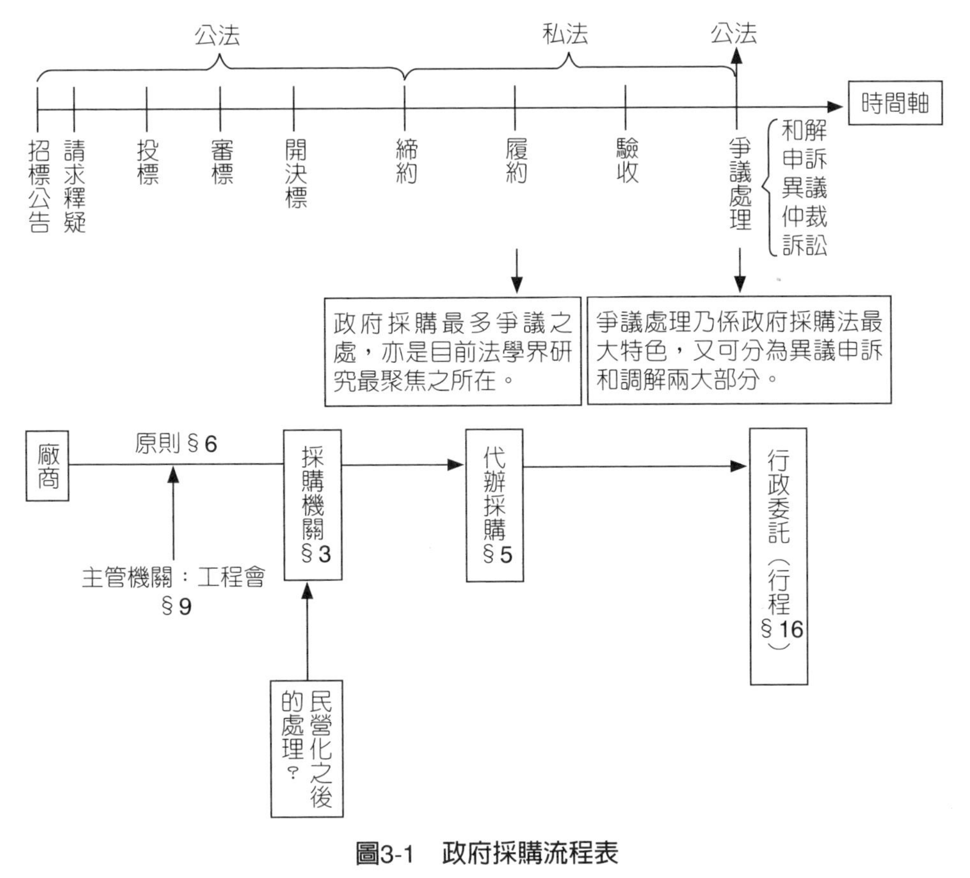

圖3-1　政府採購流程表

（本圖爲本書自製）

一、立法最優先目的不明確

按政府採購法第1條雖明定：「爲建立政府採購制度，依公平、公開之採購程序，提升採購效率與功能，確保採購品質，爰制定本法。」惟其立法目的並不明確，蓋因採購標的之品質與價格高低往往係不能並存之緊張關係，即俗諺之「一分錢，一分貨」，若兩者無法並存時，依照我國政府採購法之立法目的，究應以何者爲優先？依照現行規範第1條前揭規定

指導原則並不相同，參見吳庚，《行政法理論與實用》，2020年16版，頁24至31。

無法判斷而容有疑問。依本書之見，政府採購法之最大期待在於同時兼顧工程品質與工程成本，但在兩者衝突不能並存時，實宜以確保工程品質爲最高考量，價格反而是一種次要的考量基準。因爲從國家永續的施政目標而言，永續性的工程，亦即工程品質重要性應高於一時行政成本之技術限制，才屬妥當。

二、政府採購法之重要性

我國近年政府公共工程之預算金額十分龐大，民國96年爲3961億元（新臺幣，以下同），民國97年、98年及99年在每年4,000億元至5,000億元之間，民國100年則高達7,000億元左右[3]，以政府全年預算2兆元爲例，可見得公共工程採購支出，約占35%，乃是國家財政之重大支出，對國內經濟發展與人民生活福祉影響重大，具有經濟指標性火車頭之作用。此外，因工程採購之資金龐大，對民間廠商具重大利益，公共工程易於吸引民間廠商參與競標；且履約期間工期冗長、風險變數多，眾多因素非決標時（或締約時）所能預料，導致不論是招標期間或履約期間所生之工程採購爭議案件亦甚多[4]，採購品質亦不甚理想[5]。國內政府採購法之書籍雖至少有十餘本[6]，惟能夠全盤檢視其中制度性問題者並不多見，大都是整理

---

[3] 資料來源：公共工程委員會，http://www.pcc.gov.tw/pccap2/TMPLfronted/ChtIndex.do?site=002；財團法人國家政策研究基金會，http://www.npf.org.tw/post/3/8697（最後瀏覽日期：2014/5/25），若以決標金額來說，96年爲1兆2,756億元、97年爲1兆2,942億元、98年爲1兆2,844億元、99年爲1兆3,657億元、100年爲1兆4,783億元、101年爲1兆3,223億元、102年爲1兆2,478億元，參照行政院公共工程委員會，102年度政府採購績效，頁1-2，http://www.pcc.gov.tw/pccap2/BIZSfront/MenuContent.do?site=002&bid=BIZS_C10303159（最後瀏覽日期：2014/5/25）。

[4] 若以臺北市政府之政府採購爭議爲例，搜尋該市政府之採購申訴與調解業務資訊網之資料，可以發現其所受理之採購爭議爲383件，其中工程採購爭議205件（占採購爭議總數之53.52%），遠多於財物採購之83件（21.67%）與勞務採購之95件（24.80%），工程採購數量之多與重要性可見一斑，詳參臺北市政府採購申訴與調解業務資訊網，http://www.laws.taipei.gov.tw/bid/7-1.jsp（最後瀏覽日期：2014/5/25）。

[5] 例如：臺北市高中校服之採購品質拙劣且價格昂貴之報導，詳閱中國時報，民國100年9月30日。

[6] 例如：黃鈺華，《政府採購法解讀：逐條釋義》，元照出版社，2021年1月8版；羅昌發，《政府採購法與政府採購協定論析》，元照出版社，2008年3版；潘秀菊，《政府採購法》，新學林出版社，2009年8月初版；李永然，《工程及採購法律實務Q&A》，永然出

行政機關函令解釋及說明法規命令內容，作資料之編排整理而已，故有待學界對政府採購法上制度問題，作更深入之分析以改善目前弊病叢生之政府採購法[7]。

三、政府採購之重要問題

申言之，政府採購法上每個採購階段都有其制度上及執行上之重大問題難以克服，例如於下列各個階段：

招標→如何避免或杜絕綁標及圍標？以確保採購品質。
審標→如何避免過苛之廠商條件限制？
決標→如何使採購委員會委員能公正行使職權？而不受廠商或採購機關之影響？
締約→如何使採購契約之契約要項及契約範本風險分配更加公平合理？如何確保底價合理性？
履約→履約中如何保留彈性修改契約條款之空間？如何落實履約管理？
驗收→如何確保工程品質而又不致於過分刁難廠商？造成索賄之聯想？

以下具體說明下列階段之重要法規範議題。

版社，2003年8月再版；林鴻銘，《政府採購法之實用權益》，永然出版社，1999年；林家祺，《政府採購法之救濟程序》，五南出版社，2014年9月2版；張祥暉（主編），《政府採購法問答集》，新學林出版社，2014年9月2版。

7 林明鏘，〈政府採購制度之檢討與修法建議〉，收於法務部廉政署出版《聯合國反貪腐公約》專題學術研究會論文集，2016年12月。

貳、採購階段問題分析

一、招標

依政府採購法規定，政府工程採購招標可分成公開招標、限制性招標及選擇性招標三種方式，原則上實務都會採公開招標，例外才採限制性及選擇性招標，其區別可見表3-1。

文建會於民國100年之國慶晚會採購，依限制性招標予以某人2億元承包，是否合法？引起國人極度關切，即爲最典型範例。有關限制性招標之許可要件，依政府採購法第22條之規定，僅以列舉之16款情形爲限。

二、審標

爲避免有圍標或其他不法情事，政府採購法設計一系列之審標機制，含資格標及其他形式要件之審查，作爲決標前之有效過濾機制。審標機制是否妥當與所定資格或規格是否合理有密切關係，且不得有「綁標」之情形。

三、決標

決標機制目前採取最有利標、最低標及混合最有利標與最低標三種機制，實務上因採取最低標爲原則，所以造成「低價搶標」，嚴重損及工程品質，而採取最有利標又因諸多法定要件之限制，採購委員會的權限過大，致工程採購採取者並不常見，如何有效推動最有利標相關配套機制，

表3-1　招標方式

公開招標	限制性招標	選擇性招標
指以公告方式邀請不特定廠商投標。	指不經公告程序，邀請二家以上廠商比價或僅邀請一家廠商議價。	指以公告方式預先依一定資格條件辦理廠商資格審查後，再行邀請符合資格之廠商投標。

（本表由本書自製）

在法制面上有極大改善空間。

四、締約

依政府採購法第63條第1項規定，政府採購當依「契約範本」與廠商締約，契約範本即依循契約要項規定之內容，由法規命令形成契約之主要內容，致契約喪失其個別性及彈性空間，亦不利於採購談判文化之形成。但卻有「定型化契約」之優點：大量、快速、一體適用。

政府採購事件於採購機關做出決標決定，評選出得標廠商後，即進入締約階段。惟採購契約何時成立則有疑問：目前審判實務多數認爲，因招標公告爲要約引誘、廠商投標爲要約、業主的決標決定係爲承諾，從而採購契約於決標決定公告之時即屬成立。

契約內容之良窳與合理性對於當事人間法律關係之權利義務成立與否有重大影響，完善而妥適之契約能合理分配風險，減少紛爭嗣後發生之可能。惟因我國商業活動傳統上注重誠信，對於契約內容並不重視，甚之過往工程採購契約多係由採購契約要項修改而成，其內容片面且缺乏彈性，無法因應工程複雜多變之風險特性，從而導致工程採購契約之爭議屢屢發生。其次，政府採購法於民國100年修正後，其第63條第1項明定各類採購契約以採用主管機關訂定之範本爲原則，似有放寬我國工程契約範本地位之作用，因爲只規定「原則」，惟相關規定之後續影響如何則仍有待觀察。

五、履約

政府採購法對於履約管理之事項，僅有第63條至第70條（第69條已刪除）等共7條規定，惟於政府工程採購爭議當中，按照本書之觀察，將近9成之案件皆與履約爭議有關，相關法規範（含民法規定）應如何深化以減少紛爭之發生，尚有待實務與學術合作加以類型化。此外，在將採購契約定性爲私法契約的前提下，工程契約爭議亦往往涉及民法規範之複雜爭議，尤其工程契約多半被視爲民法承攬契約之具體類型，但因民法承攬一章之規定，並非以工程契約作爲立法原型，導致承攬規定於工程契約之適用產生甚多疑義。再者，因工程契約複雜多變，契約履行期間常發生物價上漲或異常地質狀況等特殊事由，造成工程履約之遲延，惟此等相關事由得否援引民法第227條之2「情事變更」之規範，係屬民法上另一重大議題，目前我國實務最高法院裁判與最高行政法院裁判見解分歧，亦導致我國工程爭議結果之難以預測，相關業者對於裁判品質不具信心之原因。

六、驗收

驗收原則上是履約的最後階段，複雜之工程採購上得分成初驗與複驗程序。驗收完成後，採購機關除應支付最後一期價金，退還履約保證金，並得申請使用執照，但驗收階段產生爭議亦非罕見，例如：同等品之驗收及驗收之扣減價金等問題。

七、爭議處理

爭議處理又可細分爲異議、申訴、調解、仲裁與訴訟等不同類型。因我國學說目前多數受到德國傳統雙階理論的影響，認爲決標前之採購行爲係屬公法行爲，決標後之爭議爲私法紛爭；從而異議與申訴係針對公法行爲之不服事項所特設的特殊行政救濟制度，而對於履約管理之爭執，當事人則須依照調解、仲裁或民事訴訟的方式加以處理，形成雙軌救濟，不符合「一次紛爭，一次解決」之基本法理。

異議與申訴制度，學說有認爲係屬政府採購法精髓之所在，具有快速解決紛爭、避免廠商求助無門及保障公平競爭環境等功用[8]。從制度設計目的來看，異議制度係要求廠商於爭議發生時，先向原採購機關要求進行重審，以保障紛爭的快速解決，避免爭議過早移往其他機關或法院而造成程序浪費。惟相關制度是否妥適，自政府採購法施行以來即爭議不斷，國內多數學說似亦頗多抱持廢棄異議制度之見解。

私法契約爭議事件原則應向民事法院起訴以求救濟，惟政府採購法第85條之1採俗稱「先調後仲」之立法模式，除廠商得強制開啓調解程序

---

8 參照羅昌發，《政府採購法與政府採購協定論析》，元照出版社，2008年3版，頁339至340。

外，亦使得調解不成立之工程爭議得強制進入仲裁程序，對採購機關的權利影響極爲重大。再者，無論調解或仲裁決定，得具有強制履行正當性之基礎，應在於當事人雙方自願開啓程序之合意，然而「先調後仲」之立法模式，不僅剝奪採購機關選擇程序的空間，亦使得相關決定之執行不具有合理正當之基礎。此外，因仲裁程序迅速且大都對廠商有利，民間業者多半選擇仲裁程序作爲紛爭解決之途徑，惟值得懷疑的是，我國仲裁程序具有仲裁人不專業、不保密、衡平仲裁規則不明確及程序要件或證據法則不完備等缺失，相關程序是否適宜作爲工程紛爭解決之常規性手段，仍容有討論之空間。

八、刊登不良廠商名單

依政府採購法第101條第1項規定，凡廠商有違法事由時，機關得刊登於政府公報，限制廠商一定期間內不得參加政府採購，該規定爲：

「機關辦理採購，發現廠商有下列情形之一，應將其事實及理由通知廠商，並附記如未提出異議者，將刊登政府採購公報：

一、容許他人借用本人名義或證件參加投標者。

二、借用或冒用他人名義或證件投標者。

三、擅自減省工料，情節重大者。

四、以虛僞不實之文件投標、訂約或履約，情節重大者。

五、受停業處分期間仍參加投標者。

六、犯第八十七條至第九十二條之罪，經第一審爲有罪判決者。

七、得標後無正當理由而不訂約者。

八、查驗或驗收不合格，情節重大者。

九、驗收後不履行保固責任，情節重大者。

十、因可歸責於廠商之事由，致延誤履約期限，情節重大者。

十一、違反第六十五條規定轉包者。

十二、因可歸責於廠商之事由，致解除或終止契約，情節重大者。

十三、破產程序中之廠商。

十四、歧視性別、原住民、身心障礙或弱勢團體人士，情節重大者。

十五、對採購有關人員行求、期約或交付不正利益者。」

有爭議者爲刊登不良廠商之通知及公告行爲是否爲行政處分，或是行政罰而適用行政罰法規定？廠商可否對之提起行政救濟時主張其沒有故意或過失而不得予以刊登爲不良廠商，被刊登爲不良廠商，是否公平？不良廠商之刊登之法定要件是否合理？應否一律增加「可歸責於廠商」事由？因爲許多情形，廠商並沒有「可歸責事由」存在。

九、政府採購法108年新修正之內容

（一）第4條（受補助占二分之一以上之採購，增訂第2項）：藝文採購不適用前項規定，但應受補助機關之監督；其辦理原則、適用範圍及監督管理辦法，由文化部定之，以增強管制密度。

（二）第11條之1（成立採購工作及審查小組，本條新增）：1.巨額採購：「應」成立採購工作及審查小組（2億以上）；2.其他採購：「得」成立工作及審查小組。

（三）第15條（旋轉門條款及迴避規定，本條修正）：擴大應行迴避及令其迴避之範疇及人員。

（四）第17條（外國廠商參與採購，增訂第4項）：涉及國家安全之政府採購，得訂定限制條件之授權法規命令。

（五）第22條（限制性招標，本條修正）：增訂「社會福利服務」（§22Ⅰ⑨）、「庇護工廠」（§22Ⅰ⑫）、「文化創意服務」（§22Ⅰ⑭）。

（六）第26條之1（環境保護技術規格，本條新增）：增加「自然資源保育」及「環境保護」之技術規則及增列費用。

（七）第30條（押標金及擔保，本條修正）：勞務採購以免收押標金、保證金爲原則。

（八）第31條（沒收及發還押標金及追繳，本條修正）：明確修正追繳押標金爲行使公法上請求權，而非契約罰（與最高行政法院102年11月份庭長法官聯席會議決議相同見解）。

（九）第50條（不開標或不決標之要件，本條修正）：將「僞造變造」修正爲「不實文件投標」（§50Ⅰ④）。

（十）第52條（不訂底價之最有利標，本條修正增加）：1.專業服務；2.技術服務；3.資訊服務；4.社會福利服務；5.文化創意服務。

（十一）第63條（採購契約範本，本條修正）：增訂「採購契約應訂明一方執行錯誤、不實或管理不善，致他方遭受損害之責任。」

（十二）第70條之1（強制編列安全衛生費用，本條新增）：1.只限於工程採購；2.增訂違反職業安全衛生，得依本法及契約規定處置（§70-1Ⅲ）。

（十三）第76條（異議及申訴決定，增訂第4項）：增訂有關廠商不服機關不發還或追繳押標金之爭議。

（十四）第85條（申訴審議之效力，本條修正）：第3項修正爲「審議判斷指明原採購行爲違反法令，廠商得向招標機關請求……所支出之必要費用。」

（十五）第93條（共同供應契約，本條修正）：增訂「共同供應契約」之相關辦法（§93Ⅱ）。

（十六）第94條（評選委員會，本條修正）：1.刪除人數上限，只有下限之五人以上（§94Ⅰ）；2.限制「假專家學者」（§94Ⅱ，不得爲政府機關現職人員）。

（十七）第101條（刊登政府公報事由，本條修正）：1.「僞造、變造」修正爲「虛僞不實」（§101Ⅰ④）；2.增訂「情節重大」要件（§101Ⅰ④、⑨、⑫）；3.增訂刊登前之「陳述意見之機會」（§101Ⅲ）；4.明定「情節重大」之審酌因素（§101Ⅳ）。

（十八）第103條（刊登黑名單之法律效果，本條修正）：

1. 增訂違反第101條第1項第7款至第12款之除權效力期限：(1)§103Ⅰ①：3個月；(2)§103Ⅰ②：6個月；(3)§103Ⅰ③：1年。
2. 修正第103條第2項除權之例外條款（文字修正）。
3. 增訂溯及既往條款（§103Ⅲ）：只限處分尚未確定者，均得溯及既往適用新法。

臺大法律系／土木系　工程與法律期末考題（2014年6月）

A機關署長甲於民國100年辦理政府採購特殊消防車時，指示下屬承辦公務員乙用最低標及限制性招標，因預算金額高達六億，承辦人乙不敢違背上級命令。在定底價時，由甲決定，並洩漏給B廠商，至B以接近底價得標。試問：

1. 嗣後發現甲收受賄款，A機關可否撤銷或廢止該政府採購契約？依據何在？
2. 本案可否採取最低標及限制性招標？
3. A機關可否馬上刊登B廠商於政府公報，宣布其爲不良廠商？
4. 承辦人乙依政府採購法規定，有無對抗甲之合法手段？

臺大法律系／土木系　工程與法律期末考題（2013年1月）

臺北市立A國中爲辦理該校營養午餐之採購，於民國101年5月底依政府採購法公開招標，徵求廠商提供101年9月起至102年6月底全校之營養午餐，共有B、C、D三家廠商競標，由B廠商以最低價新臺幣488萬得標，請依政府採購法相關規定回答下列問題：

1. B廠商與C、D廠商均爲串連圍標，A國中於締約後發現，得依法如何處理？（§48、§50、§87Ⅰ⑩）
2. B廠商於得標後交由C廠商出餐盒，是否合法？（§65、§66、§67）
3. 供應期間，發現餐盒中有蟑螂、蒼蠅、小蟲及鋼刷屑，A國中得否依政府採購法終止採購契約（§63至§67）？得否刊登政府公報B廠商爲不良廠商？（§101Ⅰ⑩至⑫）
4. B廠商於被終止契約後，A國中可否以限制性招標之方式以E廠商（由殘障團體成立之供應商）續約？（§22）
5. 你如果是A國中校長，發現B廠商有違反政府採購之情事，B廠商送紅包50萬給你，請你原諒，你應該如何處理始爲合法？（刑§10Ⅱ①、貪污治罪條例§41⑧）

參、相關考題

1. 政府採購法之目的為建立政府採購制度，依公平、公開之採購程序，提升採購效率與功能，以確保採購品質，為一重要之營建相關法規。請依政府採購法第105條之規定，說明不適用本政府採購法招標決標規定之採購為何？（103地特三等建築工程營建法規）

2. 請依政府採購法、住宅法、建築法、建築技術規則等相關營建法規簡要回答下列問題：（102簡任升官等考試建築工程營建法規研究）
   (1) 何謂廠商？
   (2) 何謂社會住宅？
   (3) 請說明建築執照分那幾種？
   (4) 何謂平均立面開窗率？
   (5) 何謂緩衝區？

3. 為保持都市計畫之穩定性，都市計畫發布實施後不得任意變更，但亦必須因應都市發展或其他需要而做必要之調整。請依都市計畫法說明都市計畫變更有那些方式？另請依都市計畫定期通盤檢討實施辦法及區域計畫法，說明對都市計畫變更之補充規定。（102簡任升官等考試建築工程營建法規研究）

4. 請依政府採購法、區域計畫法、建築法、建築技術規則及都市更新條例等相關營建法規簡要回答下列問題：（102薦任升官等考試建築工程營建法規）
   (1) 請說明何謂採購？
   (2) 政府辦理採購之招標方式有那幾種？
   (3) 區域計畫法之制定目的。
   (4) 建築預審制度。
   (5) 何謂整建？

5. 請依現行營建、建築行政法規及其相關規定回答下列問題：（102關務、交通人員升官等考試郵政營建法規概要）
   (1) 依行政程序法之規定，公務員在行政程序中有那些情形之一者，應自行迴避？
   (2) 請列舉五項現行中央機關發布或會同發布之禁建限建規定名稱，試列敘之。
   (3) 依現行政府採購法之規定，請敘明何謂「工程」？

6. 請依現行建築法、建築技術規則、區域計畫法、都市計畫法及政府採購法等相關營建法規簡要回答下列問題：（101警察、鐵路特考高員建築工程營建法規）
   政府採購之招標方式有那幾種？

7. 營建工程實務中，機關與廠商間之採購履約爭議屢見不鮮，其解決兩造爭議一般有調解、仲裁與訴訟等途徑。依政府採購法，機關與廠商因履約爭議未能達成協議者，得以第85條之1的規定方式處理。請論述回答以下問題：（101高考三等公職建築師營建法規與實務）
   (1) 何謂「機關」、「廠商」及「採購」？
   (2) 政府採購法第85條之1的規定，有稱「先調解後仲裁」條款，其爭議之處理方式為何？

8. 請比較政府採購法規定之「專案管理」（第39條）及「機關代辦」（第40條）於工程實務執行上之差異。對於不具備工程專業之採購機關，欲推動複雜之大型工程專案時，應選擇機關代辦或專案管理為妥，請詳述理由。（101普考建築工程營建法規概要）
   參考法條：政府採購法第39條第1項、第40條第1項。

9. 試比較營造業法之「統包承攬」、「聯合承攬」，與政府採購法之「統包招標」、「共同投標」用語之定義與重點內容異同。（100地特三等建築工程營建法規）

肆、延伸閱讀

1. 王國武，《政府採購法之實務》，新學林公司，2019年3月，2版。
2. 林家祺，《政府採購法》，新學林公司，2008年11月，3版。
3. 林家祺，《政府採購法之開拓線》，新學林公司，2014年2月，初版。
4. 張祥暉，《政府採購法問答集》，新學林公司，2014年9月，2版。
5. 陳錦芳主編，《由法院判決看透政府採購契約》，元照出版社，2020年10月，初版。
6. 黃鈺華，《政府採購法解讀：逐條釋義》，元照出版社，2021年1月，8版。
7. 潘秀菊，《政府採購法》，新學林公司，2009年，初版。
8. 謝哲勝／李金松，《政府採購法實用》，元照出版社，2017年1月，初版。
9. 羅昌發，《政府採購法與政府採購協定論析》，元照出版社，2008年11月3版。

第四講

政府採購法

——重要條文與相關法規

案例

何謂「或同等商品」（Or Equal）？

若某政府機關於採購招標文件中載明欲購買「A、B、C三種廠牌之氣密窗或同等品」，試問：

1. 採購機關偏好A、B、C廠牌，但廠商欲使用D廠牌氣密窗，該採購機關可否要求廠商更換？（§26、細則§25）
2. 若主辦機關接受D廠牌氣密窗之使用，但D廠牌氣密窗之價格遠較A、B、C廠牌之價格為低，那是否可以減價收受？（§72）
3. 若招標文件加註「鋁門窗須能以一根手指輕鬆推動」之要求，有無違反政府採購法第26條之規定？

壹、政府採購法重要條文解說

政府的採購種類分爲工程採購、財物採購、勞務採購三大類，政府採購法即是政府辦理這些採購的最基礎也最完整規範。政府以國家財政收入進行各式各樣的採購，其旨在於增進全民之福祉，如何確保其採購運用之公平、公正和效率自是民眾所最關切的。工程因其規模巨大且具有公共財之特性，而且機關本身不擁有建造能力，所以通常是以政府採購的方式委託民間廠商進行規劃、設計和興建，是故政府採購法和工程的關係可說密不可分。本法自民國87年5月27日公布施行以來，歷經六次修改和各個子法的陸續制定，目前已形成政府採購法（以下稱採購法）本文共118條和逾七十多種子法（含法規命令與行政規則）的龐大法律架構。但是，防弊條文遠多於興利條文。本書以下將挑選若干重要條文加以介紹：

第1條（立法目的）

爲建立政府採購制度，依公平、公開之採購程序，提升採購效率與功能，確保採購品質，爰制定本法。

解說

明定本法之立法宗旨，其最重要之立法目的，應屬「確保採購品質」，因此，本法以「最低標」爲得標原則，彼此間即有矛盾現象。

第4條（法人或團體辦理採購適用本法之規定）

Ⅰ法人或團體接受機關補助辦理採購，其補助金額占採購金額半數以上，且補助金額在公告金額以上者，適用本法之規定，並應受該機關之監督。

Ⅱ藝文採購不適用前項規定，但應受補助機關之監督；其辦理原則、適用範圍及監督管理辦法，由文化部定之。（108年修正）

解說

爲使政府採購受到控管，避免行政機關利用金錢補助法人或團體之方式規避本法的限制，本條明定法人或團體接受機關補助辦理採購，若其補助金額在公告金額以上且占採購金額半數以上時，該法人團體即須適用本法之規範及受該採購機關之監督。

根據行政院公共工程委員會工程企字第8804490號函，政府採購法所稱之公告金額不論工程、財物及勞務採購皆爲新臺幣100萬元，此外工程及財物之查核金額爲新臺幣5,000萬，勞務採購爲新臺幣1,000萬元，整理如表4-1，此外另有巨額採購（2億元、1億元或2,000萬元以上）及小額採購（10萬元以下）的不同管制門檻規定。

此外，於民國108年之修法時，爲放寬受補助對象辦理藝文採購不受政府採購法限制，以促進藝文環境發展，惟仍應受該機關之監督，爰增列第2項規定。

表4-1　各類採購公告金額與查核金額

採購種類	公告金額	查核金額
工程	100萬	5,000萬
財物	100萬	5,000萬
勞務	100萬	1,000萬

問題思考

高雄捷運是高雄地區的重大公共工程，當初在興建的時候引用了獎勵民間參與交通建設條例（促參法之前身）而非採購法，但總計畫經費1,800多億元，特許公司出資不到20%，其他都由政府出資。為何此案可以避免採購法的適用呢？是否有規避本條之嫌疑？

第6條（辦理採購應遵循之原則）

Ⅰ機關辦理採購，應以維護公共利益及公平合理為原則，對廠商不得為無正當理由之差別待遇。

Ⅱ辦理採購人員於不違反本法規定之範圍內，得基於公共利益、採購效益或專業判斷之考量，為適當之採購決定。

Ⅲ司法、監察或其他機關對於採購機關或人員之調查、起訴、審判、彈劾或糾舉等，得洽請主管機關協助、鑑定或提供專業意見。

解說

政府採購涉及政府的龐大預算支出，為創造公平競爭環境與避免採購機關徇私舞弊，本條明定機關辦理採購應以維護公共利益及公平合理為原則，且對廠商不得無正當理由的為差別對待，在法律學上稱為「平等原則」。

然而採購法的目的是創造公平公正的採購環境，在特定範圍內仍得保留採購機關有行政裁量的權利。例如某公立大學體育館將舉辦NBA巨星邀請賽，為確保場地之安全與品質，體育室想採購和NBA正式比賽場館同款式的籃框和籃板，假設體育室目的係為確保工程品質而無任何私心，但根據本條之規定，機關辦理採購對廠商不可有差別待遇，所以當採購人員指定購買NBA場館所使用的籃框時即可能違反本條而違法。又例如新北市農業局爲了鋸砍枯木而需要購買電鋸時，即不能規定投標廠商需能夠在電鋸發生故障後二小時內來機關維修，因爲此舉侵害了離臺北較遠地區廠商的利益，爲無正當理由之差別待遇。

問題思考

同性質或相當之工程

交通部想蓋一條長度3公里的長距隧道，若最後得標的廠商只有建造人興建地下道之工程經驗，其是否能掌握長距隧道的工程複雜度與技術必是很大的疑問。交通部能否要求投標的廠商至少有挖掘1公里以上隧道（含捷運、輸水幹管、地下人行道）的工程實績？若可以，其法源依據又在哪裡？是否又會違反本條之規定？（政府採購法§36；投標廠商資格與特殊或巨額採購認定標準§5、§6）

第11-1條（採購工作及審查小組）

Ⅰ機關辦理巨額工程採購，應依採購之特性及實際需要，成立採購工作及審查小組，協助審查採購需求與經費、採購策略、招標文件等事項，及提供與採購有關事務之諮詢。

Ⅱ機關辦理第一項以外之採購，依採購特性及實際需要，認有成立採購工作及審查小組之必要者，準用前項規定。

Ⅲ前二項採購工作及審查小組之組成、任務、審查作業及其他相關事項之辦法，由主管機關定之。

解說

一般採購實務，承辦採購單位辦理採購相關作業及研擬採購相關文件，與採購品質及效率有密切關係，考量巨額工程採購（採購金額達新臺幣2億元以上）多爲重大建設，攸關公共利益與民眾福祉，爲期在採購階段能審慎評估採購需求、預期使用情形及效益目標等事項，並利後續採購作業嚴謹周延，爰於第1項定明機關辦理巨額工程採購，應依採購之特性及實際需要，成立採購工作及審查小組，於需求、使用或承辦採購單位認有需要時，由該小組協助審查採購需求與經費、採購策略、招標方式、決標原則、招標文件、底價審查及其他與採購有關之事項，並提供與採購有關事務之諮詢，例如採購所涉疑義之研處、標價偏低情形之檢討等，俾提升巨額工程採購之效率、功能及品質。

第2項定明其他未達巨額之工程採購，或不限一定金額之財物及勞務採購，機關認有成立採購工作及審查小組，協助審查採購有關事項及提供諮詢之必要者，得準用之。例如醫療器材或藥品採購，因品項繁多，又涉及醫療法規、技術規格及價格等具專業技術事項，雖未達巨額，爲期採購作業更爲審慎周延，以達成預期使用情形及效益目標，得準用第1項規定辦理。

第3項定明採購工作及審查小組之組成及其作業辦法授權主管機關定之。

第14條（分批辦理採購之限制）

機關不得意圖規避本法之適用，分批辦理公告金額以上之採購。其有分批辦理之必要，並經上級機關核准者，應依其總金額核計採購金額，分別按公告金額或查核金額以上之規定辦理。

解說

鑑於採購法對公告金額以上（即新臺幣100萬元以上）的採購事件有較嚴格之程序規範，爲避免採購機關利用分批辦理採購之方式，故意規避本法之適用，本條明定有分批辦理採購之必要者，須經其上級機關核准，且採購金額須以總額合併計算。

舉例而言，臺大計算機中心若今年想要購買100臺電腦（總金額150萬元），它可以分成三季逐次購買，但必須在第一季就公布其全部購買計畫，不可故意將其分切成三個採購標案以藉此逃避採購法。除此之外，得標案件的金額變更不可超過50%，否則即要重新招標。上述措施也是爲了避免採購機關和廠商私下協商，故意在得標後再調升總採購金額，進而得以規避本法之正當限制。

臺大獸醫系因農委會撥款1億而補助辦理的二項工程，即新蓋了獸醫新館4,800萬與整建基隆路上舊有的獸醫醫院4,800萬。這兩項工程都避過了5,000萬查核金額的門檻而無須受更嚴格的執行程序限制，但也確實需要分批辦理才能完成，故無觸犯本條限制。

第18條（招標之方式及定義）

Ⅰ採購之招標方式，分為公開招標、選擇性招標及限制性招標。

Ⅱ本法所稱公開招標，指以公告方式邀請不特定廠商投標。

Ⅲ本法所稱選擇性招標，指以公告方式預先依一定資格條件辦理廠商資格審查後，再行邀請符合資格之廠商投標。

Ⅳ本法所稱限制性招標，指不經公告程序，邀請二家以上廠商比價或僅邀請一家廠商議價。

解說

政府採購得以公開招標、選擇性招標或限制性招標等方式進行，其意義如下：

1. **公開招標**：係指以公告方式邀請不特定廠商投標。
2. **選擇性招標**：係指以公告方式預先依一定資格條件辦理廠商資格審查後，再行邀請符合資格之廠商投標。
3. **限制性招標**：係指不經公告程序，邀請2家以上廠商比價或僅邀請一家廠商議價。

政府採購法規定了三種招標方式，雖然限制性招標對採購機關而言最方便，但對廠商而言則是最不公平公正的方式，並不符合採購法之立法精神。因此在採購法第20條與第22條明定了可以不採用公開招標的例外情形，除此兩條規定之外的情形，公務員不可任意擴張其所謂的行政裁量權使用限制性招標或選擇性招標。例如選擇性招標最常見的即是建築物設備（電燈、燈管、桌椅……等）的需定時保養合約（§20①）。或是政府欲進行研究計畫案可先由政府訂定各領域專家之名單，再根據此名單邀請適當專家進行研究案的投標（§20⑤）。

第20條（選擇性招標）

機關辦理公告金額以上之採購，符合下列情形之一者，得採選擇性招標：

一、經常性採購。

二、投標文件審查，須費時長久始能完成者。

三、廠商準備投標需高額費用者。

四、廠商資格條件複雜者。

五、研究發展事項。

解說

本條規定機關在一定情形下，得採取選擇性招標之方式，包含：經常性採購、投標文件審查費時長久者、廠商投標需要高額費用者、廠商資格條件複雜者、研究發展事項。其中，所謂「經常性採購」，指得是例行性耗材財物的採購，像是維修工程，且經常性採購依照同法第21條第3項規定，至少應建立6家以上的合格廠商名單，並且依該條第4項要讓其有同等受邀參加之權利。

第22條（限制性招標）（本條108年修正增訂第1項第9款及第3項）

Ⅰ機關辦理公告金額以上之採購，符合下列情形之一者，得採限制性招標：

一、以公開招標、選擇性招標或依第九款至第十一款公告程序辦理結果，無廠商投標或無合格標，且以原定招標內容及條件未經重大改變者。

二、屬專屬權利、獨家製造或供應、藝術品、秘密諮詢，無其他合適之替代標的者。

三、遇有不可預見之緊急事故，致無法以公開或選擇性招標程序適時辦理，且確有必要者。

四、原有採購之後續維修、零配件供應、更換或擴充，因相容或互通性之需要，必須向原供應廠商採購者。

五、屬原型或首次製造、供應之標的，以研究發展、實驗或開發性質辦理者。

六、在原招標目的範圍內，因未能預見之情形，必須追加契約以外之工程，如另行招標，確有產生重大不便及技術或經濟上困難之虞，非洽原訂約廠商辦理，不能達契約之目的，且未逾原主契約金額百分之五十者。

七、原有採購之後續擴充，且已於原招標公告及招標文件敘明擴充之期間、金額或數量者。

八、在集中交易或公開競價市場採購財物。

九、委託專業服務、技術服務、資訊服務或社會福利服務，經公開客觀評選爲優勝者。

十、辦理設計競賽，經公開客觀評選爲優勝者。

十一、因業務需要，指定地區採購房地產，經依所需條件公開徵求勘選認定適合需要者。

十二、購買身心障礙者、原住民或受刑人個人、身心障礙福利機構或團體、政府立案之原住民團體、監獄工場、慈善機構及庇護工場所提供之非營利產品或勞務。

十三、委託在專業領域具領先地位之自然人或經公告審查優勝之學術或非營利機構進行科技、技術引進、行政或學術研究發展。

十四、邀請或委託具專業素養、特質或經公告審查優勝之文化、藝術專業人士、機構或團體表演或參與文藝活動。

十五、公營事業爲商業性轉售或用於製造產品、提供服務以供轉售目的所爲之採購，基於轉售對象、製程或供應源之特性或實際需要，不適宜以公開招標或選擇性招標方式辦理者。

十六、其他經主管機關認定者。

Ⅱ前項第九款專業服務、技術服務、資訊服務及第十款之廠商評選辦法與服務費用計算方式與第十一款、第十三款及第十四款之作業辦法，由主管機關定之。

Ⅲ第一項第九款社會福利服務之廠商評選辦法與服務費用計算方式，由主管機關會同中央目的事業主管機關定之。

Ⅳ第一項第十三款及第十四款，不適用工程採購。

解說

採購法為了避免機關有圖利特定廠商的疑慮，因此對於限制性招標的開啓要件有十分嚴格之限制，須具有本條各款所稱之情形時，方得以限制性招標進行採購程序。例如救災工程因具有時程上之緊急性，可適用於第1項第3款之規定，核電廠或戰鬥機的零組件具有相容性問題，故可適用於第1項第4款之規定。若機關欲辦理限制性招標，但不符合本條第1項的前15款情形時，也可在函請公共工程委員會並經其認定核可後辦理之。機關在辦理限制性招標時，一定得註明是根據本條哪一款來辦理限制性招標，否則即有不當限制而圖利特定廠商之虞。

- 第1款：無廠商投標而流標，但流標幾次才可以採限制性招標呢？無合格標會不會被質疑廠商資格審定過於嚴苛呢？特別是絕大部分廠商因此投標金額都過低，無利可圖！
- 第2款：民國100年的國慶晚會慶祝活動請了賴聲川花了2億元的夢想家，雖然給民眾的觀感不怎麼樣，但他是藝術、獨家的，所以原則上符合了此款的條件。
- 第4款：臺北捷運的車廂除了車體外，內含了煞車、冷氣等其他設施裝備，除了原供應商能繼續後續的維修、零配件供應、更換或擴充，沒有其他廠商可以提供。
- 第6款：原契約若是1億的工程，最多只能追加5,000萬。就算先追減300萬，後追加5,200萬，總成本雖為1億4,900萬，但法律條文明訂是「追加」未逾原主契約金50%，故此作為還是違反本款之限制。至於追加可否逾50%，本項第6款無規定追加是否以一次為限，所以如果追加數次，總計逾原來金額之50%，仍是違反本條規定，不過未包含「追減」的情形在內。
- 第7款：原有的採購採限制性招標是允許的，例如：臺大計算機中心向A公司採購電腦一批，第二年欲再採購電腦一批，可找回原來的A公司作限制性招標。
- 第14款：例如：請朱銘來做雕刻、請林懷民來作舞蹈表演活動、請楊麗花表演歌仔戲。藝文採購適用政府採購法，十分欠缺彈性，並不合理。

- 第16款：概括補充條款，由中央主管機關解釋認定，例如：NBA的籃球框。

第24條（統包）

Ⅰ機關基於效率及品質之要求，得以統包辦理招標。

Ⅱ前項所稱統包，指將工程或財物採購中之設計與施工、供應、安裝或一定期間之維修等併於同一採購契約辦理招標。

Ⅲ統包實施辦法，由主管機關定之。

解說

政府採購法所稱之工程案件並不以傳統的設計、建造分離模式爲限，易言之，採購機關基於效率及品質之要求，得以統包辦理工程招標，工程會頒布「統包實施辦法」以規範其要件及程序事項。例如：臺大新生南路的地下停車場是以最有利標由潤泰統包，亞新顧問公司監造蓋成的。

統包在採購法裡的定義是將設計（僅指細部設計，不含基礎設計）與施工併於同一採購契約，惟在營造業法第3條第6款定義統包爲「將工程規劃、設計、施工及安裝等部分或全部合併辦理招標」，故其包含範圍與本法略有不同，而較爲廣泛。一般工程的設計流程如圖4-1所示，以採購法而言，業主要做好規劃與初步設計（諸如樓層數目、建築基礎形式等皆需定案），再將細部設計和施工發包給統包廠商，此種統包在英文稱爲Design & Build。營造業法中所謂的統包英文稱爲Turn Key，是將下圖的五個階段合而爲一，業主可以等待廠商「移交鑰匙」後便開始使用，可以省略機關多重不同委託及契約不能整合諸多問題。亦可以節省介面整合問題達到節省時間的效果，其詳細具體規範應參閱工程會所制定之統包實施辦法。

因統包實施辦法規定由採購機關決定之，但實施上不須主管機關核可，所以臺大動物醫院及該校新生南路地下停車場要辦理統包工程，由臺大校長可自行決定即可，無須上級機關兼辦。

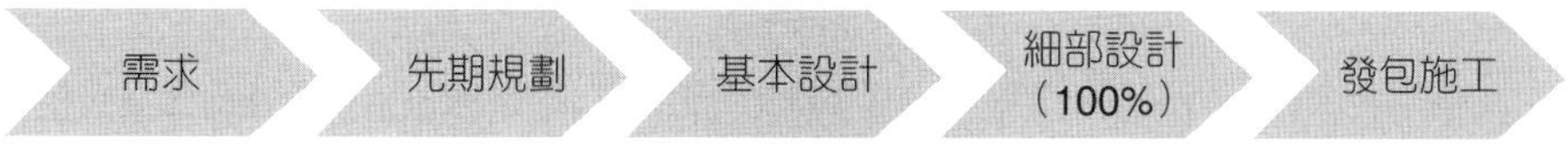

需求 → 先期規劃 → 基本設計 → 細部設計（100%） → 發包施工

圖4-1　一般工程流程

（本圖由本書自製）

第25條（共同投標）

Ⅰ機關得視個別採購之特性，於招標文件中規定允許一定家數內之廠商共同投標。

Ⅱ第一項所稱共同投標，指二家以上之廠商共同具名投標，並於得標後共同具名簽約，連帶負履行採購契約之責，以承攬工程或提供財物、勞務之行爲。

Ⅲ共同投標以能增加廠商之競爭或無不當限制競爭者爲限。

Ⅳ同業共同投標應符合公平交易法第十五條第一項之規定。

Ⅴ共同投標廠商應於投標時檢附共同投標協議書。

Ⅵ共同投標辦法，由主管機關定之。

解說

採購機關得視個別採購之特性，於招標文件中規定允許一定家數內之廠商共同投標，換言之，廠商爲競爭採購標案得在招標文件的允許範圍內，由二家以上廠商共同具名投標，以承擔工程或提供財物、勞務，惟共同投標廠商須於得標後共同具名簽約，連帶負履行採購契約之法律責任。

共同投標顧名思義即爲數家投標廠商共同具名投標。然而採購法中對於共同具名的廠商中何者爲代表廠商或其資格限制等事項，並未有任何明文規定與限制。因此業主在面對共同投標的廠商時，必須謹愼審查其共同投標協議書，所選取的代表廠商最好也是廠商中占有較大股份者，這樣較有能力對其他廠商發生的種種風險負起連帶責任，而此與營造業法將此制度稱爲「聯合承攬」，實爲大同小異[1]。至於其他具體內容，請併參見共同投標辦法。

第26條（招標文件之訂定）

Ⅰ機關辦理公告金額以上之採購，應依功能或效益訂定招標文件。其有

1 參照營造業法第3條第7款：「本法用語定義如下：……七、聯合承攬：係指二家以上之綜合營造業共同承攬同一工程之契約行爲。」

國際標準或國家標準者，應從其規定。

Ⅱ 機關所擬定、採用或適用之技術規格，其所標示之擬採購產品或服務之特性，諸如品質、性能、安全、尺寸、符號、術語、包裝、標誌及標示或生產程序、方法及評估之程序，在目的及效果上均不得限制競爭。

Ⅲ 招標文件不得要求或提及特定之商標或商名、專利、設計或型式、特定來源地、生產者或供應者。但無法以精確之方式說明招標要求，而已在招標文件內註明諸如「或同等品」字樣者，不在此限。

解說

本條之立法目的在於避免採購機關綁標，而限制競爭，圖利少數特定廠商或設計者，例如：機電設備產生如本講開始所提到之案例一般，達到避免不肖的業主、廠商與貪心的廠商各有私心，想要從中獲得更大的好處之可能。而本講前述所提到之指定氣密窗具體性能的例子也可在此反映出來，另外常見之例子還有岩梯、天花板、防火門，也可以透過尺寸（重量、顏色）等來限制競爭，實際上達到綁標的效果。此外，本條尚要注意與本法第72條之減價收受相互關聯。

其次，在「同等品」與列舉品牌間，常有「價差」存在！因此，實務上採購機關比較不喜歡使用同等品來充數。

問題思考

核電廠採購碘片時要求高密度包裝碘片，有效期限爲7年，是否違反本條之限制？（因爲臺灣生產碘片受法令限制只能保存5年）

第26條之1（措施擬定與預算編列）

Ⅰ 機關得視採購之特性及實際需要，以促進自然資源保育與環境保護爲目的，依前條規定擬定技術規格，及節省能源、節約資源、減少溫室氣體排放之相關措施。

Ⅱ 前項增加計畫經費或技術服務費用者，於擬定規格或措施時應併入計畫報核編列預算。

解說

採購特性增加之技術規格、措施應同時考量編列相應之計畫預算。

第28條（標期之訂定）

機關辦理招標，其自公告日或邀標日起至截止投標或收件日止之等標期，應訂定合理期限。其期限標準，由主管機關定之。

解說

政府採購法爲達到公平競爭之目的，避免採購機關利用設定極短暫等標期等程序手段圖利特定廠商，本條即明定機關辦理招標，其自公告日或邀標日起至截止投標或收件日止之「等標期」，應訂定合理之期限。

若等標期訂定過短，會有廠商不及準備投標文件的問題；反之，等標期若期間過長，亦會有行政效率降低或給予不肖廠商圖謀圍標等問題。依據目前工程會公布之「招標期限標準」，其規定未達公告金額100萬元之採購等標期爲7日，公告金額以上未達查核金額之採購等標期爲14日，查核金額以上未達巨額（指2億以上）之採購等標期爲21日，巨額之採購等標期則爲28日，詳細內容得參考「招標期限標準」。等標期過短是目前實務上最嚴重之問題，致廠商無法到工地現場，爲詳細之調查及勘驗，致事後履約時紛爭不斷，因爲業主提供之現場資訊通常不完整，或僅供參考而已。

第30條（押標金及保證金）

Ⅰ機關辦理招標，應於招標文件中規定投標廠商須繳納押標金；得標廠商須繳納保證金或提供或併提供其他擔保。但有下列情形之一者，不在此限：

一、勞務採購，以免收押標金、保證金爲原則。

二、未達公告金額之工程、財物採購，得免收押標金、保證金。

三、以議價方式辦理之採購，得免收押標金。

四、依市場交易慣例或採購案特性，無收取押標金、保證金之必要或可能。

Ⅱ押標金及保證金應由廠商以現金、金融機構簽發之本票或支票、保付支票、郵政匯票、政府公債、設定質權之金融機構定期存款單、銀行開發或保兌之不可撤銷擔保信用狀繳納，或取具銀行之書面連帶保證、保險公司之連帶保證保險單為之。

Ⅲ押標金、保證金與其他擔保之種類、額度、繳納、退還、終止方式及其他相關作業事項之辦法，由主管機關另定之。

解說

本法要求採購機關辦理採購，應於招標文件中規定投標廠商須繳納押標金；得標廠商須繳納保證金或提供或併提供其他擔保。惟投標與得標廠商若符合本條所稱之例外情形時，得免予繳納相關金額。

繳納押標金的目的在於保證參加投標廠商確實具有投標的意願，而非其他不法目的。押標金的金額一般通常為採購金額的10%，且因其數目龐大，易對廠商的財務周轉造成不小的壓力，故能有效遏阻無正當意願廠商之投標，擾亂投標程序。

得標後之履約保證金一般情形為採購金額的5%（因為通常工程標案利潤為5%至7%），其目的係為避免廠商得標後拒不簽約或工程無正當理由之怠於履行。此外，採購法也允許廠商使用非現金的手段例如：銀行擔保作為押標金之繳交方式。

第31條（押標金之發還及不予發還之情形）

Ⅰ機關對於廠商所繳納之押標金，應於決標後無息發還未得標之廠商。廢標時，亦同。

Ⅱ廠商有下列情形之一者，其所繳納之押標金，不予發還；其未依招標文件規定繳納或已發還者，並予追繳：

一、以虛偽不實之文件投標。

二、借用他人名義或證件投標，或容許他人借用本人名義或證件參加投標。

三、冒用他人名義或證件投標。

四、得標後拒不簽約。

五、得標後未於規定期限內，繳足保證金或提供擔保。

六、對採購有關人員行求、期約或交付不正利益。

七、其他經主管機關認定有影響採購公正之違反法令行爲者。

Ⅲ前項追繳押標金之情形，屬廠商未依招標文件規定繳納者，追繳金額依招標文件中規定之額度定之；其爲標價之一定比率而無標價可供計算者，以預算金額代之。

Ⅳ第二項追繳押標金之請求權，因五年間不行使而消滅。

Ⅴ前項期間，廠商未依招標文件規定繳納者，自開標日起算；機關已發還押標金者，自發還日起算；得追繳之原因發生或可得知悉在後者，自原因發生或可得知悉時起算。

Ⅵ追繳押標金，自不予開標、不予決標、廢標或決標日起逾十五年者，不得行使。

解說

本條爲押標金返還或不予發還之規定，於廠商得標或是廢標之情況下，對於作爲擔保用之押標金原則上應予返還，然因考慮到廠商上開程序中經認定有不法、拒不締約、轉換爲保證金之情形，於本條第2項規定不予返還。又第2項第4款之規定，應注意與本條第58條之適用關聯性。

第33條（投標文件之遞送）

Ⅰ廠商之投標文件，應以書面密封，於投標截止期限前，以郵遞或專人送達招標機關或其指定之場所。

Ⅱ前項投標文件，廠商得以電子資料傳輸方式遞送。但以招標文件已有訂明者爲限，並應於規定期限前遞送正式文件。

Ⅲ機關得於招標文件中規定允許廠商於開標前補正非契約必要之點之文件。

解說

電子採購（E-procurement）可分爲：電子公告、電子招標、電子投標、電子審標與電子決標。電子公告與電子招標在臺灣目前已非常普遍，而電子投標、電子審標與電子決標的不能實行則是因爲存在著許多公平與否及技術面的問題。像是電子投標，廠商會擔心投標書太早送到會曝光，這樣很有可能讓其有心人士得知其中的標價。網路駭客與網路當機等技術面的存在也讓大家對電子投標存有疑慮。電子審標的審定標準要怎麼設，是價錢、品質還是設計呢？如果有奧客利用自有不同名的兩家廠商去投同一個標案，或者有其他廠商剛好同分、同秒、同價錢，那電子決標又該要怎麼進行呢？有待修法加以釐清。

問題思考

在臺大迷路的投標廠商，原訂某年月日下午5點前截止投標，卻於5點02分始投入標箱中，是否合法？

第35條（替代方案提出之時機及條件）

機關得於招標文件中規定，允許廠商在不降低原有功能條件下，得就技術、工法、材料或設備，提出可縮減工期、減省經費或提高效率之替代方案。其實施辦法，由主管機關定之。

解說

政府採購法之目的除爲保障公平競爭環境外，亦同時係在追求採購效率與品質，故採購法爲促進工程之履行，避免因契約內容之僵化限制，導致廠商無法適用較新、較快、較優良的技術完成工程，從而造成捨本逐末的不當效果，本條即明文規定機關得於招標文件中，允許廠商在不降低原有功能條件下，得就技術、工法、材料或設備，提出可縮減工期、減省經費或提高效率之替代方案。工程會依據本條授權另公布「替代方案實施辦法[2]」以做補充，例如替代方案之具體內容、應包含之事項等。

[2] 參照替代方案實施辦法第2條：「機關於招標文件中規定允許投標廠商於截止投標期限前提

此條之立法背景乃係因雪山隧道建造時所發生的工程爭議。蓋雪山隧道全長12.9公里，爲亞洲第二長的隧道，由於傳統的鑽炸法平均每個月只能挖掘80至100公尺；全斷面隧道掘進機（Tunnel Boring Machine, TBM）則能達到平均每個月300公尺之效率，因此交通部主動要求廠商引進TBM技術。然而雪山的地質破碎又常有湧水現象，光是導坑的挖掘就被迫停止12次。後來在國內輿論壓力下，即使導坑尚未挖掘完成，主隧道也被迫開始進行挖掘，工程途中一旦遇到地質破碎帶，就將TBM暫停再用鑽炸的方式穿過破碎帶。但因爲鑽炸與TBM的單價不同，最後產生相當多的履約爭議，因此後來國內工程界認爲不應該限制廠商使用特定的工法，得由廠商主動提出能縮減工期、減省經費或提高效率的替代方案。惟此條雖立意甚美，實務上卻很少使用。蓋實因機關在設計招標文件時必須有預設的特定工法、材料或設備，方能依此編製預算。機關若同意採用廠商提出的替代方案，則原工程價款是否應該照舊給付？或是當此替代方案執行上產生任何問題時，採購機關要如何負責？種種情況皆會造成本條使用上之困難。

第36條（投標廠商資格之規定）

Ⅰ機關辦理採購，得依實際需要，規定投標廠商之基本資格。

Ⅱ特殊或巨額之採購，須由具有相當經驗、實績、人力、財力、設備等之廠商始能擔任者，得另規定投標廠商之特定資格。

Ⅲ外國廠商之投標資格及應提出之資格文件，得就實際需要另行規定，附經公證或認證之中文譯本，並於招標文件中訂明。

Ⅳ第一項基本資格、第二項特定資格與特殊或巨額採購之範圍及認定標準，由主管機關定之。

出替代方案者，招標文件應訂明下列事項：一、廠商得提出替代方案之技術、工法、材料或設備之項目。二、替代方案應包括之內容。三、替代方案標封於主方案經審查合於招標文件規定後，再予開封及審查。四、替代方案不予審查之情形。五、採用替代方案決標之條件。六、以替代方案決標後得標廠商應遵循之事項。七、得標廠商未能依替代方案履約之處置方式。八、廠商提出替代方案應遵循之其他事項（第1項）。前項招標之等標期，機關應視案件之性質及廠商準備替代方案所需時間合理訂定之（第2項）。」

解說

採購機關爲辦理採購，得依實際需要，規定投標廠商之基本資格，且特殊或巨額之採購，須由具有相當經驗、實績、人力、財力、設備等之廠商始能擔任者，採購機關尚得另規定投標廠商之特定資格。此外，外國廠商之投標資格及應提出之資格文件，採購機關得就實際需要另行規定，外國廠商須附之經公證或認證之中文譯本，並應於招標文件中訂明。

本條第4項之廠商基本與特殊資格係規定於「投標廠商資格與特殊或巨額採購認定標準」中。所謂基本資格僅可包含下列兩種事項：與提供招標標的有關者或與履約能力有關者；特定資格則是諸如隧道工程經驗等特殊條件，而特殊採購的情形也僅有該標準第6條中的：1.構造物地面高度超過50公尺或地面樓層超過15層；2.構造物單一跨徑50公尺以上；3.開挖深度15公尺以上；4.興建隧道長度在1,000公尺以上；5.地面或水面下施工；6.使用特殊施工方法或技術；7.古蹟構造物的修建或拆遷；8.其他經主管機關認定者之情形，若不符合以上八種之情形，依照本標準第6條之精神，不能訂定特定資格的要件。以臺大文學院館更換屋頂工程爲例，限定廠商爲對古蹟修繕須有經驗者是受本條允許的，因爲臺大文學院館爲市定古蹟，故其修繕可適用第37條資格限制之限制條款進行特殊採購，限制廠商資格。

第37條（訂定投標廠商資格不得不當限制）

Ⅰ 機關訂定前條投標廠商之資格，不得不當限制競爭，並以確認廠商具備履行契約所必須之能力者爲限。

Ⅱ 投標廠商未符合前條所定資格者，其投標不予受理。但廠商之財力資格，得以銀行或保險公司之履約及賠償連帶保證責任、連帶保證保險單代之。

解說

政府採購法制定之初具有避免限制競爭的立法目的，例如第1條提到「……建立政府採購制度，依公平、公開之採購程序……」以利當初臺灣申請加入WTO，也因此本條即明文要求機關不得不當限制競爭。但爲了避免矯枉過正，讓投標廠商低價搶標，但嗣後卻無法履約，造成更大的問題，仍允許就履約能力上加以限制，其中投標廠商的財力往往是最重要的限制，除主管機關就前條制訂之「投標廠商資格與特殊或巨額採購認定標準」，許多標案也會依照營造業法上所區分之營造業等級來限制投標廠商的資格。

第40條（代辦採購）

Ⅰ 機關之採購，得洽由其他具有專業能力之機關代辦。

Ⅱ 上級機關對於未具有專業採購能力之機關，得命其洽由其他具有專業能力之機關代辦採購。

解說

我國高中職、國民中小學工程向來由各機關學校自行辦理採購，通常直接指派的承辦興建人員大部分無工程專業背景，也非專業人員。但偏偏學校工程的建築相關法規與施工細部規則繁瑣，非一般無工程專業背景之人士所能勝任，故內政部營建署以往都會去接任中小學工程的工程顧問，並給予協助，但非本條之代辦。

第41條（招標文件疑義之處理）

Ⅰ 廠商對招標文件內容有疑義者，應於招標文件規定之日期前，以書面向招標機關請求釋疑。

Ⅱ 機關對前項疑義之處理結果，應於招標文件規定之日期前，以書面答復請求釋疑之廠商，必要時得公告之；其涉及變更或補充招標文件內容者，除選擇性招標之規格標與價格標及限制性招標得以書面通知各廠商外，應另行公告，並視需要延長等標期。機關自行變更或補充招標文件內容者，亦同。

解說

廠商對於招標文件內容有疑義者，依照本條規定，廠商應於招標文件規定之日期前，以書面向招標機關請求釋疑。採購機關對疑義之處理結果，應於招標文件規定之日期前，以書面答覆請求釋疑之廠商，必要時尚得公告之；再者，其涉及變更或補充招標文件內容者，除選擇性招標之規格標與價格標及限制性招標得以書面通知各廠商外，應另行公告，並視需要延長等標期之期限，以求公平。

除等標期之外，機關辦理招標還須先進行公開閱覽，將工程名稱、內容摘要、期間、地點與閱覽廠商或民眾意見之送達期限等公告週知。公開閱覽的期限一般為五個工作天，若廠商有任何問題可在規定期限內請求招標機關釋疑。

第42條（分段開標）

Ⅰ機關辦理公開招標或選擇性招標，得就資格、規格與價格採取分段開標。

Ⅱ機關辦理分段開標，除第一階段應公告外，後續階段之邀標，得免予公告。

解說

本條條文中的「得就資格、規格與價格採取分段開標」，與稍後會介紹的「異質採購最低標」（本法§56）有雷同之法理思考。例如，電聯車之車廂採購，每一車輛先就資格，後再就規格與價格開標。

第48條（不予開標決標之情形）

Ⅰ機關依本法規定辦理招標，除有下列情形之一不予開標決標外，有三家以上合格廠商投標，即應依招標文件所定時間開標決標：

一、變更或補充招標文件內容者。

二、發現有足以影響採購公正之違法或不當行為者。

三、依第八十二條規定暫緩開標者。

四、依第八十四條規定暫停採購程序者。

五、依第八十五條規定由招標機關另為適法之處置者。

六、因應突發事故者。

七、採購計畫變更或取銷採購者。

八、經主管機關認定之特殊情形。

Ⅱ 第一次開標，因未滿三家而流標者，第二次招標之等標期間得予縮短，並得不受前項三家廠商之限制。

解說

例如：某工程僅有3家廠商來投標，但其中2家廠商的押標金的支票為同銀行之連號支票，即有圍標嫌疑，違反採購公正之原則，故得不予開標決標。少於3家廠商進行投標而流標的原因很多，其中很有可能的就是工程太難做與工程給予的價錢太低、利潤少，所謂「賠本的生意沒人作」即屬最貼切之描述。

第50條（不予決標之情形）

Ⅰ 投標廠商有下列情形之一，經機關於開標前發現者，其所投之標應不予開標；於開標後發現者，應不決標予該廠商：

一、未依招標文件之規定投標。

二、投標文件內容不符合招標文件之規定。

三、借用或冒用他人名義或證件投標。

四、以不實之文件投標。

五、不同投標廠商間之投標文件內容有重大異常關聯。

六、第一百零三條第一項不得參加投標或作為決標對象之情形。

七、其他影響採購公正之違反法令行為。

Ⅱ 決標或簽約後發現得標廠商於決標前有第一項情形者，應撤銷決標、終止契約或解除契約，並得追償損失。但撤銷決標、終止契約或解除契約反不符公共利益，並經上級機關核准者，不在此限。

Ⅲ 第一項不予開標或不予決標，致採購程序無法繼續進行者，機關得宣布廢標。

解說

民國108年修正第1項：1.爲維持政府採購秩序及正確性之目的，並利審標作業之執行，原條文第3款後段所定「以僞造、變造之文件投標」，依立法原意及目的，凡廠商出具之文件，其內容與眞實不符，不論爲何人製作或有無權限製作，均屬之；復依本條立法目的，本款不論廠商有無故意或過失均屬之，爰修正爲「以不實之文件投標」，並移列爲第4款；2.考量原條文第4款所定僞造、變造投標文件，若廠商未持以參與投標，並不影響採購公正性，爰予刪除；3.原條文第5款酌作文字修正。

第2項酌作文字修正；第3項未修正。

第52條（決標之辦理原則）

Ⅰ機關辦理採購之決標，應依下列原則之一辦理，並應載明於招標文件中：

一、訂有底價之採購，以合於招標文件規定，且在底價以內之最低標爲得標廠商。

二、未訂底價之採購，以合於招標文件規定，標價合理，且在預算數額以內之最低標爲得標廠商。

三、以合於招標文件規定之最有利標爲得標廠商。

四、採用複數決標之方式：機關得於招標文件中公告保留之採購項目或數量選擇之組合權利，但應合於最低價格或最有利標之競標精神。

Ⅱ機關辦理公告金額以上之專業服務、技術服務、資訊服務、社會福利服務或文化創意服務者，以不訂底價之最有利標爲原則。

Ⅲ決標時得不通知投標廠商到場，其結果應通知各投標廠商。

解說

本條規定四種招標方式，分別爲有底價之最低標、無底價之最低標、最有利標、混合上述複數方式的招標方式，由於招標方式須爲法定，採購機關不得違反政府採購法而自行以非法律所爲之形式招標。

本條第1項第4款所謂複數決標方式係指機關可以就同一標準，依品質或數量決標給不同廠商。例如於品項（如疫苗）或數量龐大之採購或分散貨源。

第53條（超底價之決標）

Ⅰ 合於招標文件規定之投標廠商之最低標價超過底價時，得洽該最低標廠商減價一次；減價結果仍超過底價時，得由所有合於招標文件規定之投標廠商重新比減價格，比減價格不得逾三次。

Ⅱ 前項辦理結果，最低標價仍超過底價而不逾預算數額，機關確有緊急情事需決標時，應經原底價核定人或其授權人員核准，且不得超過底價百分之八。但查核金額以上之採購，超過底價百分之四者，應先報經上級機關核准後決標。

解說

採購機關的決標方式受到政府採購法的限制，尤其投標廠商的最低標價超過採購機關預定底價時，採購機關得洽該最低標廠商減價一次；減價結果仍超過底價時，得由所有合於招標文件規定之投標廠商重新比減價格，且比減價格不得逾三次。

若上述辦理結果，最低標價仍超過底價而不逾預算數額，機關確有緊急情事需決標時，應經原底價核定人或其授權人員核准，且決標價不得超過底價8%。但查核金額以上之採購，超過底價4%者，應先報經上級機關核准後方得決標。在實務上常用之「願意以底價承包」，結果底價過低，得標廠商可否主張意思表示錯誤，而撤銷其意思表示（民法§88）？依本條所定理論上即容有討論決定空間，因此通常此種風險應由投標廠商承擔，不得主張意思表示錯誤而撤銷其承包之意思。舉例來說，臺灣大學舊土木系館的拉皮工程，即爲超底價決標。

本條第2項所規定者即爲俗稱之「超底價決標」，然而發生超底價決標的原因通常不外乎機關底價訂定過於不合理或廠商意圖圍標，因此此種決標方式往往易受輿論非難，實務上除緊急救災工程以外甚少依據本條項規範予以決標者。

例如一件預算大約爲10億且採最低標決標的工程，投標廠商的最低標價都超過機關預定的底價，經與最低價廠商協商減價一次後尚沒低於底價。後與之前合格的投標廠商進行了第一次與第二次重新比減價格，仍沒有廠商低於底價時，採購機關便於第三次重新比減價格前，因底價爲秘密不能透露，鼓勵廠商於投標書上寫入「願以底價承作」，好讓廠商的價格於底價內而決標。雖然這樣可以讓機關順利把工程決標給廠商的作業完成，但在投標書上寫入「願以底價承作」這六個字，對投標廠商而言所承擔的風險是極大的。若機關的長官很節省將底價訂在低於底價甚多的7億，這時廠商就會覺得機關承辦人員欺騙他，讓他要賠本承作或是棄標。機關承辦人員的此種鼓勵原屬合法，且因其不知底價故無法告知廠商底價，並沒有違反其作業程序的嫌疑；廠商若得標後再棄標，則會被沒收押標金，且可能會因觸犯採購法第101條第1項第7款而遭停權。

第55條（最低標決標之採購無法決標處理）

機關辦理以最低標決標之採購，經報上級機關核准，並於招標公告及招標文件內預告者，得於依前二條規定無法決標時，採行協商措施。

解說

本條乃規定高於低價8%或4%之投標案，因特殊因素，得採取協商模式，貨比三家，再決標予某一廠商，但在實務上，因爲公務體系缺乏協商文化，所以本條規定較少實施或執行案例。

第56條（最有利標）

Ⅰ決標依第五十二條第一項第三款規定辦理者，應依招標文件所規定之評審標準，就廠商投標標的之技術、品質、功能、商業條款或價格等項目，作序位或計數之綜合評選，評定最有利標。價格或其與綜合評選項目評分之商數，得做爲單獨評選之項目或決標之標準。未列入之項目，不得做爲評選之參考。評選結果無法依機關首長或評選委員會過半數之決定，評定最有利標時，得採行協商措施，再作綜合評選，評定最有利標。評定應附理由。綜合評選不得逾三次。
Ⅱ依前項辦理結果，仍無法評定最有利標時，應予廢標。
Ⅲ機關採最有利標決標者，應先報經上級機關核准。
Ⅳ最有利標之評選辦法，由主管機關定之。

解說

本法明定最有利標之決標方式，應依招標文件所規定之評審標準，就廠商投標標的之技術、品質、功能、商業條款或價格等項目，作序位或計數之綜合評選，評定最有利標。價格或其與綜合評選項目評分之商數，得做爲單獨評選之項目或決標之標準。未列入之項目，不得做爲評選之參考。評選結果無法依機關首長或評選委員會過半數之決定，評定最有利標時，得採行協商措施，再作綜合評選，評定最有利標。評定應附理由。綜合評選不得逾三次。

其次，依照「最有利標實施辦法」，進行最有利標需聘請多位專家及四個以上廠商來投標。最有利標對於價格有兩種處理型式：公布底價或價格納入評比，若納入評比，則價格所占的權重不得超過50%，否則即失去最有利標之精神（一般落在20%至50%）。以序位爲綜合評選情形如下表4-2所示，若有同名次之狀況，則對同分者重新進行評選。若仍然無法決定，則交由機關首長決定。以計數爲綜合評選情形如下表4-3所示，然而此法有專家偏袒或排斥某廠商的可能性，故工程會規定評分若高於90分或低於70分須提出適當說明。以商數爲評選項目之情形如下表4-4所示，所謂商數即將招標價格除以專家給分，並以商數最小（價格低而分數高）者爲得標廠商。

表4-2　序位（名次法）

	專家一	專家二	專家三	專家四	專家五	綜合名次
廠商一	第4名	第4名	第3名	第4名	第3名	第4名
廠商二	第3名	第3名	第2名	第1名	第2名	第2名
廠商三	第2名	第2名	第1名	第3名	第1名	第1名（得標）
廠商四	第1名	第1名	第4名	第2名	第4名	第3名

表4-3　以計數為綜合評選（分數法）

	專家一	專家二	專家三	平均得分
廠商一	80分	85分	80分	81.7分
廠商二	85分	83分	85分	84.3分（得標）
廠商三	90分	10分	90分	63.3分
廠商四	60分	99分	70分	76.3分

表4-4　以商數為評選標準（商數法或評分單價法）

	(1)投標金額	(2)專家給分	商數
廠商一	10億元	80分	1250萬
廠商二	9.6億元	85分	1130萬
廠商三	8億元	60分	1333萬
廠商四	8.8億元	80分	1100萬（得標，§13）

最有利標因爲評選缺乏標準且給分無法保證公平，往往造成爭議，也因此大部分的最有利標還是使用序位做爲評選之方法。而主計單位也對最有利標頗有微詞，因爲使用最有利標之平均標底値通常高於最低標之平均標底値，亦即最有利標的平均採購金額高於最低標，但又不能保證工程品質與價格成正比，此爲最有利標受人非難之處。然而最有利標也並非沒有好處，例如當初榮民總醫院欲建造一地下停車場，當初的規劃要求350個車位。然而其中一家投標廠商聲稱可以提出在原本的空間中規劃多達450個停車位的設計，也因此專家幾乎一面倒的支持此家廠商。此爲最有利標得提升工程利益的實際案例。

近年來工程會也提出了一種新的最低標投標方式，稱爲「異質採購最低標」，希望能夠兼顧採購品質及價格。其方法爲先評選廠商資格，再與評選合格之廠商進行最低標之招標。此種方法雖名爲最低標，實爲最有利標之變形即分段開標（資格、規格與價格分段開標），然其成效如何則仍待近一步觀察驗證。「異質採購最低標」也存在著許多質疑，例如以80分爲合格分數，5家廠商先欲來投標，經評選委員會後其中4家的79分，而只有一家爲80分以上，那剩下的一家可以直接得標嗎？會有這樣的結果是不是80分的標準太高了呢？若以70分爲合格分數，18家來投標廠商經評選委員評定後都得70分以上合格通過廠商資格，那這樣的評選是不是沒意義，有浪費公帑的嫌疑呢？

實務上常採取序位法及分數法並用，以避免有同名次之廠商，產生困擾。關於綜合評選有三次限制，當無法區分時可以抽籤定之[3]。

本法第24條所說的統包，招標階段皆可使用公開招標、選擇性招標與限制性招標，於決標階段也可選擇最低標或最有利標爲決標方式，參圖4-2。統包其目的是爲了縮短工期、避免綁標（因尚未有細部設計，故不能對產品綁標）與確保其功能，若配搭最有利標較能發揮效益。辦理統包招標是無須向上級機關呈報，但以最有利標的決標方式則需呈報上級機關並核准，故很多時候爲了省時省事而將統包採最低標決標，以爭取時效，而侷限了統包原本該有的效益，甚爲可惜。

最後，本條所稱之「商業條款」，舉例來說像是計價方式、樓地板增加面積、付款方式、保固、工期長短、回饋條件等等。

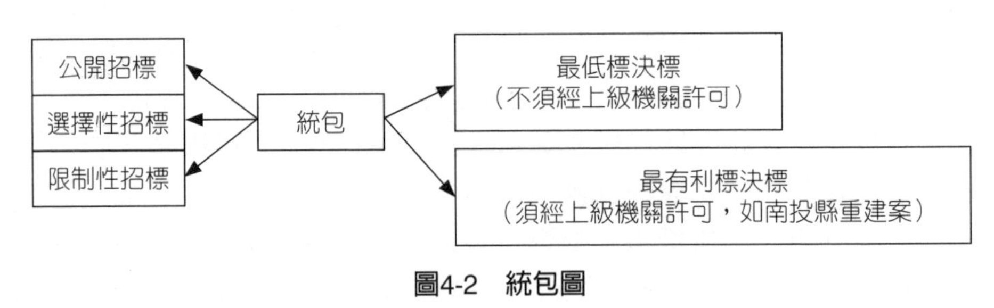

圖4-2　統包圖

（本圖由本書自製）

3 參照最有利標評選辦法第15條之1：「依前條第一項第一款或第三款評定最有利標，序位第一之廠商有二家以上，且均得爲決標對象時，得以下列方式之一決定最有利標廠商。但其綜合評選次數已達本法第五十六條規定之三次限制者，逕行抽籤決定之。一、對序位合計值相同廠商再行綜合評選一次，以序位合計值最低者決標。綜合評選後之序位合計值仍相同者，抽籤決定之。二、擇配分最高之評選項目之得分合計值較高者決標。得分仍相同者，抽籤決定之。三、擇獲得評選委員評定序位第一較多者決標；仍相同者，抽籤決定之。」

第57條（協商之原則）

機關依前二條之規定採行協商措施者，應依下列原則辦理：

一、開標、投標、審標程序及內容均應予保密。

二、協商時應平等對待所有合於招標文件規定之投標廠商，必要時並錄影或錄音存證。

三、原招標文件已標示得更改項目之內容，始得納入協商。

四、前款得更改之項目變更時，應以書面通知所有得參與協商之廠商。

五、協商結束後，應予前款廠商依據協商結果，於一定期間內修改投標文件重行遞送之機會。

解說

前述二條規範政府採購之「協商措施」，例如在比減價格時候，價格一直都減不下來，可依本條規定採協商措施，給了政府採購法很大的彈性。其協商的範圍並不只限於工期，甚至到價錢也都可以協商，但須經報上級機關核准。本法第35條中就技術 、工法、材料或設備，提出可縮減工期、減省經費或提高效率之替代方案，與此條的協商措施的目的在於變動或更改項目內容時，有非常具有彈性的解決機制，以利於採購業務之推動。雖替代方案與協商措施爲政府採購法很好的立法精神，但在實際上因爲程序要件嚴格，且談判不容易成功，故實務上少有使用之紀錄。

第58條（標價不合理之處理）

機關辦理採購採最低標決標時，如認爲最低標廠商之總標價或部分標價偏低，顯不合理，有降低品質、不能誠信履約之虞或其他特殊情形，得限期通知該廠商提出說明或擔保。廠商未於機關通知期限內提出合理之說明或擔保者，得不決標予該廠商，並以次低標廠商爲最低標廠商。

解說

政府採購法爲避免廠商低價搶標，以致損害工程品質，明定若廠商投標金額低於底價甚鉅（例如只有五折或六折底價而已），而有低價搶標的可能時，得依本條要求得標廠商在所定的期限內提出合理的說明或提供擔保，這之中有什麼符合「合理的說明」要件也有所爭議，而擔保的金額稱爲「差額保證金」，其算法爲底價的八折與標價的差額。像一底價爲10億的工程，有廠商以6億5,000萬標得，那廠商所需繳的保證金是：8億 － 6億5,000萬 ＝ 1億5,000萬。若廠商說明不足或未供擔保時，採機關得決標給次低標之廠商。本條亦指出最低標決標方式之不妥當，最低標採購對採購品質無法確保。

本條關鍵性之「標價偏低，顯不合理」，在「總標價」之部分解釋上依照本法施行細則第79條，主要爲「訂有底價之採購，廠商之總標價低於底價百分之八十者」，但另外有「未訂底價之採購，廠商之總標價經評審或評選委員會認爲偏低者」、「未訂底價且未設置評審委員會或評選委員會之採購，廠商之總標價低於預算金額或預估需用金額之百分之七十者。預算案尙未經立法程序者，以預估需用金額計算之」之兩款情事亦被認爲是標價偏低之情形。

而如果是「部分標價」，解釋上則是依照施行細則第80條，主要爲「該部分標價有對應之底價項目可供比較，該部分標價低於相同部分項目底價之百分之七十者」，但亦包含「廠商之部分標價經評審或評選委員會認爲偏低者」、「廠商之部分標價低於其他機關最近辦理相同採購決標價之百分之七十者」、「廠商之部分標價低於可供參考之一般價格之百分之七十者」之三款情事。

投標廠商的行爲動機很難被預測，但比較上軌道公司像是潤泰、大陸等股票上市的廠商通常不屑低價搶標，因爲利潤對他們來說太少了，甚至於搶不贏低價出價廠商；而像是轉投資的廠商則比較會低價搶標。低價搶標的廠商因爲利潤過低，會從中以偷工減料、變更設計的方式以賺取利潤。更有不肖廠商在工程進行中，以營運不順嚇唬業主，讓業主害怕廠商倒閉而被廠商牽著走，追加工程款或變更設計。最低標決標雖簡單公平，但沒有品質的保證。最低標因只考慮價格，故標比値通常是八折至八五折左右；而最有利標除了價錢外，也考慮了其他因素，標比値則提高九五折至九八折。兩者之品質如果沒有顯著差異，則行政實務上，爲節省公帑，都採取最低標決標。

押標金沒收

今有甲機關以最低標進行總預算爲10億元，底價爲9億6,000萬元之採購。廠商A本以6億元得標，但甲機關認爲其金額過低有低價搶標之虞，故要求其提出說明或擔保。但廠商A提出之說明又不讓機關信服，最後機關決定決標給投標金額次低（8億元）的廠商B。

但此時廠商A抱怨明已提出說明，但甲機關卻故意不接受其說明，罔顧投標廠商權益。廠商B在審度時勢後也不願意與甲機關簽約。最後甲機關決定此採購案重新進行公告與招標，兩家廠商的押標金皆被沒收。請問此主辦機關的做法是否合於「依政府採購法第五十八條處理總標價低於底價百分之八十案件之執行程序」及本條規定意旨與法律保留原則？（參考法條：§31、細則§79）

擬答

1. 針對A廠商之部分：A廠商被沒收押標金並無理由。

(1) 依政府採購法第58條前段機關若遇「最低標廠商之總標價或部分標價偏低」，認爲「顯不合理，有降低品質、不能誠信履約之虞或其他特殊情形」，機關得要求該得標廠商提出說明，未提出說明者，得不予決標。

(2) 又依該法主管機關所頒布之行政規則「依政府採購法第五十八條處理總標價低於底價百分之八十案件之執行程序」中之第5點，若最低標廠商「提出之說明經機關認爲顯不合理或尚非完全合理，有降低品質、不能誠信履約之虞或其他特殊情形者，不通知最低標提出差額保證金，逕不決標予該最低標。」

(3) 本案中，雖A廠商投標低於底價之8成，而機關因此要求其說明之，但機關並不滿意，因此，依照前述之行政規則，則機關理應不予決標，又依照政府採購法第31條第1項，此時既不予決標，機關此時自應返還押標金，同時依照前該行政規則之附註，亦表明「不能以不返還押標金爲處罰之手段」，自應返還押標金給A廠商。

(4) 本案並無政府採購法第31條第2項之各款情形，因此，亦無不返還押標金給A廠商之理由。

2. 針對B廠商之部分：B廠商被沒收押標金有其理由。

(1) 依政府採購法第31條第2項第4款，若廠商於得標後拒絕簽約者，機關得沒收其押標金。

(2) 本案中，在機關不予A廠商得標時，由B廠商得標，今本案中B廠商拒絕簽約，依政府採購法第31條第2項第4款之情事，機關得主張B廠商違反該款與招標文件之規定，沒收其押標金。

第59條（以不正利益促成採購契約成立之禁止）

Ⅰ廠商不得以支付他人佣金、比例金、仲介費、後謝金或其他不正利益爲條件，促成採購契約之成立。

Ⅱ違反前項規定者，機關得終止或解除契約，並將二倍之不正利益自契約價款中扣除。未能扣除者，通知廠商限期給付之。

解說

本條規定禁止廠商支付不正利益，以促成政府採購契約之成立，因此機關得終止契約外，並將二倍不正利益自契約價款中扣除，最高法院109年之大法庭決議[4]認爲：「108年5月22日政府採購法第59條修正公布前，機關以選擇性招標或限制性招標辦理採購，廠商違反修正前採購法第59條第2項規定，以支付他人佣金、比例金、仲介費、後謝金或其他利益爲條件，促成採購契約之簽訂。就機關依同條第3項規定，自契約價款中扣除利益，是否以採購契約之價款高於市價（即廠商於同樣市場條件之相同工程、財物或勞務之最低價格）爲要件，應採否定說。

裁定理由略以：

一、修正前採購法第59條，旨在避免關稅、綁標或非競爭採購關係下造成採購價格過高及利益輸送行爲。爲確保採購契約價格不致偏離市場行情，於第1項從限制採購契約之價款而爲規範。另爲禁止不當利益之交換或輸送，於第2項從禁止不當利益介入採購契約而爲規範，二者要件並不相同。而廠商如有第1項或第2項之情事，均將破壞政府採購制度之交易秩序，造成對相關廠商之差別待遇，故於第3項將「溢價」、「利益」併列，機關得依各該情事，分別自契約價款中扣除此溢價或不當利益，以回復公平交易秩序下應有狀態，維護公共利益。

---

4 參照最高法院民事大法庭109年度台上大字第495號裁定。

二、扣除「溢價」或「利益」之規定，固爲對廠商財產權及契約自由之限制，然與其所維護之公共利益間，尚非顯失均衡，亦未牴觸比例原則，與財產權保障及契約自由無違。因此，廠商違反第2項規定時，機關即得依第3項規定自契約價款中扣除不當利益，係有別於違反第1項情形之規定，該利益之扣除不受第1項規定之影響，廠商因採購契約實際獲得利潤爲何，有無將不當利益計入成本估價，採購契約價格高低與否，均在所不論。」容有參考價值。

第63條（採購契約範本之訂定及損害責任）

Ⅰ各類採購契約以採用主管機關訂定之範本爲原則，其要項及內容由主管機關參考國際及國內慣例定之。

Ⅱ採購契約應訂明一方執行錯誤、不實或管理不善，致他方遭受損害之責任。

解說

採購法第四章所論是爲履約管理，一般採購契約範本有工程採購契約範本、勞務採購契約範本、統包工程採購契約範本、財物採購契約範本等。本條僅規定「範本爲原則」，所以在文義上，各機關（如：國工局）仍得爲不同之契約約定。

民國108年修法後，本條第2項說明採購契約應訂明一方執行錯誤、不實或管理不善，致他方遭受損害之責任。但規定沒有上限條款與是否顯不合理之契約條款。如臺大蓋一棟費時兩年，造價10億屬巨額採購的建築物（如：台大小巨蛋體育館），建築師除須進行前段的設計規劃，也須協助招標事項與施工階段的監造的部分，而能領到錢大約是總價的4%，也就是4,000萬。在兩年的工程施作中，都有可能出現一些狀況，如：10億的成本追加至12億；或是鋼筋數量計算錯誤，須跟教育部追加預算，導致工程延誤；或是設計錯誤導致建築物須增加補強設計、甚至是倒塌壓死人的嚴重過失。但這些事件都會對臺大造成一定程度的損害，那可不可以向建築師追加賠償呢？若不能懲罰建築師，那以後都可以隨意地將混凝土、鋼筋都算錯嗎？如果向建築師追加賠償，是要讓建築師退還所有的費用4,000萬嗎？

通常採購數量差異在10%以內，都屬可容忍的合理誤差範圍；但數量差異若超過10%，則一般來說該單項的設計費不會給予。交通部的採購契約，若規範設計有重大數量差異，則除了該單項設計費不給外，還會另外論以該單項設計費之三至六倍之罰款。另曾有一國防部之工程案件，因建築師先是設計錯誤以致工程進度嚴重落後，又正巧遇到物價大幅上漲、鋼筋價格上揚，導致整個工程比原先預算的成本高出許多，完工時間也延後了。國防部因此工程，除了提告該建築師，也假扣押其上億的收入。雖然建築師在該工程的確有犯錯，惟罪與罰顯不相當，若因其被假扣押上億的收入導致事務所無法營運，恐影響其生計，則有違反比例原則之嫌。又遭逢鋼筋大漲非吾人所能事先預料，況國防部之工程款係給付予施作之營造商而非該建築師，從而推論該建築師無圖利自己之意圖（即不該當刑法第342條之背信罪）。

第70條之1（職安設施之設置）

Ⅰ機關辦理工程規劃、設計，應依工程規模及特性，分析潛在施工危險，編製符合職業安全衛生法規之安全衛生圖說及規範，並量化編列安全衛生費用。

Ⅱ機關辦理工程採購，應將前項設計成果納入招標文件，並於招標文件規定廠商須依職業安全衛生法規，採取必要之預防設備或措施，實施安全衛生管理及訓練，使勞工免於發生職業災害，以確保施工安全。

Ⅲ廠商施工場所依法令或契約應有之安全衛生設施欠缺或不良，致發生職業災害者，除應受職業安全衛生相關法令處罰外，機關應依本法及契約規定處置。

解說

依勞動部訂定之「加強公共工程職業安全衛生管理作業要點」第4點及第13點規定，機關於工程規劃、設計時，應依據法令規定「繪製安全衛生圖說」並「專章量化編列費用」，惟審酌甚多機關仍未依此規定辦理，僅於招標文件一味要求廠商要依法設置，而機關實際上並不清楚依法究竟要設置哪些職安設施，導致招標文件未提供完整圖說，價格亦無法隨之量化編列，只能籠統規定「價格含於總價內，不另追加」，造成職安經費普遍編列不足。另因部分機關並不了解職安法令規定，對廠商提報之「職業安全衛生管理計畫」，即便有所缺漏仍予核准，直到工地發生職災才知道職安設施有所不足。因此，爲落實公共工程安全衛生管理機制，爰於第1項明定，對於廠商依法令或契約應辦理之職業安全事項，機關應於工程規劃、設計時，依職業安全衛生法規提供安全衛生圖說、施工安全衛生規範及專章量化編列安全衛生經費，俾促使「機關」對於公共工程之施工安全善盡「繪製安全衛生圖說」及「專章量化編列費用」之責任，以確保施工安全，並使勞工免於發生職業災害。

另鑑於職業安全攸關勞工生命、身體、健康、財產及家庭，爲強化及落實公共工程安全衛生管理機制，爰增訂第2項，俾促使廠商對於公共工程之施工安全更善盡注意義務，機關更強化履約監督管理責任，以確保施工安全，並使勞工免於發生職業災害。

第3項明定廠商之職安設施欠缺或不良致發生職災者，除應受相關法令處罰外，機關應依本法及契約規定進行處置。

第71條（限期辦理驗收及驗收人員之指派）

Ⅰ機關辦理工程、財物採購，應限期辦理驗收，並得辦理部分驗收。

Ⅱ驗收時應由機關首長或其授權人員指派適當人員主驗，通知接管單位或使用單位會驗。

Ⅲ機關承辦採購單位之人員不得爲所辦採購之主驗人或樣品及材料之檢驗人。

Ⅳ前三項之規定，於勞務採購準用之。

政府採購法第五章則是說明驗收的部分。廠商於完工後報請竣工，業主必須派請人員於一個月內辦理初驗，不能因故拖延。除整體驗收外，有時候也會辦理部分驗收，若採部分驗收，先驗收90%可先申請使用執照，其他10%待一年後再驗收，則保固期因從驗收的時間開始算，故先驗收的90%的保固期會比晚驗收的10%早一年。

一般來說，主驗人員於初驗後會附具廠商瑕疵清單，並給廠商一至二個月的時間給予改善，在辦理複驗。若複驗後尚不合標準，若對安全毫無影響僅爲美觀，則可減價收受。減價收受是要減多少才算是合理，5%、10%、20%還是打對折呢？以洗石子爲例，洗石子是利用顆粒比較大石子用水柱沖洗，若洗得好，眞的會很漂亮，但洗不好就會很醜的。臺大管理學院大樓的洗石子就洗的不好，故被減價收受。以當時工程利潤爲10%的情況下，減價收受是減20%作爲懲罰。

第72條（驗收結果不符之處理）

Ⅰ機關辦理驗收時應製作紀錄，由參加人員會同簽認。驗收結果與契約、圖說、貨樣規定不符者，應通知廠商限期改善、拆除、重作、退貨或換貨。其驗收結果不符部分非屬重要，而其他部分能先行使用，並經機關檢討認爲確有先行使用之必要者，得經機關首長或其授權人員核准，就其他部分辦理驗收並支付部分價金。

Ⅱ驗收結果與規定不符，而不妨礙安全及使用需求，亦無減少通常效用或契約預定效用，經機關檢討不必拆換或拆換確有困難者，得於必要時減價收受。其在查核金額以上之採購，應先報經上級機關核准；未達查核金額之採購，應經機關首長或其授權人員核准。

Ⅲ驗收人對工程、財物隱蔽部分，於必要時得拆驗或化驗。

解說

本條爲驗收之程序規定，首先要求機關辦理驗收時，必須要製作紀錄，且由參加人員會同簽章認可。在驗收之結果與原始之契約、圖說或提出之貨樣不符時，機關應通知廠商限期改善、拆除、重作、退貨或換貨。

不過上述情形，依本條第1項時，在驗收不符之部分非屬於重要時，則得有「先行使用」規定，但就該部分要經過首長或首長授權之人核可之情形下可以支付部分價金後。或是依照本條第2項辦理「減價收受（減價驗收）」，但前提是不妨害安全及使用需求，也沒有減少通常效用或是契約預定效用，且要經過首長或首長授權之人核可。

本條第3項則是授權主管機關可以進行拆驗或是化驗等「破壞性驗收」之依據。

第74條（廠商與機關間爭議之處理）

廠商與機關間關於招標、審標、決標之爭議，得依本章規定提出異議及申訴。

解說

對於採購程序不服者，得對原機關提起異議，如果對異議結果不服，得向公共工程委員會或地方政府之申訴委員會提起申訴，論者認為特別是此申訴委員會較客觀中立，公共工程委員會之決定可能更為超然，而申訴決定則與訴願結果性質相同，屬於行政處分[5]，對於申訴審議決定不服者，得提起行政訴訟。

第75條（廠商向招標機關提出異議）

Ⅰ廠商對於機關辦理採購，認為違反法令或我國所締結之條約、協定（以下合稱法令），致損害其權利或利益者，得於下列期限內，以書面向招標機關提出異議：

一、對招標文件規定提出異議者，為自公告或邀標之次日起等標期之四分之一，其尾數不足一日者，以一日計。但不得少於十日。

二、對招標文件規定之釋疑、後續說明、變更或補充提出異議者，為接獲機關通知或機關公告之次日起十日。

三、對採購之過程、結果提出異議者，為接獲機關通知或機關公告之次日起十日。其過程或結果未經通知或公告者，為知悉或可得而知悉之次日起十日。但至遲不得逾決標日之次日起十五日。

Ⅱ招標機關應自收受異議之次日起十五日內為適當之處理，並將處理結果以書面通知提出異議之廠商。其處理結果涉及變更或補充招標文件內容者，除選擇性招標之規格標與價格標及限制性招標應以書面通知各廠商外，應另行公告，並視需要延長等標期。

---

[5] 參照政府採購法第83條：「審議判斷，視同訴願決定。」

解說

本條爲廠商不服採購程序時的「異議程序」救濟規定，可以在一定期間內，分別針對對於「招標文件」、「招標文件規定相關意見」、「採購過程與結果」等三個部分，不過爲了避免有廠商刻意以異議來阻撓採購程序的進行，期間限定遠較訴願、行政訴訟等救濟期間爲短，不過相對的在本條第2項中也就規定，招標機關在受理異議之後，必須要在15日內處理，此部分也沒有如訴願一樣可以延長處理期限的規定，以符合WTO所謂「政府採購協定『快速有效程序』要求」。

第76條（申訴）

Ⅰ廠商對於公告金額以上採購異議之處理結果不服，或招標機關逾前條第二項所定期限不爲處理者，得於收受異議處理結果或期限屆滿之次日起十五日內，依其屬中央機關或地方機關辦理之採購，以書面分別向主管機關、直轄市或縣（市）政府所設之採購申訴審議委員會申訴。地方政府未設採購申訴審議委員會者，得委請中央主管機關處理。

Ⅱ廠商誤向該管採購申訴審議委員會以外之機關申訴者，以該機關收受之日，視爲提起申訴之日。

Ⅲ第二項收受申訴書之機關應於收受之次日起三日內將申訴書移送於該管採購申訴審議委員會，並通知申訴廠商。

Ⅳ爭議屬第三十一條規定不予發還或追繳押標金者，不受第一項公告金額以上之限制。

解說

相較於前條是由原「招標機關」受理的異議救濟程序，對於較重大的採購案，或是招標機關不處理的時候，可以向中央或地方主管機關的「採購申訴審議委員會」提出「申訴程序」加以救濟，之所以限制只有招標機關不處理或是較重大之採購案才能提出「申訴」的原因無他，怕案子太多，委員無法負荷，至於所謂重大與否則是以有適於「公告金額以上」來論斷，現行無論工程、財物及勞務案均爲100萬元以上。

第84條（招標機關對異議或申訴得採取之措施）

Ⅰ廠商提出異議或申訴者，招標機關評估其事由，認其異議或申訴有理由者，應自行撤銷、變更原處理結果，或暫停採購程序之進行。但為應緊急情況或公共利益之必要，或其事由無影響採購之虞者，不在此限。

Ⅱ依廠商之申訴，而為前項之處理者，招標機關應將其結果即時通知該管採購申訴審議委員會。

（一）異議程序

提起時間限制：等標期[6]四分之一內為之，但不得少於10日，以保護異議人之權益。

（二）申訴程序

1. 標的金額須於公告金額以上，或是行政機關未對於異議結果加以回應者。
2. **費用**：每件「申訴案件」為3萬元[7]，但並非每件「採購案件」，依照最高行政法院聯席會議見解，似乎肯認廠商可以將數件採購案件同於一個申訴程序中提起，僅需繳交一次費用[8]。
3. **前置程序**：申訴須經異議程序方得提起，且於異議結果後15日內為之。
4. 審議決定應於申訴後40日內為之，得延長一次，因此為80日，較法律容許行政機關為訴願決定時間為短[9]。

---

[6] 一般之等標期，最長為40日，因為WTO之採購協定就是40日，但最短如低於最低採購金額100萬元或是以電子投標者，等標期有可能少於10日。

[7] 參照採購申訴審議收費辦法第4條：「前條審議費，每一申訴事件為新臺幣**三萬元**，由申訴廠商以現金、公庫支票、郵政匯票、金融機構簽發之即期本票、支票或保付支票繳納。」

[8] 參照最高行政法院101年3月庭長法官聯席會議（節錄）：「依政府採購法提起申訴，**應依採購申訴審議收費辦法第三條及第四條規定繳納審議費。而上開辦法第四條係規定『每一申訴事件』而非『每一採購案件』應繳納新臺幣三萬元。是以申訴審議機關通知廠商限期按採購案件之件數補繳審議費，於法未合**。」

[9] 參照政府採購法第78條：「廠商提出申訴，應同時繕具副本送招標機關。機關應自收受申訴書副本之次日起十日內，以書面向該管採購申訴審議委員會陳述意見（第1項）。採購申訴審議委員會**應於收受申訴書之次日起四十日內完成審議，並將判斷以書面通知廠商及機關。必要時得延長四十日**（第2項）。」

5. 申訴程序時，原則上如訴願程序一般書面審理，但委員會得依照政府採購法第80條第2項通知廠商到場陳述意見，類似訴願法之程序，當事人間均無交互詰問，理由在於如果要40日內為申訴決定，又要依同條第3項委請鑑定，勢必難以如訴訟程序一般嚴格[10]。

第85條（招標機關對審議判斷之處理）

Ⅰ審議判斷指明原採購行為違反法令者，招標機關應自收受審議判斷書之次日起二十日內另為適法之處置；期限屆滿未處置者，廠商得自期限屆滿之次日起十五日內向採購申訴審議委員會申訴。

Ⅱ採購申訴審議委員會於審議判斷中建議招標機關處置方式，而招標機關不依建議辦理者，應於收受判斷之次日起十五日內報請上級機關核定，並由上級機關於收受之次日起十五日內，以書面向採購申訴審議委員會及廠商說明理由。

Ⅲ審議判斷指明原採購行為違反法令，廠商得向招標機關請求償付其準備投標、異議及申訴所支出之必要費用。

解說

廠商有提出異議或申訴時，採購機關須依法處理。採購機關可先依第84條自行處理，看異議或申訴有無理由，或後依第85條透過採購申訴審議委員會處理。

---

10 參照政府採購法第80條：「採購申訴得僅就書面審議之（第1項）。採購申訴審議委員會得依職權或申請，通知申訴廠商、機關到指定場所陳述意見（第2項）。採購申訴審議委員會於審議時，得囑託具專門知識經驗之機關、學校、團體或人員鑑定，並得通知相關人士說明或請機關、廠商提供相關文件、資料（第3項）。採購申訴審議委員會辦理審議，得先行向廠商收取審議費、鑑定費及其他必要之費用；其收費標準及繳納方式，由主管機關定之（第4項）。採購申訴審議規則，由主管機關擬訂，報請行政院核定後發布之（第5項）。」

第85-1條（履約爭議未能達成協議之處理）

Ⅰ機關與廠商因履約爭議未能達成協議者，得以下列方式之一處理：

一、向採購申訴審議委員會申請調解。

二、向仲裁機構提付仲裁。

Ⅱ前項調解屬廠商申請者，機關不得拒絕。工程及技術服務採購之調解，採購申訴審議委員會應提出調解建議或調解方案；其因機關不同意致調解不成立者，廠商提付仲裁，機關不得拒絕。

Ⅲ採購申訴審議委員會辦理調解之程序及其效力，除本法有特別規定者外，準用民事訴訟法有關調解之規定。

Ⅳ履約爭議調解規則，由主管機關擬訂，報請行政院核定後發布之。

解說

政府採購法第六章開始說明爭議處理的方法，對於履約爭議之解決途徑，係使機關與廠商得向採購申訴審議委員會申請調解或向仲裁機構提付仲裁，且政府採購法於民國96年7月4日修法後改採「先調後仲」之設計方式，其調解屬廠商申請或因機關不同意致調解不成立者，機關不得拒絕仲裁；例如工程採購經採購申訴審議委員會提出調解建議或調解方案，因機關不同意致調解不成立者，廠商提付仲裁，機關不得拒絕仲裁，稱之爲「強制仲裁條款」。本條規定改變仲裁合意性質，有侵害採購機關訴訟權之虞。

在我國採購案件中，面對機關與廠商的履約爭議有以下三種爭議解決方式：

一、調解／異議／申訴。

二、仲裁。

三、直接對機關提起民事訴訟。

調解和仲裁在本法中皆有相關規定，細部調解在第85條之1至第85條之4，仲裁則根據仲裁法（104年12月2日最後一次修正），而民事訴訟的過程較爲冗長，常成爲遲來正義而非正義。所謂調解，是由公正的第三方人士對機關與廠商兩造做調停，而調解人通常由工程會或直轄市政府提供。通常一件調解案需要兩位調解委員，一位擁有工程專業背景而另一位則是法律專業背景，再由調解委員針對案件事實做出適當的建議方案。只要兩造雙方有一方不接受委員所提的建議，此調解就不能成立，因此調解在法律性質上是一種和解，並沒有強制性可言。

仲裁的法律依據除了本法之外亦有「仲裁法」。要交付仲裁，程序上需要雙方合意（仲裁法§1Ⅰ、Ⅳ）。而與法庭審理不同，仲裁並不是公開的（仲裁法§23Ⅱ），過程原則上只有兩造雙方才能得知。國內常見的仲裁機關有中華民國仲裁協會、臺灣營建工程仲裁協會……等。進行仲裁時，雙方會各派一位代表人，再由這兩位仲裁代表人推舉一位主任仲裁人（仲裁法§9Ⅰ）。仲裁結果有法律上之強制力，若兩造當事人對仲裁結果不服，除非仲裁程序有瑕疵才有可能提請撤銷仲裁的法律訴訟（仲裁法§40Ⅰ）。

上述三種爭議處理方法的效果各有不同，雖然大家並不樂見出現履約爭議，但若眞的發生爭議，選擇適當的處理方法就至關重要。通常整個調解程序，原則上依照「採購履約爭議調解規則」第20條第1項規定的處理期限爲四個月，而如果是依照「仲裁法」進行仲裁處理的時間可能是一至兩年，而民事訴訟三審程序則很少低於兩年，而尚不含發回更審者（臺大小巨蛋體育館案經訴訟長達十年以上尚未確定）。而調解在救濟費用上，往往也是三者中最便宜的，以一件標的金額爲1億元的採購案件來說，調解收費爲35萬元[11]，仲裁次之，爲65萬元左右（含營業稅與事務費）[12]，民事訴訟由於每一個審級要繳一次費用，若三個審級都收費，則

---

11 採購履約爭議調解收費辦法第5條：「以請求或確認金額爲調解標的者，其調解費如下：一、金額未滿新臺幣二百萬元者，新臺幣二萬元。二、金額在新臺幣二百萬元以上，未滿五百萬元者，新臺幣三萬元。三、金額在新臺幣五百萬元以上，未滿一千萬元者，新臺幣六萬元。四、金額在新臺幣一千萬元以上，未滿三千萬元者，新臺幣十萬元。五、金額在新臺幣三千萬元以上，未滿五千萬元者，新臺幣十五萬元。六、金額在新臺幣五千萬元以上，未滿一億元者，新臺幣二十萬元。七、金額新臺幣一億元以上，未滿三億元者，新臺幣三十五萬元。八、金額新臺幣三億元以上，未滿五億元者，新臺幣六十萬元。九、金額新臺幣五億元以上者，新臺幣一百萬元（第1項）。前項調解標的之金額以外幣計算者，按申訴會收件日前一交易日臺灣銀行外匯小額交易收盤買入匯率折算之（第2項）。」

12 參照中華民國仲裁協會，仲裁費用試算：http://www.arbitration.org.tw/expense.php（最後瀏覽日期：2017/12/24）。

需要356萬元左右[13]，無疑是最昂貴也耗時最久的。

採購法之所以要規定爭議處理，本意即是增加申訴調解這個爭議處理管道，以便減少什麼案件都要到法院訴訟的時間、勞力資源浪費。然而交通部內部統計曾指出，國內在過去幾年中機關進行仲裁的敗訴率高達95%。其中著名的失敗案例例如臺北捷運當時由市政府與馬特拉公司（負責捷運的軌道機電系統）因履約爭議所提出仲裁。結果也是市政府輸掉仲裁，此結果引起市議員一陣撻伐，之後馬上又提出撤銷仲裁的訴訟。因此交通部常在契約內註明「本工程不進行仲裁」，理由即是認爲仲裁制度過度偏袒廠商。由於機關往往想避免仲裁，本條之第2款即是民間團體爲了強制機關進行仲裁才提出修法而成之產物。第2款的內容簡單而言即是先調解後仲裁。只要調解時有提出「調解方案」，機關就不可拒絕廠商提請仲裁。有鑑於營造公會有氣燄高張的趨勢，現任的工程會也對此提出新的應對方法，即是「不提建議方案」，當場調解不成立即沒有此條第2項的適用餘地。也因爲這樣的時空背景，近兩三年來調解成立的比率大幅下降，而且申訴審議委員會也沒有調解建議方案。這些都是機關與廠商角力下的結果，以避免適用強制仲裁條款，但是否違反採購履約爭議調解規則第18條第1項與第19條，尚有疑義！實務上有做法是機關要求廠商以契約約定在爭議發生後「不提付仲裁」，以避免之後機關必須進入仲裁之風險，這時候，就會涉及政府採購法第85條之1第2項之「提交仲裁權」得否以契約放棄之問題。

陽明交通大學有某棟大樓之工程，陽明交通大學須負責三分之一的工程費用，其餘費用均由教育部補助。得標廠商於施工期間因物價上漲，鋼筋從1噸8,000元的價格漲至1噸32,000元（現今鋼筋爲1噸22,000元），而當時的施工廠商還是按照合約艱難地將工程完成。廠商於完工後提出申訴，因鋼筋價格上漲讓廠商虧損1億餘元，要求陽明交通大學與教育部補賠價差，並向採購申訴審議委員會申請調解。於調解會中，學校與教育部以沒錢、已結案爲由不給廠商錢，經調解後的結果爲教育部於明、後年編

[13] 參照司法院，民事裁判費試算表：http://www.judicial.gov.tw/assist/count.html（最後瀏覽日期：2017/12/24）。

定預算把三分之二的價差給廠商，學校則是敬贈一面「功在教育」金牌於廠商（雙方成立調解）。調解沒有所謂的絕對公平，但怎麼調解算是一種高度藝術，只要雙方有一方不同意，則調解就會破局。

問題思考

工程合約裡常有所謂的免責條款（Hold harmless），例如：

1. 鑽探資料僅供參考。
2. 機關若因預算尚未通過或其他無法預見之情形，得通知廠商停工，廠商不得異議拒絕。
3. 本工程無物價指數之適用、也無物價調整之餘地。

雖然工程會公布的工程採購契約範本的內容爲：工程停工超過6個月、廠商可向機關申請解除契約並請求賠償。工程進行期間，若物價指數波動2.5%以上則可以申請物價調整款。但契約範本並沒有強制各機關須一字不改使用而僅能供參考，因此這些條款在契約中仍是屢見不鮮（§63Ⅰ各類採購契約以採購主管機關訂定之範本爲原則），試問：這些條款是否違反政府採購法？該免責條款是否違反民法第227條之2之情事變更原則而無效？

第98條（僱用殘障人士及原住民）

得標廠商其於國內員工總人數逾一百人者，應於履約期間僱用身心障礙者及原住民，人數不得低於總人數百分之二，僱用不足者，除應繳納代金，並不得僱用外籍勞工取代僱用不足額部分。

解說

本條規定得標廠商國內員工總數逾百人時，其員工的2%應爲原住民與殘障人士各占1%。以101專技高考律師二試題目爲例：「民間廠商甲依政府採購法以新臺幣（下同）45萬元標得某採購案，履約期間自98年1月1日至99年12月31日。嗣行政院原住民族委員會以甲於履約期間僱用員工總數逾800人，惟僅進用原住民1人，乃依原住民族工作權保障法之規定，作成A函，以甲進用原住民未達法定標準，命甲繳納依差額人數乘以每月基本工資17,280元計算之代金。甲則以其標案金額甚微，所獲利益甚少，且已盡招募之能事，惟仍無法順利依法定標準進用原住民，不願繳納。請試論：

一、A函是否屬行政處分？又上開代金之法律性質爲何？是否屬行政罰法上所稱之「行政罰」？

二、於行政訴訟程序中，甲如主張原住民族工作權保障法第12條第1、3項及第24條第2項規定違憲，從而行政院原住民族委員會據以作成之A函自屬違法等語，高等行政法院法官面對此一主張，應如何處理？如甲上開主張不爲法院所採，於受敗訴判決確定後，尚有何救濟途徑？

三、甲主張上開原住民族工作權保障法相關規定違反比例原則，是否有理由？」即屬行政法上最典型之法律問題。

本條在行政實務上有甚多法律紛爭發生，包括如何計算廠商員工總人數（以投保單位或公司全部人數計算？）、履約期間及公部門機構是否排除於廠商之列？本條規定是否違反不當連結禁止（與身心障礙保護併列），有違憲嫌疑，均有深究之必要。但大法官釋字第719號解釋上卻認爲「……政府採購法第九十八條，關於政府採購得標廠商於國內員工總人數逾一百人者，應於履約期間僱用原住民，人數不得低於總人數百分之一，進用原住民人數未達標準者，應向原住民族綜合發展基金之就業基金繳納代金部分，尚無違背憲法第七條平等原則及第二十三條比例原則，與憲法第十五條保障之財產權及其與工作權內涵之營業自由之意旨並無不符……」只是該號解釋之理由書中又表示「……得標廠商未僱用一定比例之原住民而須繳納代金，其金額如超過政府採購金額者，允宜有適當之減輕機制。有關機關應依本解釋意旨，就政府採購法及原住民族工作權保障法相關規定儘速檢討改進……」二者似有矛盾之處，即究竟本條不違憲，或是若無適當之減輕機制，本條規定仍有違憲之虞。

本條所稱之「代金」，在學理上爲「特別公課」（Sonderabgaben），與稅捐不同，非以國家財政收入爲目的，而係支應國家之特別目的所徵收者，其設置、使用、目的依司法院大法官第426號解釋，雖非如稅捐一般，但若授權由行政機關定之，仍應符合授權明確性原則。

第99條（投資政府規劃建設之廠商甄選程序適用本法）

機關辦理政府規劃或核准之交通、能源、環保、旅遊等建設，經目的事業主管機關核准開放廠商投資興建、營運者，其甄選投資廠商之程序，除其他法律另有規定者外，適用本法之規定。

解說

本條要求即便是政府機關辦理政府規劃或是核准之交通、能源、環保、旅遊建設，在開放其他廠商投資興建或是營運者，其甄選投資廠商之程序，在無其他法令規定之情形下，也應該適用本法之規定。例外情形就如促進民間參與公共建設法第2條之規定，即將促參案件排除在政府採購法適用範圍之外，而優先適用。

第101條（應通知廠商並刊登公報之廠商違法情形）

Ⅰ機關辦理採購，發現廠商有下列情形之一，應將其事實、理由及依第一百零三條第一項所定期間通知廠商，並附記如未提出異議者，將刊登政府採購公報：

一、容許他人借用本人名義或證件參加投標者。

二、借用或冒用他人名義或證件投標者。

三、擅自減省工料，情節重大者。

四、以虛僞不實之文件投標、訂約或履約，情節重大者。

五、受停業處分期間仍參加投標者。

六、犯第八十七條至第九十二條之罪，經第一審爲有罪判決者。

七、得標後無正當理由而不訂約者。

八、查驗或驗收不合格，情節重大者。

九、驗收後不履行保固責任，情節重大者。

十、因可歸責於廠商之事由，致延誤履約期限，情節重大者。

十一、違反第六十五條規定轉包者。

十二、因可歸責於廠商之事由，致解除或終止契約，情節重大者。

十三、破產程序中之廠商。

十四、歧視性別、原住民、身心障礙或弱勢團體人士，情節重大者。

十五、對採購有關人員行求、期約或交付不正利益者。

Ⅱ廠商之履約連帶保證廠商經機關通知履行連帶保證責任者，適用前項規定。

Ⅲ機關爲第一項通知前，應給予廠商口頭或書面陳述意見之機會，機關並應成立採購工作及審查小組認定廠商是否該當第一項各款情形之一。

Ⅳ機關審酌第一項所定情節重大，應考量機關所受損害之輕重、廠商可歸責之程度、廠商之實際補救或賠償措施等情形。

解說

本條俗稱爲「黑名單條款」，根據本條內容，廠商若違反以上十五種情形任一者將登政府採購公報。被刊登在政府採購公報的廠商將被依照同法第103條第1項規定，產生在一定期限（一年或三年）內不得參加政府採購投標或作爲決標對象或分包廠商之效果，實務上對廠商而言無疑是權利（營業權）上的重大侵害，性質上屬於裁罰性之不利處分。也因爲此罰則不輕，機關必須有確鑿的證據指出廠商違反本條第1項這15款情形中的何款事由，才能適用本條加以行政處罰。對業主而言，利用此款終止合約可以說是最後不得已的手段。因爲後續可能面臨廠商的訴訟，重新發包的過程也不一定會順利。

採購法對於何種狀況才稱爲「情節重大」並未均有明確規定，如本條第1項第10款所稱「延誤履約期限情節重大」，原於施行細則第111條第1項中在招標文件中未爲載明時即有補充定義[14]，惟現行法已加以刪除。但例如本條第1項第3款所說的減省工料、第14款所稱的歧視，皆沒有明確說明何種情節可稱爲重大。例如過去臺灣曾沸沸揚揚的在建築物非承重牆內使用沙拉油桶，可以算上「減料」情節重大嗎？鋼筋的箍筋綁紮未達135度，可以算上重大的「偷工」嗎？又或進度落後10%算不算「進度」

[14] 原參照政府採購法施行細則第111條第1項：「本法第一百零一條第一項第十款所稱延誤履約期限情節重大者，機關得於招標文件載明其情形。其未載明者，於巨額工程採購，指履約進度落後百分之十以上；於其他採購，指履約進度落後百分之二十以上，且日數達十日以上。」現已刪除之。

重大落後？或是落後一百天才算是嚴重？一般而言，廠商進度落後10%時業主常使用暫停計價（不每個月給付工程款，使廠商的財務周轉出現困難）的方式給予廠商警告以待進度追上，原則上是以逾期天數除以合約天數，但適用「情節重大」之比例，仍有計算上之困難。

我國審判實務上對於停權制度有甚多裁判，其爭點包括曾定性其爲行政事實行爲、行政處分或行政罰、或非裁罰性之不利處分，行政法院各庭見解並不統一，法務部亦有函覆工程會表示過意見[15]，但於2012年之後，經最高行政法院做出庭長法官聯席會議表示，本條第1項各款事由，除第13款之外，均爲「裁罰性之不利處分」，性質上可能爲違反行政法之義務（第1款、第2款、第4款至第6款）或契約之義務（第3款、第7款至第12款）[16]，而民國108年本條修改後，除增設款項與要求機關提供陳述意見之機會（第3項）外，更明文規定「情節重大」所應考量之因素（第4項）。

15 參照法務部95年法律字第0950018983號函（節錄）：「按行政罰係對違反行政法上義務行爲所爲不屬刑罰或懲戒罰之裁罰性不利處分，故必須行爲人有行政法上之義務，始有違反義務之問題。又行政罰法第2條規定：『本法所稱其他種類行政罰，指下列裁罰性之不利處分：一、限制或禁止行爲之處分：……二、剝奪或消滅資格、權利之處分：……三、影響名譽之處分：……』，是行政機關依本條所爲裁罰性之不利處分，性質上既爲行政罰，亦應以行爲人有行政法上之義務爲前提。次按廠商有政府採購法第101條第1項各款規定之情事，機關得將其事實及理由通知廠商，並視廠商異議等程序進行之結果，決定是否刊登政府採購公報，經刊登於政府採購公報之廠商於一定期間內不得參加投標所爲之行政處分是否爲行政罰乙節（政府採購法第101條至第103條參照），依該條各款規定觀之，或係違反契約義務內容，例如第3款及第7款至第12款；或係因廠商已無履行義務能力，例如第13款，均非屬行政法上義務之違反。至於第1、2、4、5、6及14款部分，應依政府採購法規定及立法意旨檢視行爲人所爲是否屬違反行政法上義務之行爲，如非屬行政法上義務之行爲，尚難認主管機關依各該款所爲之行政處分係屬行政罰。」

16 參照最高行政法院101年6月份第1次庭長法官聯席會議：「關因廠商有政府採購法第101條第1項各款情形，依同法第102條第3項規定刊登政府採購公報，即生同法第103條第1項所示於一定期間內不得參加投標或作爲決標對象或分包廠商之停權效果，爲不利之處分。其中第3款、第7款至第12款事由，縱屬違反契約義務之行爲，既與公法上不利處分相連結，即被賦予公法上之意涵，如同其中第1款、第2款、第4款至第6款爲參與政府採購程序施用不正當手段，及其中第14款爲違反禁止歧視之原則一般，均係違反行政法上義務之行爲，予以不利處分，具有裁罰性，自屬行政罰，應適用行政罰法第27條第1項所定3年裁處權時效。其餘第13款事由，乃因特定事實予以管制之考量，無違反義務之行爲，其不利處分並無裁罰性，應類推適用行政罰裁處之3年時效期間。」

表4-5[17]　106年違反政府採購法第101條第1項各款廠商數統計

政府採購法第101條第1項（舊法）	事由	家數
第1款	容許他人借用本人名義或證件參加投標者	530 (19.45%)
第2款	借用或冒用他人名義或證件，或以僞造、變造之文件參加投標、訂約或履約者	368 (13.50%)
第3款	擅自減省工料情節重大者	46 (1.69%)
第4款	僞造、變造投標、契約或履約相關文件者[17]	160 (5.87%)
第5款	受停業處分期間仍參加投標者	1 (0.04%)
第6款	犯第87條至第92條之罪，經第一審爲有罪判決者	696 (25.54%)
第7款	得標後無正當理由而不訂約者	72 (2.64%)
第8款	查驗或驗收不合格，情節重大者	24 (0.88%)
第9款	驗收後不履行保固責任者	50 (1.83%)

17 本表爲作者整理，資料來源爲中華民國政府採購網：https://web.pcc.gov.tw/vms/rvlmd/ViewDisabilitiesQueryRV.do（最後瀏覽日期：2017/12/24）。

18 實務上主要爭執之點在於「時效之起算期間」，目前實務見解認爲在廠商僞造、變造第101條第1項第4款文件爲投標時，是以機關「開標」時，來依照行政罰法第27條適用本條之裁罰時效，但容易衍生出雖然機關事後發現投標廠商違反本款，但實際上已經逾行政罰法所規定之三年時效，繼而無法處罰之情形。參照**最高行政法院103年6月份第1次庭長法官聯席會議之決議**：「行政罰之裁處權時效之起算，依行政罰法第27條第2項規定，自違反行政法上義務之行爲終了時起算，但行爲之結果發生在後，自該結果發生時起算。查政府採購法立法目的在於建立政府採購制度，依公平、公開之採購程序，提升採購效率與功能（政府採購法第1條參照）。廠商僞造投標文件，參與採購行爲，使公平採購程序受到破壞，此破壞公平採購程序係於開標時發生。因此，廠商有政府採購法第101條第1項第4款情形，機關依同法第102條第3項規定刊登政府採購公報，即**生同法第103條第1項所示一定期間內不得參加投標或作爲決標對象或分包廠商之停權效果，爲不利處分，具有裁罰性，其適用行政**

表4-5　106年違反政府採購法第101條第1項各款廠商數統計（續）

政府採購法第101條第1項（舊法）	事由	家數
第10款	因可歸責於廠商之事由[18]，致延誤履約期限，情節重大者[19]	133 (4.88%)
第11款	違反第65條之規定轉包者	13 (0.48%)
第12款	因可歸責於廠商之事由，致解除或終止契約者	629 (23.08%)
第13款	破產程序中之廠商	3 (0.11%)
第14款	歧視婦女、原住民或弱勢團體人士，情節重大者	0
總　計		2,725

（本表由本書整理）

罰法第27條第1項所定之3年裁處權時效，除經機關於開標前發現不予開標之情形外，應自開標時起算。」

19 依照實務意見，會認爲縱或部分可歸責，亦屬本款所謂「可歸責於廠商」，而可以依本款事由刊登公報，可參照最高行政法院在103年3月份第2次庭長法官聯席會議之決議，惟要求限定爲重大違約情形，且合於比例原則之情形：「依政府採購法第1條規定及同法第101條之立法理由可知，政府採購法之目的在於建立公平、公開之採購程序，維護公平、公正之競爭市場，並排除不良廠商，以達有效率之政府採購。而採購契約成立後，得標廠商即負有依債務本旨給付之義務，苟未依債務本旨爲給付，並有可歸責之事由，致延誤履約期限，或採購契約被解除或終止，即該當於第1項第10款所稱『因可歸責於廠商之事由，致延誤履約期限』，或第12款所稱『因可歸責於廠商之事由，致解除或終止契約』，不以全部可歸責爲必要。至是否予以刊登政府採購公報，仍應審酌違約情形是否重大（參照政府採購法第101條之立法理由）及符合比例原則。」，其表決支持之原提案文爲「政府採購法第101條第1項既以廠商之事由爲規定對象，且該項第10款及第12款均未明定需全部可歸責，故解釋上不以全部可歸責於廠商爲必要，惟需履約期限之延誤或契約之解除或終止與可歸責於廠商之事由間具有相當因果關係始得爲之。」

20 至於情節重大者，如本文前述，原則上依照招標文件，招標文件未爲說明時，則依照原政府採購法施行細則第111條之規定。

問題思考

A機關署長甲於民國100年辦理政府採購特殊消防車時，指示下屬承辦公務員乙用最低標及限制性招標，因預算金額高達6億，承辦人乙不敢違背上級命令。在定底價時，由甲決定，並洩漏給B廠商，致B以接近底價得標。試問：

1. 嗣後發現甲收受賄款，A機關可否撤銷或廢止該政府採購契約？依據何在？
2. 本案可否採取最低標及限制性招標？
3. A機關可否馬上刊登B廠商於政府公報，宣布其爲不良廠商？
   承辦人乙依政府採購法規定，有無對抗甲之合法手段？（§17公務人員保障法）

第103條（登於公報之廠商不得投標之期限）

Ⅰ依前條第三項規定刊登於政府採購公報之廠商，於下列期間內，不得參加投標或作爲決標對象或分包廠商。

一、有第一百零一條第一項第一款至第五款、第十五款情形或第六款判處有期徒刑者，自刊登之次日起三年。但經判決撤銷原處分或無罪確定者，應註銷之。

二、有第一百零一條第一項第十三款、第十四款情形或第六款判處拘役、罰金或緩刑者，自刊登之次日起一年。但經判決撤銷原處分或無罪確定者，應註銷之。

三、有第一百零一條第一項第七款至第十二款情形者，於通知日起前五年內未被任一機關刊登者，自刊登之次日起三個月；已被任一機關刊登一次者，自刊登之次日起六個月；已被任一機關刊登累計二次以上者，自刊登之次日起一年。但經判決撤銷原處分者，應註銷之。

Ⅱ機關採購因特殊需要，經上級機關核准者，不適用前項之規定。

Ⅲ本法中華民國一百零八年四月三十日修正之條文施行前，已依第一百零一條第一項規定通知，但處分尚未確定者，適用修正後之規定。

解說

廠商被刊登採購公報停權一年或是三年是依據第103條。國防部曾因爲某個小工程糾紛案子，要以第101條第4款將臺灣世曦顧問公司刊登採購公報並停權三年。臺灣世曦公司員工約有3,000多人，營業額約爲30億至50億之間，一年承擔約三百個案子卻因爲某一個小案子出狀況而被停權？因爲幾個員工的錯誤而讓全公司的員工一起承擔？而被停權三年會不會創造臺灣更高的失業率呢？有沒有違反比例原則呢？

第104條（軍事機關採購不適用本法之情形）

Ⅰ 軍事機關之採購，應依本法之規定辦理。但武器、彈藥、作戰物資或與國家安全或國防目的有關之採購，而有下列情形者，不在此限。

一、因應國家面臨戰爭、戰備動員或發生戰爭者，得不適用本法之規定。

二、機密或極機密之採購，得不適用第二十七條、第四十五條及第六十一條之規定。

三、確因時效緊急，有危及重大戰備任務之虞者，得不適用第二十六條、第二十八條及第三十六條之規定。

四、以議價方式辦理之採購，得不適用第二十六條第三項本文之規定。

Ⅱ 前項採購之適用範圍及其處理辦法，由主管機關會同國防部定之，並送立法院審議。

解說

於軍事採購之部分，雖然國防機關亦爲國家機關，原則上應適用政府採購法，但政府採購法考慮到國防安全需求，在武器、彈藥、作戰物資或其他與國家安全或國防相關者，並且在於如同戰時等緊急狀況，得不適用政府採購法。

第105條（不適用本法招標決標規定之採購）

Ⅰ機關辦理下列採購，得不適用本法招標、決標之規定。

一、國家遇有戰爭、天然災害、癘疫或財政經濟上有重大變故，需緊急處置之採購事項。

二、人民之生命、身體、健康、財產遭遇緊急危難，需緊急處置之採購事項。

三、公務機關間財物或勞務之取得，經雙方直屬上級機關核准者。

四、依條約或協定向國際組織、外國政府或其授權機構辦理之採購，其招標、決標另有特別規定者。

Ⅱ前項之採購，有另定處理辦法予以規範之必要者，其辦法由主管機關定之。

貳、機關委託技術服務廠商評選及計費辦法

機關委託技術服務廠商評選及計費辦法爲政府採購法第22條第2項中頗重要的授權子法之一，因爲係對廠商評選與服務費用之計算方式的法令規範。像是臺大營繕組中小型的修繕，廠商做的東西大致上都是一樣的，那採最低標決標就可以達到功效。但房子的內部裝潢會因不同的建築師與材料，表現出來的感覺就不太一樣，可能就不是最低標決標就可以讓廠商做的一樣好，所以計費辦法之費用規定即有彈性做不同規範之必要：即不要規定底價，只公告預算價格，且採取最有利標方式爲之。

第25條

Ⅰ機關委託廠商辦理技術服務，其服務費用之計算，應視技術服務類別、性質、規模、工作範圍、工作區域、工作環境或工作期限等情形，就下列方式擇定一種或二種以上符合需要者訂明於契約：

一、服務成本加公費法。

二、建造費用百分比法。

三、按月、按日或按時計酬法。

四、總包價法或單價計算法。

Ⅱ依前項計算之服務費用，應參酌一般收費情形核實議定。其必須核實另支費用者，應於契約內訂明項目及費用範圍。

解說

依本條規定，計費方法可分爲下列四種，即：1.服務成本加公費法；2.建造費用百分比法；3.按月、按日或按時計酬法；4.總包價法或單價計算法。

服務成本加公費法是直接費用（包括直接薪資、管理費用與其他直接費用）、公費與營業稅的加總。服務成本加公費法能夠眞實的反映實際成本，但因條條項項的報帳單據與明細，且某些折舊與員工福利等計算困難，主計單位尤其會抵制此種計算法，因爲此種計費方式，單據太難以核算。

建造費用百分比法則是用建造的費用加上一個百分比的利潤，算法簡單，所以最常被採購機關採用。但因制度上違反人性，賺最大利潤之缺點，故建築師過度設計等現象如地板改用大理石、耐震係數加大的例子也隨之出現，因爲建築師做得越多越好，可以領到的費用也就越多，就不會幫業主設想合適的設計爲何。變更設計除須修訂圖說外，追加或追減數量的狀況也是在所難免。若辦理追加，建築師則可透過追加數量的利潤去支付額外的費用；但若辦理追減，建築師則不但須在沒有額外的加班費的情況下修改圖說，而且自己的服務費用還會被折扣，並不合常情。有時候營造廠商提出可省錢的替代方案，建築師還有可能因爲利潤變少了而反對，讓替代方案、價値工程的設計評價方法無法發揮其效用。當營造廠商低價搶標時，因監造方面更要嚴加管理，而因此規定了費用最多只能打八折。建築師之間會低價搶標，故本辦法附表二（本書表4-6）中的建築物工程技術服務建照費用百分比只設上限，不設下限的制度很常引起爭議，例如：臺大社科院大樓乃聘請日本設計所伊東豐雄，卻不用技服辦法，因該費用請不到伊東豐雄。對於聘請國際著名的建築師，附表裡的百分比是過低的，根本沒有辦法支付其費用。從附表二（本書表4-6）可以看到土木工程師最低的工程費用百分比是建造費用之5.6%，而建築師就算是較高第四類工程費用百分比也只有監造費用之3.1%，也很常讓建築師非常不

表4-6　公共工程（不包括建築物工程）技術服務建造費用百分比上限參考表

建造費用（新臺幣）	服務費用百分比上限參考（%）	
	設計及協辦招標決標	監造
500萬元以下部分	5.9	4.6
超過500萬元至1,000萬元部分	5.6	4.4
超過1,000萬元至5,000萬元部分	5.0	3.9
超過5,000萬元至1億元部分	4.3	3.3
超過1億元至5億元部分	3.6	2.8
超過5億元部分	3.2	2.4
附　　註	一、設計、協辦招標決標及監造，如係由同一廠商辦理者各項服務費用所占百分比，得在上述百分比合計值範圍內，由機關視個案特性及實際需要予以調整。 二、與同一服務契約有關之各項工程，合併計算建造費用。惟如屬分期或分區或開口服務契約之分案工程施作，且契約已明訂依分期或分區或開口服務契約之分案工程給付服務費用者（但不包括同一工程之分標採購案），不在此限。 三、特殊構造或用途、小規模（例如工程經費未達新臺幣100萬元）、國家公園範圍內或區位偏遠之工程，其服務費用得依個案特性及實際需要預估編列，不受本表百分比上限之限制。 四、本表所列百分比，不包括本辦法第4條、第5條、第6條第1項第1款第2目、第2款第1目及第8條第3款至第5款服務事項之服務費用。其費用由機關依個案特性及實際需要另行估算，如需加計，不受本表百分比上限之限制。 五、既有公共工程之結構補強，且須就補強之結構物進行分析者，其服務費用由機關依個案特性及實際需要另行估算，不適用本表計費。	

滿。像是河川整治工程都因颱風來襲而被沖毀，但每年都還是得編預算，但若該工程僅是豆腐渣工程，其中的利潤眞的很可觀。而本辦法附表三（本書表4-7）的專案管理則是在較複雜的工程中才有需要，故金額都相當龐大，但也會因爲工期延宕則付出的成本加倍而血本無歸。建造費用百分比法邏輯上雖存在很多問題，但因方法較簡單，故被沿用到現在。

按月、按日或按時計酬法因爲計費方式太繁雜瑣碎，所以只適合在非常小的工程個案做計價方式。

總包價法係指固定之定價給予，但不能超過百分比法之上限；但若工程遲延，採取總包價法即不合理，無法支付必要人事費用。

表4-7　工程專案管理（不含監造）技術服務建造費用百分比上限參考表

建造費用（新臺幣）	服務費用百分比上限參考（%）	附註
3億元以下部分	3.5	一、本表所列百分比爲專案管理費占建造費用之比率。 二、本表所列百分比爲公共工程全部委託專案管理之上限值，包括可行性研究、規劃、設計、招標、決標、施工督導與履約管理之諮詢及審查。原則上可行性研究之諮詢及審查占5%，規劃之諮詢及審查占5%，設計之諮詢及審查占35%，招標、決標之諮詢及審查占10%，施工督導與履約管理之諮詢及審查占45%。機關得依個案特性及實際需要調整該百分比之組成。 三、與同一服務契約有關之各項工程，合併計算建造費用。惟如屬分期或分區或開口服務契約之分案工程施作，且契約已明訂依分期或分區或開口服務契約之分案工程給付服務費用者（但不包括同一工程之分標採購案），不在此限。
超過3億元至5億元部分	3.0	
超過5億元至10億元部分	2.5	
超過10億元部分	2.2	

參、相關考題

1. 依據政府採購法第36條規定，機關辦理採購，得依實際需要，規定投標廠商之基本資格及特定資格，試說明特定資格之內容。（106地特三等建築工程營建法規）

2. 凡承攬政府採購案件具有政府採購法第101條規定的不良廠商事由，招標機關應將該廠商刊登政府採購公報，列為拒絕往來廠商而受停權處分，該期間不得再承攬任何政府採購。請說明不良廠商的停權事由及停權期間。（106高考三等建築工程營建法規）

3. 依政府採購法第94條第2項授權訂定之法規規定，採購評選委員會委員有那些情形之一者，應即辭職或予以解聘？（105高考二等建築工程營建法規）

4. 請依政府採購法第46條之規定，說明機關辦理採購時，其底價之訂定及訂定時機為何？（103高考三等建築工程營建法規）

5. 廠商與機關間關於招標、審標、決標之爭議，得依政府採購法第六章規定提出異議及申訴。試依第78條說明申訴之審議及完成審議之期限。（103司法特考檢察事務官營繕工程組營建法規）

6. 交通部臺灣鐵路管理局之某一老舊建築，擬配合需要拆除重建，請依建築法、建築技術規則及政府採購法等相關規定，回答下列問題：（103員級警察、鐵路人員升等考試員級營建法規與結構學）
   (1) 自規劃設計迄完工營運，應請領那些建築執照？
   (2) 如何計算總樓地板面積？
   (3) 如何做好施工場所之火災預防措施？
   (4) 若採公開招標，應如何訂定底價？

7. 請依政府採購法及其相關之統包實施辦法規定，回答下列問題：（102高考三等公職建築師營建法規與實務）

(1) 何謂統包？
(2) 以統包方式辦理招標，為保障主辦機關權益，對涉及智慧財產權事項應有那些規定？
(3) 主辦機關以統包辦理招標，其招標文件應載明那些事項？

8. 政府機關委託建築師規劃設計或監造建築物時，招標時通常依政府採購法採取最有利標方式遴選建築師，請問依據招標內容可將最有利標大致分為那三類？（102調查人員營繕工程組）

9. 何謂工程轉包？什麼是工程分包？請問為何在公共工程履約中，禁止轉包但可以分包？政府採購法對此有何規定？（102高員三級鐵路人員營建管理與工程材料）

10. 請問工程顧問公司或建築師事務所與政府主辦機關所訂立的營建工程規劃設計或監造服務契約，當發生履約爭議時，依政府採購法規定，應該依循那些途徑以解決這些糾紛？（102土木技師高考營建管理）

11. 請依現行建築法、建築技術規則、區域計畫法、都市計畫法、政府採購法及相關營建法規簡要回答下列問題：（101警察、鐵路特考員級鐵路人員考試建築工程營建法規）
驗收不符契約規定時，何種情況下得辦理減價驗收？

12. 營建工程實務中，機關與廠商間之採購履約爭議屢見不鮮，其解決兩造爭議一般有調解、仲裁與訴訟等途徑。依政府採購法，機關與廠商因履約爭議未能達成協議者，得以第85條之1的規定方式處理。請論述回答以下問題：（101高考三等公職建築師營建法規與實務）
(1) 何謂「機關」、「廠商」及「採購」？
(2) 政府採購法第85條之1的規定，有稱「先調解後仲裁」條款，其爭議之處理方式為何？

13. 試比較營造業法之「統包承攬」、「聯合承攬」，與政府採購法之「統包招標」、「共同投標」用語之定義與重點內容異同。（101地特三等建築工程營建法規）

14. 依照採購法相關規定，公共工程發包時，廠商資格限制有那兩類？又那些特殊採購可以訂定廠商資格限制？（101高員三級鐵路人員營建管理與工程材料）

15. 何謂「圍標」？何謂「綁標」？試說明進行公共工程採購時，對圍標和綁標之可行防範措施。（101原住民特考三等土木工程營建管理與土木材料）

16. 請依政府採購法之內容，說明或解釋以下專有名詞：（101土木技師高考營建管理）
   (1) 採購。
   (2) 統包。
   (3) 共同投標。
   (4) 轉包。
   (5) 何時可以執行「減價收受」。

17. 依政府採購法規定，所謂選擇性招標係於何種情形下適用？又，請分析此選擇性招標之性質較接近公開招標或限制性招標，請簡述理由。（100四等身障特考建築工程營建法規概要）

18. 依據「政府採購法」第26條第3項所稱「在招標文件內註明諸如『或同等品』字樣者，不在此限」，乃在於防止限制競爭，請詳述投標廠商提出同等品，應符合那些要求，以供招標機構審查認定？（100一般警察、警察特考、鐵路人員高員三級鐵路人員考試建築工程營建法規）

19. 試依括號內法令，簡述下列各用語：（100高考三等公職建築師營建法規與實務）
   同等品（政府採購法）

20. 請解釋下列名詞：（100普考建築工程營建法規概要）
   (1) 最有利標
   (2) 限制性招標

21.請問政府採購法中，政府機關委託廠商辦理技術服務，其服務費用之計算有那些方式？並應在那種招標文件中載明？（100普考建築工程營建法規概要）

22.請就「政府採購法」有關規定，簡要答覆下列問題：（100司法特考檢察事務官營繕工程組營建法規）

(1) 外國建築師或技師是否可逕至我國提供服務？

(2) 廠商如被機關刊登於政府採購公報列為拒絕往來，則該廠商被拒絕往來前已與機關簽訂之契約是否有效？

(3) 統包工程是否得與監造工作併案發包？

(4) 工程採購案件經調解不成立，廠商提付仲裁，機關是否不得拒絕？另如雙方合意，得否未經調解逕付仲裁？

(5) 建築師依法律規定須交由結構、電機或冷凍空調等技師或消防設備師辦理之工程所需之費用，機關應如何處理？

肆、延伸閱讀

1. 王國武，《政府採購契約之管理與爭議研析》，新學林公司，2020年4月，初版。
2. 行政法公共工程會編，《政府採購履約爭議處理實例彙編（一）》，2001年3月。
3. 林炳坤／李嵩茂，《政府採購最有利標實例精解》，永然文化公司，2011年12月，3版。
4. 林鴻銘／陳文全，《政府採購契約大小事》，永然文化公司，2011年12月，3版。
5. 唐國盛，《政府採購法律應用篇》，永然文化公司，2011年6月，8版。

6. 陳櫻琴／陳希佳／黃仲宜，《工程與法律》，新文京公司，2010年9月，2版，第二篇政府採購法，頁48至103。
7. 黃鈺華／蔡佩芳／李世祺，《政府採購法解讀》，元照出版社，2021年1月，8版。

第五講

政府採購法——工程契約範本與契約要項

案例

採購契約中無物調約款之效力為何？

民國98年的莫拉克颱風給臺灣帶來嚴重的災情，中央政府也因此特別編列「八八水災重建特別預算」來補助各縣市政府進行水利防洪設施的改善與修補。臺北縣（現為新北市）水利局利用此筆預算以公開招標方式進行護坡與渠道的改善工程，且與得標廠商簽下了含有「本工程無物價指數」這個「免責條款」（Hold harmless，指的是將法律風險從一方轉移到另一方的協議）的合約。但因為施工期間物價的波動甚鉅，在工程順利完工後，得標廠商便向臺北縣政府提出工程爭議處理希望進行物價調整。

廠商的論點為：根據工程會的契約範本，若物價波動已超過2.5%時機關應調整工程款，故全國政府機關皆應比照辦理，加以調整。

縣政府的論點則為：契約已明文記載無物價調整，且此工程利用的是固定補助金額的特別預算，縣政府已沒有多餘的預算可供物價調整。

若以雙方達成合意為目的進行爭議解決，試問：

1. 本案若進行**調解**而你是調解委員，會提出怎樣的調解建議或方案？
2. 本案若調解不成而進行**仲裁**，你是仲裁人，會做出怎樣的衡平仲裁？

壹、契約體系及其問題：政府採購契約是定型化契約？

依照民法第153條之規定：「當事人互相表示意思一致者，無論其爲明示或默示，契約即爲成立（第1項）」，故當事人就契約必要之點意思表示一致時，推定契約爲成立（第2項），易言之，工程契約僅需業主與廠商就施作內容、工程價金等重要事項達成合意時，工程契約即具有約束雙方當事人之效力。然而何種事項屬於工程契約的重要之點，於實務上經常引發爭議，諸如決標的工作內容、價金外，建築物外附屬之公共設施是否同爲契約必要之點？即有疑義。我國法院曾於個案中認定溫泉別墅買賣契約的附屬溫泉設施應屬契約的重要事項，若當事人不履行時，可構成解除契約之事由。其次，目前工程契約主要係適用民法承攬之規範，惟承攬契約之原型係以個別承攬人替定作人完成一定工作爲適用對象，而與現代工程多半涉及龐大工作規模與鉅額資金投入有所不同，工程契約適用承攬契約規範的結果亦經常造成法律解釋之困難，例如：民法第507條在工程契約之解釋適用，即有甚多爭議及不同解釋[1]，故有論者認爲應在民法債各中增訂「工程契約」專章較爲妥適，藉以適用於特殊之工程領域事件。

契約法在法律學與民法法律課程中皆占有重要地位，除因其爲最常見之民事法律關係類型外，契約因直接約束雙方權利義務關係而對當事人權益影響極爲重大；再者，鑑於社會事實多變，契約應具備何種必要內容方屬妥適？難有一定標準，從而契約內容不論在法學研究或是工程法律實務上皆有高度的討論價值。就工程契約而言，因工程營建具有專業、多樣、獨特、金額龐大、法規複雜及易受外部風險影響等特性，導致工程契約原約定內容常有不足，因契約內容不完備所引發之爭訟更係目前工程法律實務最常見之爭端類型，所以，工程契約的應有內容實有待吾人予以類型化。臺灣目前的公共工程契約範本並未統一，除公共工程委員會發布的工程採購契約範本外，亦可見各中央主管機關訂定各自之一般約款，諸如交通部國道新建工程局之「一般條款」、營建署之「內政部營建署暨所屬各機關工程採購契約」等皆具有工程契約範本之性質，惟工程會作爲公共工程的主管機關，其發布之工程採購契約範本具較高研究價值，本文以下即以工程會工程採購契約範本作爲討論核心，於此合先敘明。

詳盡的完備性契約內容具有分配風險、明定權利義務關係與避免事後爭訟等預防作用，故無論英美法學或歐陸法學皆肯認契約內容的重要地位，若以德國公私協力契約爲例，德國與民間公司所簽訂的卡車收費特許契約，其契約內容即高達一萬七千頁左右[2]；然而如此詳盡的契約內容最

---

[1] 林明鏘，〈工程與法律教學研究之科技整合〉，臺大法學論叢第38卷第3期，2009年9月，頁109至171。

[2] 李建良譯，Bauer原著，〈德國行政法與行政契約發展面面觀〉，台灣法學雜誌第203期，2012年7月，頁86至95。

後仍無法避免該契約雙方法律爭訟的發生，就此亦可發現欲鉅細靡遺規範契約內容之困難性甚高。惟契約內容不足因應工程契約的窘境於臺灣實務尤爲明顯，其主因在於我國商業習慣注重當事人之誠信，契約內容常非當事人關注之焦點，以政府採購工程契約爲例，現行工程採購契約範本亦僅有總計共寥寥23條之規範，其內容相當簡略，各級採購機關以該範本簽訂之工程契約內容無法因應臺灣複雜多變工程環境所宜具備之風險分配法則，我國工程採購訴訟實務亦以履約管理爭議爲大宗，有待未來加以補充契約範本內容。

目前司法實務多數見解認爲政府公開招標是「要約的引誘」、廠商投標是「要約」、採購機關的決標是「承諾」之意思表示，故工程採購契約於決標時因意思表示一致即告成立；此外，工程契約屬不要式契約，不以書面、公示或登記爲必要。但值得注意的是，契約成立非當然同等於契約生效，蓋契約的生效尙須受到法律框架的管制，民法的第一個框架爲該法第71條之強制禁止規定，且原則上所有的公法規範（大部分的政府採購法）都是強制禁止規定，契約不得與之相違反。

政府工程採購契約是否爲定型化契約（民法§247-1）？於我國迭生爭議，我國最高法院對此問題有正、反兩種不同見解：其中有認爲因廠商具有專業、獨立之能力，得與採購機關自由磋商，且工程契約內容亦具有獨特性，故不構成定型化契約；惟臺灣每年有上萬件的工程契約係依照工程會所頒布契約範本訂立，因其皆受到公共工程契約範本的拘束，業主與廠商亦經常處於資訊不對稱之地位，本書以爲工程採購契約應解釋屬民法上之定型化契約較爲妥適。舉例而言，目前公共工程契約皆訂有所謂「開口契約條款」，明定契約未規範事項，適用政府採購法及其他相關法令之規定，惟此類條款範圍並不明確，尤其除適用各類法律外，還可能包括各級行政機關發布之法令，因其內容過多且難以預測，造成廠商風險無法有效合理判斷或分散危險，對廠商極爲不公，此種開口條款宜解爲違反定型化契約條款之管制而屬無效，以保障廠商之合法權利，並促進契約風險之合理分配方屬妥當。

貳、契約範本及契約要項之效力，是否相當於法規命令？

不管公私部門之工程，契約是工程師一定要面對的首要課題。爲了避免訂約與簽約後的眾多問題，工程會於政府採購法第63條第1項，依照國際及國內慣例訂定了政府採購契約要項，也依照不同的工程種類訂定了許多種的採購契約範本，其效力類似行政程序法第150條之「法規命令」，對行政機關不僅有參考效力，而且具有法定拘束力，第63條第1項雖規定採用範本爲「原則」，但範本似乎沒有例外不採用之空間存在，因爲採購行政機關仍須「依法行政」（行政程序法§4），沒有例外情形即須採用。工程會契約範本包含統包、工程、財務、勞務、專案管理五種類型版本，並不斷地由工程會進行更新。本文將著重於探討「工程採購契約範本」，並以民國106年4月修正之版本爲討論基準。

參、契約上之工程遲延

工程遲延，占工程契約紛爭相當高之比例，所以必須額外加以檢討。何謂工程遲延？工程遲延即是超過契約明訂的完工日期而未準時報驗完工者。有約定完工日期（定期）者，約定日期屆至沒完工就算遲延；未約定完工日期（不定期）者，須經「催告」，其訂一確定期限，到該期限屆至，廠商仍未完工才算遲延。所謂「完工」，要業主同意驗收才能符合完工之意義，故業主拒不驗收仍算遲延，此規定對廠商非常不公平。關於「分段完工」之契約，原則上工程性質可分段完工者應可以分段完工驗收。惟若工程契約中無明訂得分段完工者，還是只能全部完工後再行一次驗收。

工程遲延原因與類型爲何？在遲延分類上，第一種可分爲「可歸責」與「不可歸責」給付遲延。情形有四種，包含：1.「雙方皆可歸責」；2.「雙方皆不可歸責」（如天災等不可抗力因素）；3.「可歸責業主但不可歸責廠商」（如不合理工期）及4.「可歸責廠商但不可歸責業主」（如廠商資金周轉、管理不佳等）。第二種遲延的分類爲「給付遲延」與「受領遲延」。給付遲延於工程契約中指的是廠商未於約定期限完工（民法§229至§241）；受領遲延指得是廠商完工了而業主拒不驗收（民法§234、§508），民法均有相關之法律效果。

遲延的法律效果爲何？分成約定及法定之效果，其約定的效果爲當事人於契約中合意約定遲延應負的責任，像是違約金、扣保證金、扣計價款等，但法律則有限制規定不可約定高額違約金，如政府採購契約要項第45條第2項有20%上限限制，且另外約定條款有顯失公平情況應屬無效（民法§247-1、消保法§12）。而就法定效果而言，法律明定遲延時當事人應負的責任，如損害賠償（民§231、§503）、解除契約（民§255、§502）、終止契約、減少報酬（民§502）、拒絕受領給付、刊登政府採購公報（採購§101）等。

廠商如何避免遲延？像是合理估算工期、在期限內書面請求展延工期（應以書面爲之）、扣減不可歸責廠商遲延日數、準時申報驗收、變更設計請求追加工期、加強工程管理都可以避免遲延的發生。

肆、工程保險問題

工程保險之法律關係參圖5-1。是否宜由定作人（如：採購機關）去買保險（開口式保險），而不用由承攬人再去買保險是目前可以思考之方式。例如台電公司及臺北捷運公司都自己統一投保，但是其均爲私法人，而政府採購機關是否可以比照私法人辦理，須看相關預算法規定是否允許而定，以及須修改現行政府採購契約範本第13條之相關規定。目前實務上均由承攬廠商及建築師、顧問公司依法投保，定作人反而沒有投保義務，並不合理。

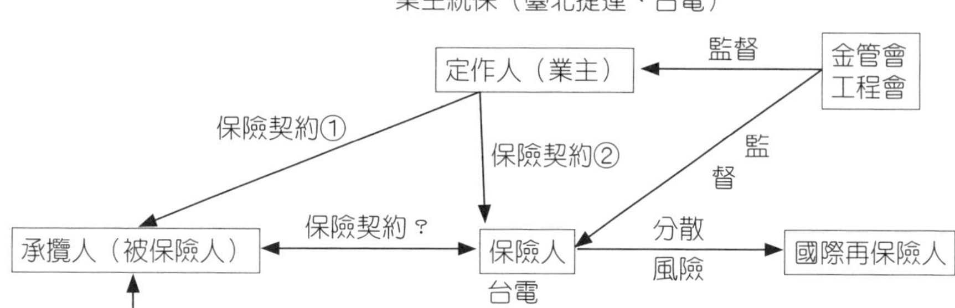

圖5-1　工程保險當事人關係

（本圖由本書自製）

伍、重要契約範本——工程採購契約範本

工程採購契約範本（110.7.1修正）

招標機關（以下簡稱機關）及得標廠商（以下簡稱廠商）雙方同意依政府採購法（以下簡稱採購法）及其主管機關訂定之規定訂定本契約，共同遵守，其條款如下：

第1條　契約文件及效力

（一）契約包括下列文件：

1. 招標文件及其變更或補充。
2. 投標文件及其變更或補充。
3. 決標文件及其變更或補充。
4. 契約本文、附件及其變更或補充。
5. 依契約所提出之履約文件或資料。

（二）定義及解釋：

1. 契約文件，指前款所定資料，包括以書面、錄音、錄影、照相、微縮、電子數位資料或樣品等方式呈現之原件或複製品。

2. 工程會，指行政院公共工程委員會。
3. 工程司，指機關以書面指派行使本契約所賦予之工程司之職權者。
4. 工程司代表，指工程司指定之任何人員，以執行本契約所規定之權責者。其授權範圍須經工程司以書面通知承包商。
5. 監造單位，指受機關委託執行監造作業之技術服務廠商。
6. 監造單位／工程司，有監造單位者，爲監造單位；無監造單位者，爲工程司。
7. 工程司／機關，有工程司者，爲工程司；無工程司者，爲機關。
8. 分包，謂非轉包而將契約之部分由其他廠商代爲履行。
9. 書面，指所有手書、打字及印刷之來往信函及通知，包括電傳、電報及電子信件。機關得依採購法第93條之1允許以電子化方式爲之。
10. 規範，指列入契約之工程規範及規定，含施工規範、施工安全、衛生、環保、交通維持手冊、技術規範及工程施工期間依契約規定提出之任何規範與書面規定。
11. 圖說，指機關依契約提供廠商之全部圖樣及其所附資料。另由廠商提出經機關認可之全部圖樣及其所附資料，包含必要之樣品及模型，亦屬之。圖說包含（但不限於）設計圖、施工圖、構造圖、工廠施工製造圖、大樣圖等。

（三）契約所含各種文件之內容如有不一致之處，除另有規定外，依下列原則處理：

1. 招標文件內之投標須知及契約條款優於招標文件內之其他文件所附記之條款。但附記之條款有特別聲明者，不在此限。
2. 招標文件之內容優於投標文件之內容。但投標文件之內容經機關審定優於招標文件之內容者，不在此限。招標文件如允許廠商於投標文件內特別聲明，並經機關於審標時接受者，以投標文件之內容爲準。

3. 文件經機關審定之日期較新者優於審定日期較舊者。
4. 大比例尺圖者優於小比例尺圖者。
5. 施工補充說明書優於施工規範。
6. 決標紀錄之內容優於開標或議價紀錄之內容。
7. 同一優先順位之文件，其內容有不一致之處，屬機關文件者，以對廠商有利者爲準；屬廠商文件者，以對機關有利者爲準。
8. 招標文件內之標價清單，其品項名稱、規格、數量，優於招標文件內其他文件之內容。

（四）契約文件之一切規定得互爲補充，如仍有不明確之處，應依公平合理原則解釋之。如有爭議，依採購法之規定處理。

（五）契約文字：

1. 契約文字以中文爲準。但下列情形得以外文爲準：
   (1) 特殊技術或材料之圖文資料。
   (2) 國際組織、外國政府或其授權機構、公會或商會所出具之文件。
   (3) 其他經機關認定確有必要者。
2. 契約文字有中文譯文，其與外文文意不符者，除資格文件外，以中文爲準。其因譯文有誤致生損害者，由提供譯文之一方負責賠償。
3. 契約所稱申請、報告、同意、指示、核准、通知、解釋及其他類似行爲所爲之意思表示，除契約另有規定或當事人同意外，應以中文（正體字）書面爲之。書面之遞交，得以面交簽收、郵寄、傳真或電子資料傳輸至雙方預爲約定之人員或處所。

（六）契約所使用之度量衡單位，除另有規定者外，以法定度量衡單位爲之。

（七）契約所定事項如有違反法令或無法執行之部分，該部分無效。但除去該部分，契約亦可成立者，不影響其他部分之有效性。該無效之部分，機關及廠商必要時得依契約原定目的變更之。

（八）經雙方代表人或其授權人簽署契約正本2份，機關及廠商各執1份，並由雙方各依印花稅法之規定繳納印花稅。副本__份（請載明），由機關、廠商及相關機關、單位分別執用。副本如有誤繕，以正本爲準。

（九）機關應提供__份（由機關於招標時載明，未載明者，爲1份）設計圖說及規範之影本予廠商，廠商得視履約之需要自費影印使用。除契約另有規定，如無機關之書面同意，廠商不得提供上開文件，供與契約無關之第三人使用。

（十）廠商應提供__份（由機關於招標時載明，未載明者，爲1份）依契約規定製作之文件影本予機關，機關得視履約之需要自費影印使用。除契約另有規定，如無廠商之書面同意，機關不得提供上開文件，供與契約無關之第三人使用。

（十一）廠商應於施工地點，保存1份完整契約文件及其修正，以供隨時查閱。廠商應核對全部文件，對任何矛盾或遺漏處，應立即通知工程司／機關。

解說

若各式契約文件有不相同或相互牴觸之處，則應以何者具有優先權？契約上必須予以明定，以解決紛爭。依據本條第3款之規定，契約條款優於招標文件，係因契約爲業主與廠商合意而簽訂之正式文件，故其優先性大於機關或廠商單方面提出招標與投標文件。而招標文件優於投標文件，係因招標是業主提出的條件並爲其最低的要求。而一件工程至少要滿足業主的最低要求，除非投標文件中曾提出同等品、替代方案等，此時才可以投標文件爲優先。第八目「標價清單」包含單價分析，數量計算及圖說等內容。

此外，工程有任何特別規定時，應記載於此工程專用的施工補充說明書，會優先於一般性的施工規範。又因爲決標時可能有採購法所規定的比價或減價程序，故應以決標紀錄優於開標或議標紀錄。

本條之第4款經過歷年來的修改，已由以前的「契約解釋以甲方（機關）爲準」，改爲現在較爲公平合理的「契約文件之一切規定得由互爲補充」。此修改的用意是避免契約由機關訂定並壟斷契約解釋權利，對廠商會造成不公平的解釋結果。雖然「契約由機關訂定，不明確之處得由廠商解釋補充之」似乎更符合公平原則，但此契約範本確實已朝向比較公平合理之原則修改。

本條之第5款說明契約文字以中文爲準，但如果有特別聲明則可以外文爲準。像是之前臺北市政府與國外的廠商打官司，就特別聲明以英文的契約爲主，但承辦的官員們看的卻是翻譯的不怎樣貼近文意的中文版本，因此而打輸了官司。契約條文中也有說明其因譯文有誤致生損害一方者，由提供譯文之一方負損害賠償責任。

第3條　契約價金之給付

（一）契約價金之給付，得爲下列方式（由機關擇一於招標時載明）：

□依契約價金總額結算。因契約變更致履約標的項目或數量有增減時，就變更部分予以加減價結算。若有相關項目如稅捐、利潤或管理費等另列一式計價者，該一式計價項目之金額應隨與該一式有關項目之結算金額與契約金額之比率增減之。但契約已訂明不適用比率增減條件，或其性質與比率增減無關者，不在此限。

□依實際施作或供應之項目及數量結算，以契約中所列履約標的項目及單價，依完成履約實際供應之項目及數量給付。若有相關項目如稅捐、利潤或管理費等另列一式計價者，該一式計價項目之金額應隨與該一式有關項目之結算金額與契約金額之比率增減之。但契約已訂明不適用比率增減條件，或其性質與比率增減無關者，不在此限。

□部分依契約價金總額結算，部分依實際施作或供應之項目及數量結算。屬於依契約價金總額結算之部分，因契約變更致履約標的項目或數量有增減時，就變更部分予以加減價結算。屬於依實際施作或供應之項目及數量結算之部分，以契約中所列履約標的項目及單價，依完成履約實際供應之項目及數量給付。若有相關項目如稅捐、利潤或管理費等另列一式計價者，該一式計價項目之金額應隨與該一式有關項目之結算金額與契約金額之比率增減之。但契約已訂明不適用比率增減條件，或其性質與比率增減無關者，不在此限。

（二）採契約價金總額結算給付之部分：

1. 工程之個別項目實作數量較契約所定數量增減達3%以上時，其逾3%之部分，依原契約單價以契約變更增減契約價金。未達3%者，契約價金不予增減。
2. 工程之個別項目實作數量較契約所定數量增加達30%以上時，其逾30%之部分，應以契約變更合理調整契約單價及計算契約價金。
3. 工程之個別項目實作數量較契約所定數量減少達30%以上時，依原契約單價計算契約價金顯不合理者，應就顯不合理之部分以契約變更合理調整實作數量部分之契約單價及計算契約價金。

（三）採實際施作或供應之項目及數量結算給付之部分：

1. 工程之個別項目實作數量較契約所定數量增加達30%以上時，其逾30%之部分，應以契約變更合理調整契約單價及計算契約價金。
2. 工程之個別項目實作數量較契約所定數量減少達30%以上時，依原契約單價計算契約價金顯不合理者，應就顯不合理之部分以契約變更合理調整實作數量部分之契約單價及計算契約價金。

（四）契約價金，除另有規定外，含廠商及其人員依中華民國法令應繳納之稅捐、規費及強制性保險之保險費。依法令應以機關名義申請之許可或執照，由廠商備具文件代爲申請者，其需繳納之規費

（含空氣污染防制費）不含於契約價金，由廠商代爲繳納後機關覈實支付，但已明列項目而含於契約價金者，不在此限。
（五）中華民國以外其他國家或地區之稅捐、規費或關稅，由廠商負擔。

解說

契約價金之給付一般分爲總價結算（Lump sum）、單價結算（Unit price）或混合型三種給付方式。第1款所稱之契約金額、結算金額，指與該一式所有關聯項目變更前、後之複價金額合計。在總價契約中，過去常會對於個別項目實作數量的增減而有工程爭議。爲因應公共工程的利潤逐年下降，本範本規定可進行增減價的實作數量比例底線已由過去的10%以上降爲民國110年版的3%以上（民國100年版的契約範本即已降爲5%）。意思即是：實作數量增減在3%以內視爲雙方各自的風險，並由雙方各自吸收。例如：某工程之實作數量增減如果爲12%，則只有9%能進行契約價金的變更增減，3%須由廠商自行吸收。

總價結算經常遇到的問題是，預算書沒有的項目但在圖中有出現，那到底是不是算漏項呢？舉例淡水河施作混凝土製放流管，因漲潮與退潮的潮差太大故須由基座固定其放流管，基座數量不少且金額龐大，預算書卻沒有編列該預算，但卻出現在圖上。基座是要用來固定放流管的，其不僅體積龐大且所需大量的混凝土澆灌而成，金額會與原來所編列的相差甚遠，理論上應屬於「漏項」。若是臺灣大學更換路燈，預算書上只編列了電源線與燈桿預算，但施作圖上有基座與螺栓等算不算漏項呢？因路燈的基座與螺栓是路燈必備。且沒有對整體工程造成太大的價格差異，故不算漏項，爲該工程的配件與零件。

當購買某種物品數量增加時，一般而言可以獲得更低的單價。是故當工程的實作數量增減達到一定程度，此時單價也該做出調整。因爲工程有很多項目並不能保證遵循尋常之供需曲線，以土方處理爲例：土方若不能就近處理，就要載到合法的棄土場。但臺灣合法的棄土場數量不但稀少，往往又離工地甚遠，因此增加土方的處理量時，單價對廠商而言是要調高的。因此本條第2款第2點僅規定在增加數量時應「合理」的調整契約單價，此範本規定變更增加3%至30%則使用原合約單價，譬如說像是鋼筋、土廢等。但超過30%的部分則應變更契約單價。惟過去常出現機關堅持使用原單價的情形，因爲機關若與廠商另議單價，若調升單價機關怕有圖利廠商的嫌疑。而根據同款第3點，當數量減少超過30%且原價金顯不合理時應變更單價。契約數量的爭議在總價合約內較常見到，單價合約因爲採實作時算比較無此爭議。惟國內大部分工程都是採取總價合約，只有小型工程或經常性採購才會用單價合約。單價合約在本範本內只規定數量增減達30%可以就價金做合理調整。國內目前仍是以業主的參考單價爲主要價金調整之依歸。例如：鋼筋價格漲一倍時，即須視其屬哪一種計價方法而定，請求調整價金。

以上種種契約內容都是經歷許多爭議處理案例經驗之後，才慢慢形成國內的工程慣例。但國內與國外在工程慣例上的差異也是存在的，例如在國內不允許公共工程有「不平衡標」，但美國卻允許的「不平衡標」（Unbalanced bid）即是一例。所謂不平衡標即是在工程前期做一些單價比較高的項目，後期做項目比較低的工程。廠商的好處是在初期可以拿到較多的計價款（因爲工程初期需要的錢比較多，這樣有助於資金的週轉），但業主會產生廠商初期做完單價高的項目之後就不做低價工程的疑慮，是以國內目前並不允許此種不平衡標的做法。

而總價契約中，工程項目的實際施作數量與標單上的數量清單有時候會發生不一致情形，此時應以圖說爲準（因爲驗收時以設計圖爲準，且工程數量清單也是由算圖而來）。若某工程鋼筋實際將使用3,000噸，但標單中錯寫成2,000噸，此時聰明的廠商就會塡高鋼筋單價，讓完工驗收時拿到更多的價款（但因爲依契約第二目之精神最後驗收時宜按照實際使用之實作數量的3,000噸鋼筋爲準）。

第4條　契約價金之調整

（一）驗收結果與規定不符，而不妨礙安全及使用需求，亦無減少通常效用或契約預定效用，經機關檢討不必拆換、更換或拆換、更換確有困難者，得於必要時減價收受。

1. 採減價收受者，按不符項目標的之契約單價____%（由機關視需要於招標時載明；未載明者，依採購法施行細則第98條第2項規定）與不符數量之乘積減價，並處以減價金額____%（由機關視需要於招標時載明；未載明者爲20%）之違約金。但其屬尺寸不符規定者，減價金額得就尺寸差異之比率計算之；屬工料不符規定者，減價金額得按工料差額計算之；非屬尺寸、工料不符規定者，減價金額得就重量、權重等差異之比率計算之。
2. 個別項目減價及違約金之合計，以標價清單或詳細價目表該項目所載之複價金額爲限。
3. 若有相關項目如稅捐、利潤或管理費等另列一式計價者，該一式計價項目之金額，應隨上述減價金額及違約金合計金額與該一式有關項目契約金額之比率減少之。但契約已訂明不適用比率增減條件，或其性質與比率增減無關者，不在此限。

（二）契約所附供廠商投標用之工程數量清單，其數量爲估計數，除另有規定者外，不應視爲廠商完成履約所須供應或施作之實際數量。

（三）採契約價金總額結算給付者，未列入前款清單之項目，其已於契約載明應由廠商施作或供應或爲廠商完成履約所必須者，仍應由廠商負責供應或施作，不得據以請求加價。如經機關確認屬漏列且未於其他項目中編列者，應以契約變更增加契約價金。

（四）廠商履約遇有下列政府行爲之一，致履約費用增加或減少者，契約價金得予調整：

1. 政府法令之新增或變更。
2. 稅捐或規費之新增或變更。
3. 政府公告、公定或管制價格或費率之變更。

（五）前款情形，屬中華民國政府所爲，致履約成本增加者，其所增加之必要費用，由機關負擔；致履約成本減少者，其所減少之部分，得自契約價金中扣除。屬其他國家政府所爲，致履約成本增加或減少者，契約價金不予調整。

（六）廠商爲履約須進口自用機具、設備或材料者，其進口及復運出口所需手續及費用，由廠商負責。

（七）契約規定廠商履約標的應經第三人檢驗者，其檢驗所需費用，除另有規定者外，由廠商負擔。

（八）契約履約期間，有下列情形之一（且非可歸責於廠商），致增加廠商履約成本者，廠商爲完成契約標的所需增加之必要費用，由機關負擔。但屬第13條第7款情形、廠商逾期履約，或發生保險契約承保範圍之事故所致損失（害）之自負額部分，由廠商負擔：

1. 戰爭、封鎖、革命、叛亂、內亂、暴動或動員。
2. 民眾非理性之聚眾抗爭。
3. 核子反應、核子輻射或放射性污染。
4. 善盡管理責任之廠商不可預見且無法合理防範之自然力作用（例如但不限於山崩、地震、海嘯等）。
5. 機關要求全部或部分暫停執行（停工）。
6. 機關提供之地質鑽探或地質資料，與實際情形有重大差異。
7. 因機關使用或佔用本工程任何部分，但契約另有規定者不在此限。
8. 其他可歸責於機關之情形。

解說

第一款

減價收受通常一般是以契約價金之20%至40%減價收受，數字上最高只能減到100%，但如此減價即非減價收受，而是拒絕收受。但以比例做減價的規定有時候也不完全合理，例如門窗只因大小多了一吋就關不起來而完全無法使用，像是樓高3.6m而僅做3.5m，這時候如以比例減價收受似乎並不恰當，而應更換或拆換。

第二款

機關所提供的工程數量清單僅供給付價金之參考，一切應以圖面爲主。因過去曾有廠商將工程少做（例如工程數量清單內說要使用3,000噸鋼筋，但最後完工後卻少用了1,000噸鋼筋）的利潤與機關求償訴訟，因此標單僅記載供參考不可當作廠商的預期利潤。

第三款

根據此範本之規定，總價合約中機關確認屬漏列（漏項）者，才可以增加契約價金。例如路燈的施工通常採總價合約，工程圖上的路燈是有基座的，但計價單中沒有寫到基座價格。這到底是廠商完成履約所必須施作者還是漏列（項）？價金含不含將燈柱固定在地上的底座的錢？又例如八里汙水廠在淡水河口鋪設汙水排放管，因爲淡水河潮差問題故須施作基礎將排放管固定於河底。同樣工程圖上的排放管是有基座的，但計價單上只寫了排放管每米的單價。這兩個案例的差異之處在於，路燈的基座費用並不昂貴，但排放管的基座因爲品質要求則非常昂貴，到底該如何判定這是漏項或必要施作範圍，往往是工程爭議的來源。

第八款

爲了避免發生某些特殊情形，廠商增加履約成本卻拿不到應得的價金。本範本訂定在本款所述的八種情形之下，廠商增加之成本應由機關負擔。前四種情況描述的是不可抗力（Force majeure）情形，因爲保險合約通常將這些情況列爲不保事項，廠商無法依營造綜合險向保險公司索賠。值得注意的是第四種情形中，必須是廠商「不可預見且無法合理防範」之自然力作用才行。例如颱風何時登陸是可以由颱風警報預知的，善盡管理責任之廠商應在颱風來前準備抽水機，加強穩固施工架……等，這些措施都是廠商應盡善良管理人責任之所當爲，故增加之費用應由廠商自負。第六種情況則要機關提供的才能成立，但也有機關明訂「地質資料僅供參考」與「甲方說明爲準」來轉移其提供不實資料風險，但若機關有要求廠商去做重新量測，則不能歸責於機關，而係可歸責於廠商。

除了前述四種不可抗力外，若機關的預算未通過或應盡義務未達到（例如未提供土地、設計規劃有問題……等）而導致機關要求廠商停工，此時廠商所增加的費用應由機關給付，因係可歸責於機關事由。

第5條　契約價金之給付條件

（一）除契約另有約定外，依下列條件辦理付款：

1.□預付款（由機關視個案情形於招標時勾選；未勾選者，表示無預付款）：

(1) 契約預付款爲契約價金總額______%（由機關於招標時載明；查核金額以上者，預付款額度不逾30%），其付款條件如下：______________（由機關於招標時載明）

(2) 預付款於雙方簽定契約，廠商辦妥履約各項保證，並提供預付款還款保證，經機關核可後於____日（由機關於招標時載明）內撥付。

(3) 預付款應於銀行開立專户，專用於本採購，機關得隨時查核其使用情形。

(4) 預付款之扣回方式，應自估驗金額達契約價金總額20%起至80%止，隨估驗計價逐期依計價比例扣回。

2.□估驗款（由機關視個案情形於招標時勾選；未勾選者，表示無估驗款）：

(1) 廠商自開工日起，每____日曆天或每半月或每月（由機關於招標時載明；未載明者，爲每月）得申請估驗計價1次，並依工程會訂定之「公共工程估驗付款作業程序」提出必要文件，以供估驗。機關於15工作天（含技術服務廠商之審查時間）內完成審核程序後，通知廠商提出請款單據，並於接到廠商請款單據後15工作天內付款。但涉及向補助機關申請核撥補助款者，付款期限爲30工作天。

(2) 竣工後估驗：確定竣工後，如有依契約所定估驗期程可辦理估驗而尚未辦理估驗之項目或數量，廠商得依工程會訂定之「公共工程估驗付款作業程序」提出必要文件，辦理末期估驗計價。未納入估驗者，併尾款給付。機關於15工作天（含技術服務廠商之審查時間）內完成審核程序後，通知廠商提出請款單據，並於接到廠商請款單據後15工作天內付款。但涉及向補助機關申請核撥補助款者，付款期限爲30工作天。

(3) 估驗以完成施工者爲限，如另有規定其半成品或進場材料得以估驗計價者，從其規定[3]。該項估驗款每期均應扣除5%作爲保留款（有預付款之扣回時一併扣除）。

半成品或進場材料得以估驗計價之情形（由機關於招標時載明；未載明者無）：

□鋼構項目：

鋼材運至加工處所，得就該項目單價之__%（由機關於招標時載明；未載明者，爲20%）先行估驗計價；加工、假組立完成後，得就該項目單價之__%（由機關於招標時載明；未載明者，爲30%）先行估驗計價。估驗計價前，須經監造單位／工程司檢驗合格，確定屬本工程使用。已估驗計價之鋼構項目由廠商負責保管，不得以任何理由要求加價。

□其他項目：________________。

(4) 查核金額以上之工程，於初驗合格且無逾期情形時，廠商得以書面請求機關退還已扣留保留款總額之50%。辦理部分驗收或分段查驗供驗收之用者，亦同。

(5) 經雙方書面確定之契約變更，其新增項目或數量尚未經議價程序議定單價者，得依機關核定此一項目之預算單價，以__%（由機關於招標時載明，未載明者，爲80%）估驗計價給付估驗款[4]。

(6) 如有剩餘土石方需運離工地，除屬土方交換、工區土方平衡或機關認定之特殊因素者外，廠商估驗計價應檢附下列

---

3 理由有兩點，其一是預算執行率高，其二是融資率高。

4 估驗是針對工程發包、承攬的合約，按進度付款、請款的履行，屬於會計科目的一項。工程現階段完成多少數量，請領、給付多少百分比的金額。所以估驗計價與估驗請款爲一體兩面。惟估驗不等同於查驗，即估驗不等同於對工程品質的驗收或施工標準的檢驗。

資料（未勾選者，無需檢附）[5]：

□經機關建議或核定之土資場之遠端監控輸出影像紀錄光碟片。

□符合機關規定格式（例如日期時間、車號、車輛經緯度、行車速度等，由機關於招標時載明）之土石方運輸車輛行車紀錄與軌跡圖光碟片。

□其他＿＿＿＿＿＿＿＿（由機關於招標時載明）。

(7) 於履約過程中，如因可歸責於廠商之事由，而有施工查核結果列爲丙等、發生重大勞安或環保事故之情形，或發現廠商違反勞安或環保規定且情節重大者，機關得將估驗計價保留款提高爲原規定之＿倍（由機關於招標時載明；未載明者，爲2倍），至上開情形改善處理完成爲止，但不溯及已完成估驗計價者。

(8) 廠商爲公共工程金質獎得獎廠商者，於獎勵期間得向機關申請減低(3)所定估驗計價保留款額度，特優者減低爲2%，優等者減低爲3%，佳作者減低爲4%，獎勵期滿而尚在履約期限內者仍適用。獎勵期間經工程會取消得獎資格者，其後之保留款恢復原定比率。

3. 驗收後付款：於驗收合格，廠商繳納保固保證金後，機關於接到廠商提出請款單據後15工作天內，一次無息結付尾款。但涉及向補助機關申請核撥補助款者，付款期限爲30工作天。

4. 機關辦理付款及審核程序，如發現廠商有文件不符、不足或有疑義而需補正或澄清者，機關應一次通知澄清或補正，不得分次辦理。其審核及付款期限，自資料澄清或補正之次日重新起算；機關並應先就無爭議且可單獨計價之部分辦理付款。

[5] 此爲棄土管理之規定，不過這裡提到的土資場甚少合法者。

5. 廠商履約有下列情形之一者，機關得暫停給付估驗計價款至情形消滅爲止：

(1) 履約實際進度因可歸責於廠商之事由，落後預定進度達__%（由機關於招標時載明；未載明者爲20%）以上，且經機關通知限期改善未積極改善者。但廠商如提報趕工計畫經機關核可並據以實施後，其進度落後情形經機關認定已有改善者，機關得恢復核發估驗計價款；如因廠商實施趕工計畫，造成機關管理費用等之增加，該費用由廠商負擔。

(2) 履約有瑕疵經書面通知改正而逾期未改正者。

(3) 未履行契約應辦事項，經通知仍延不履行者。

(4) 廠商履約人員不適任，經通知更換仍延不辦理者。

(5) 廠商有施工品質不良或其他違反公共工程施工品質管理作業要點之情事者。

(6) 其他違反法令或違約情形。

6. 物價指數調整：

(1) 物價調整方式：物價調整方式：依□行政院主計總處；□臺北市政府；□高雄市政府；□其他____（由機關擇一載明；未載明者，爲行政院主計總處）發布之營造工程物價指數之個別項目、中分類項目及總指數漲跌幅，依下列順序調整：

①工程進行期間，如遇物價波動時，依____個別項目（例如預拌混凝土、鋼筋、鋼板、型鋼、瀝青混凝土等，由機關於招標時載明；未載明者，爲預拌混凝土、鋼筋、鋼板、型鋼及瀝青混凝土）指數，就此等項目漲跌幅超過____%（由機關於招標時載明；未載明者，爲10%）之部分，於估驗完成後調整工程款。

②工程進行期間，如遇物價波動時，依________中分類項目（例如金屬製品類、砂石及級配類、瀝青及其製品類等，

由機關於招標時載明；未載明者，依營造工程物價指數所列中分類項目）指數，就此等項目漲跌幅超過____%（由機關於招標時載明；未載明者，爲5%）之部分，於估驗完成後調整工程款。前述中分類項目內含有已依①計算物價調整款者，依「營造工程物價指數不含①個別項目之中分類指數」之漲跌幅計算物價調整款。

③工程進行期間，如遇物價波動時，依「營造工程物價總指數」，就漲跌幅超過____%（由機關於招標時載明；未載明者，爲2.5%）之部分，於估驗完成後調整工程款。已依①、②計算物價調整款者，依「營造工程物價指數不含①個別項目及②中分類項目之總指數」之漲跌幅計算物價調整款。

(2) 物價指數基期更換時，換基當月起實際施作之數量，自動適用新基期指數核算工程調整款，原依舊基期指數調整之工程款不予追溯核算。每月公布之物價指數修正時，處理原則亦同。

(3) 契約內進口製品或非屬臺灣地區營造工程物價指數表內之工程項目，其物價調整方式如下：____________（由機關視個案特性及實際需要，於招標時載明；未載明者，無物價調整方式）。

(4) 廠商於投標時提出「投標標價不適用招標文件所定物價指數調整條款聲明書」者，履約期間不論營建物價各種指數漲跌變動情形之大小，廠商標價不適用招標文件所定物價指數調整條款，指數上漲時不依物價指數調整金額；指數下跌時，機關亦不依物價指數扣減其物價調整金額；行政院如有訂頒物價指數調整措施，亦不適用。

7. 契約價金依物價指數調整者：

(1) 調整公式：____________（由機關於招標時載明；未載明者，依工程會97年7月1日發布之「機關已訂約施工中工程因應營建物價變動之物價調整補貼原則計算範例」及98年4月7日發布之「機關已訂約工程因應營建物價下跌之物價指數門檻調整處理原則計算範例」，公開於工程會全球資訊網＞政府採購＞工程款物價指數調整）。

(2) 廠商應提出調整數據及佐證資料。

(3) 規費、規劃費、設計費、土地及權利費用、法律費用、管理費（品質管理費、安全維護費、安全衛生管理費……）、保險費、利潤、利息、稅雜費、訓練費、檢（試）驗費、審查費、土地及房屋租金、文書作業費、調查費、協調費、製圖費、攝影費、已支付之預付款、自政府疏濬砂石計畫優先取得之砂石、假設工程項目、機關收入項目及其他＿＿＿＿＿＿（由機關於招標時載明）不予調整。

(4) 逐月就已施作部分按□當月□前1月□前2月（由機關於招標時載明；未載明者爲當月）指數計算物價調整款。逾履約期限（含分期施作期限）之部分，應以實際施作當月指數與契約規定履約期限當月指數二者較低者爲調整依據。但逾期履約係非可歸責於廠商者，依上開選項方式逐月計算物價調整款；如屬物價指數下跌而需扣減工程款者，廠商得選擇以契約原訂履約期程所對應之物價指數計算扣減之金額，但該期間之物價指數上漲者，不得據以轉變爲需由機關給付物價調整款，且選擇後不得變更，亦不得僅選擇適用部分履約期程。

(5) 累計給付逾新臺幣10萬元之物價調整款，由機關刊登物價調整款公告。

(6) 其他：＿＿＿＿＿＿＿。

8. 契約價金總額曾經減價而確定，其所組成之各單項價格得依約定或合意方式調整（例如減價之金額僅自部分項目扣減）；未約定或未能合意調整方式者，如廠商所報各單項價格未有不合理之處，視同就廠商所報各單項價格依同一減價比率（決標金額／投標金額）調整。投標文件中報價之分項價格合計數額與決標金額不同者，依決標金額與該合計數額之比率調整之。但以下情形不在此限：

(1) 廠商報價之安全衛生經費項目、空氣污染及噪音防制設施經費項目編列金額低於機關所訂底價之各該同項金額者，該報價金額不隨之調低；該報價金額高於同項底價金額者，調整後不得低於底價金額。

(2) 人力項目之報價不隨之調低。

9. 廠商計價領款之印章，除另有約定外，以廠商於投標文件所蓋之章爲之。

10. 廠商應依身心障礙者權益保障法、原住民族工作權保障法及採購法規定僱用身心障礙者及原住民。僱用不足者，應依規定分別向所在地之直轄市或縣（市）勞工主管機關設立之身心障礙者就業基金及原住民族中央主管機關設立之原住民族綜合發展基金之就業基金，定期繳納差額補助費及代金；並不得僱用外籍勞工取代僱用不足額部分。招標機關應將國內員工總人數逾100人之廠商資料公開於政府採購資訊公告系統，以供勞工及原住民族主管機關查核差額補助費及代金繳納情形，招標機關不另辦理查核。

11. 契約價金總額，除另有規定外，爲完成契約所需全部材料、人工、機具、設備、交通運輸、水、電、油料、燃料及施工所必須之費用。

12. 如機關對工程之任何部分需要辦理量測或計量時，得通知廠商指派適合之工程人員到場協同辦理，並將量測或計量結果作成紀錄。除非契約另有規定，量測或計量結果應記錄淨值。如廠商未能指派適合之工程人員到場時，不影響機關辦理量測或計量之進行及其結果。

13. 因非可歸責於廠商之事由，機關有延遲付款之情形，廠商投訴對象：

(1) 採購機關之政風單位；

(2) 採購機關之上級機關；

(3) 法務部廉政署；

(4) 採購稽核小組；

(5) 採購法主管機關；

(6) 行政院主計總處（延遲付款之原因與主計人員有關者）。

14.其他（由機關於招標時載明；無者免填）：________

（二）廠商請領契約價金時應提出電子或紙本統一發票，依法免用統一發票者應提出收據。

（三）廠商履約有逾期違約金、損害賠償、採購標的損壞或短缺、不實行爲、未完全履約、不符契約規定、溢領價金或減少履約事項等情形時，機關得自應付價金中扣抵；其有不足者，得通知廠商給付或自保證金扣抵。

（四）履約範圍包括代辦訓練操作或維護人員者，其費用除廠商本身所需者外，有關受訓人員之旅費及生活費用，由機關自訂標準支給，不包括在契約價金內。

（五）分包契約依採購法第67條第2項報備於機關，並經廠商就分包部分設定權利質權予分包廠商者，該分包契約所載付款條件應符合前列各款規定（採購法第98條之規定除外），或與機關另行議定。

（六）廠商延誤履約進度案件，如施工進度已達75%以上，機關得經評估後，同意廠商及分包廠商共同申請採監督付款方式，由分包廠商繼續施工，其作業程序包括廠商與分包廠商之協議書內容、監督付款之付款程序及監督付款停辦時機等，悉依行政院頒公共工程廠商延誤履約進度處理要點規定辦理。

（七）廠商於履約期間給與全職從事本採購案之員工薪資，如採按月計酬者，至少爲______元（由機關於招標時載明，不得低於勞動基準法規定之最低基本工資；未載明者，爲新臺幣3萬元）。

解說

爲了降低廠商之財務負擔，機關通常會給予廠商預付款以作爲開工動員費用，最高爲30%工程總價，其後在工程的後續階段，於估驗計價中逐次扣回預付款。通常機關會要求廠商提供預付款的擔保保證，並限定預付款只能專款專用於本工程，但如果廠商財力夠雄厚，其實也不太需要預付款就能把工程做好。按我國工程慣例，2億以上的巨額工程通常爲每月計價，由廠商提出單據並要求機關逐月進行付款。爲避免機關和廠商在調整契約實作數量而致單價需重新協商，廠商恐因調整之單價未談妥而停工，本條中也規定可以先以原單價之80%給付給廠商。

估驗後的計價因須通過許多繁瑣的行政程序，故一般會有時間差。臺大一般都須耗時一個月才能給廠商撥款，而臺塑集團則是在估驗後的第7天，廠商便能領到工程款。

規模比較大的工程如查核金額以上之工程，於初驗合格且無逾期情形時，廠商得以書面請求機關退還已扣留保留款總額之50%。若進行契約變更，其新增的項目或數量未經議價程序議定單價，要依機關核定該項目之預算單價，這是爲了防止有些不肖廠商把單價提高，進而把低價搶標、利息、利潤等的錢不當賺回來。

臺大綜合體育館是十幾年前以最低標決標，最後讓評價不太好的某一家廠商低價搶標。施工期間除工地髒亂、垃圾亂丟、照明不足等一堆問題外，包商間還爲其分攤處理垃圾、照明等電費爭吵不休，進度嚴重落後且環境安全衛生品質待改善。當時候屋頂由坪頂鋼構變更設計改成桁架，造成一年半無法施工，但施工天數卻由原定的九百天延至六年。但在完工後的隔天，廠商則因此工程數量差異變更過大、工期延長需增加費用、屋頂變更與先行使用要求追加費用[6]。

臺北市政府原本於長安西路後遷至信義區的建築體已有二十年的時間了，但雖進駐了該地方十幾年，但陸陸續續還是有在進行工程。在二十幾年前的合約中，明定建築師的費用爲總工程費結算金額的4%。一直到十幾年前臺北市政府的工程終於完全結束了，建築師從別人口中得知營造廠

6 其案件評析與事實爭點及裁判法條，得參照林明鏘，前揭註1。

於施作中因物價調漲而多領了錢，建築師則因物價調漲而使工程結算金額調漲，覺得自己也應多領一些。很多土木界的專家認為鋼筋、水泥等的漲價，建築師不會多畫一張圖，也不會去監工多幾個小時，所以不能多請領物價調漲的錢；但從法理及契約文義的角度來看，建築師可以領的錢是總工程費結算金額的4%，說起來有理。那臺北市政府到底要不要多付錢給建築師呢？最後臺北市政府利用請求權時效過期的理由，拒付建築師物價調漲之費用。民法第127條第7款之技師、承攬人報酬及其墊款規定完工後的起算二年不行使而消滅，而根據第125條之一般請求權，則因十五年間不行使而消滅。

物價指數調整方式可依選項選擇其調整方式，目前鋼筋價格一噸為22,000元，若加人工則須多加3,000元；4,000psi之混凝土則是1,800至2,200元／m^3，劣質的則是1,600元／m^3；木模的計價是300至500元／m^2，好一點要400至450元／m^2，清水模則是500至550元／m^2。

條文中所指的第1款第4目所稱：「審核及付款期限」，為契約未載明機關接到廠商依契約規定提出之請款單據後之付款期限及審核程序者，應依行政院主計處訂頒之**「公款支付時限及處理應行注意事項」**規定辦理。

第7條　履約期限

（一）履約期限（由機關於招標時載明）：

1. 工程之施工：

□應於____年____月____日以前竣工。

□應於（□決標日□機關簽約日□機關通知日）起______日內開工，並於開工之日起______日內竣工。預計竣工日期為____年____月____日。

2. 本契約所稱日（天）數，除已明定為日曆天或工作天者外，以□日曆天□工作天計算（由機關於招標時勾選；未勾選者，為工作天）：

(1) 以日曆天計算者，所有日數，包括(2)所載之放假日，均應計入。但投標文件截止收件日前未可得知之放假日，不予計入。

(2) 以工作天計算者，下列放假日，均應不計入：

①星期六（補行上班日除外）及星期日。但與②至⑤放假日相互重疊者，不得重複計算。

②依「紀念日及節日實施辦法」規定放假之紀念日、節日及其補假。

③軍人節（9月3日）之放假及補假（依國防部規定，但以國軍之工程爲限）。

④行政院人事行政總處公布之調整放假日。

⑤全國性選舉投票日及行政院所屬中央各業務主管機關公告放假者。

3. 免計工作天之日，以不得施工爲原則。廠商如欲施作，應先徵得機關書面同意，該日數□應；□免計入工期（由機關於招標時勾選，未勾選者，免計入工期）。

4. 其他：＿＿＿＿＿＿＿＿（由機關於招標時載明）。

（二）契約如需辦理變更，其工程項目或數量有增減時，變更部分之工期由雙方視實際需要議定增減之。

（三）工程延期：

1. 履約期限內，有下列情形之一（且非可歸責於廠商），致影響進度網圖要徑作業之進行，而需展延工期者，廠商應於事故發生或消滅後＿＿日內（由機關於招標時載明；未載明者，爲7日）通知機關，並於＿＿日內（由機關於招標時載明；未載明者，爲45日）檢具事證，以書面向機關申請展延工期。機關得審酌其情形後，以書面同意延長履約期限，不計算逾期違約金。其事由未逾半日者，以半日計；逾半日未達1日者，以1日計。

(1) 發生第17條第5款不可抗力或不可歸責契約當事人之事故。

(2) 因天候影響無法施工。

(3) 機關要求全部或部分停工。

(4) 因辦理變更設計或增加工程數量或項目。

(5) 機關應辦事項未及時辦妥。

(6) 由機關自辦或機關之其他廠商之延誤而影響履約進度者。

(7) 機關提供之地質鑽探或地質資料，與實際情形有重大差異。

(8) 因傳染病或政府之行爲，致發生不可預見之人員或貨物之短缺。

(9) 因機關使用或佔用本工程任何部分，但契約另有規定者，不在此限。

(10) 其他非可歸責於廠商之情形，經機關認定者。

2. 前目事故之發生，致契約全部或部分必須停工時，廠商應於停工原因消滅後立即復工。其停工及復工，廠商應儘速向機關提出書面報告。

3. 第1目停工之展延工期，除另有規定外，機關得依廠商報經機關核備之預定進度表之要徑核定之。

（四）履約期間自指定之日起算者，應將當日算入。履約期間自指定之日後起算者，當日不計入。

解說

履約期限涉及逾期罰款，故應在契約中規定清楚。限期完工多半用於緊急搶救或交通建設，不論國定假日或颱風等風險都由廠商負擔，一般工程爲求公平通常採取開工後幾日內竣工爲履約之期限。

計算工期的方法分爲日曆天或工作天。採購契約要項內規定星期例假日、國定假日或雨日等是否計入日曆天，應於契約中明訂。一般而言，日曆天包含星期例假日與雨日，但不包含國定假日。而依此範本而言，國定假日、民俗節日、選舉投票與周休二日不計入工作天（春節另計），依慣例下雨也不計入工作天，故工作天常用於受到天氣影響較大的中小型修繕契約中。

一般而言，可予以免計工期的情形像是機關應辦事項沒辦妥或變更設計期間。臺北市工務局訂有免計工期處理要點，或交通部規定以離工程所在地最近的氣象站爲準，依最近三十年平均降雨日來訂定異常天候進而免計工期。例如三十年平均降雨爲100天，標準差10天，若今年工地降雨157天，超過三倍標準差，則多出的27天可以不計工期。由於限期完工的風險皆由廠商承擔，以工作天計算工期則風險皆由業主承擔，日曆天計算工期則介於上述兩者之間，故國內工程採用日曆天的比例非常高。

問題思考

Q：某造價3億元、工期爲100工作天之工程，因辦理變更設計使總價增至3億3,000萬元，增加比例爲原來金額的10%。業主認爲應給予廠商的工期則也應根據金額增加的比例，由原來的100天增至110天。試問這樣是否合理？

A：並不合理，工期增加的數量應依實際工程所需之天數去計算，像是地下管線的拆挖與遷移雖不是甚麼大工程，經費增加不多，但因各管線沒有完整的圖說，以致在前期調查作業無法得知切確埋設管線位置，而須等到現場實際施作才能得知。且地下管線很多都尚在使用中，若要進行拆挖或遷移等動作，也得先向使用的用户們召開說明會等溝通方能施作。臺北市因東西快速道路施作，造成巷弄間有高層差的問題而需增加斜坡或階梯等設施，所增加的工期除了實際工程的施作的天數外，與居民間的協調會也占了好大一部分。所以，不宜用增加金額的比例，給予展延工期。

第9條　施工管理

（一）廠商應按預定施工進度，僱用足夠且具備適當技能的員工，並將所需材料、機具、設備等運至工地，如期完成契約約定之各項工作。施工期間，所有廠商員工之管理、給養、福利、衛生與安全等，及所有施工機具、設備及材料之維護與保管，均由廠商負責。

（二）廠商及分包廠商員工均應遵守有關法令規定，包括施工地點當地政府、各目的事業主管機關訂定之規定，並接受機關對有關工作事項之指示。如有不照指示辦理，阻礙或影響工作進行，或其他非法、不當情事者，機關得隨時要求廠商更換員工，廠商不得拒絕。該等員工如有任何糾紛或違法行爲，概由廠商負完全責任，如遇有傷亡或意外情事，亦應由廠商自行處理，與機關無涉。

（三）適用營造業法之廠商應依營造業法規定設置專任工程人員、工地主任。依營造業法第31條第3項規定，工地主任每逾4年應再取得最近4年內回訓證明，始得擔任；同法第31條第5項規定，工地主任應加入全國營造業工地主任公會。工地施工期間工地主任應專駐於工地，且不得兼任工地其他職務。應設置技術士之專業工程特定施工項目、技術士種類及人數，依附錄2第9點辦理。

（四）施工計畫與報表：

1. 廠商應於開工前，擬定施工順序及預定進度表等，並就主要施工部分敘明施工方法，繪製施工相關圖說，送請機關核定。機關爲協調相關工程之配合，得指示廠商作必要之修正。
2. 對於汛期施工有致災風險之工程，廠商應於提報之施工計畫內納入相關防災內容；其內容除機關及監造單位另有規定外，重點如下：
   (1) 充分考量汛期颱風、豪雨對工地可能造成之影響，合理安排施工順序及進度，並妥擬緊急應變及防災措施。
   (2) 訂定汛期工地防災自主檢查表，並確實辦理檢查。
   (3) 凡涉及河川堤防之破堤或有水患之虞者，應納入防洪、破堤有關之工作項目及作業規定。
3. 預定進度表之格式及細節，應標示施工詳圖送審日期、主要器材設備訂購與進場之日期、各項工作之起始日期、各類別工人調派配置日期及人數等，並標示契約之施工要徑，俾供後續契約變更時檢核工期之依據。廠商在擬定前述工期時，應考量施工當地天候對契約之影響。預定進度表，經機關修正或核定者，不因此免除廠商對契約竣工期限所應負之全部責任。
4. 廠商應繪製職業安全衛生相關設施之施工詳圖。機關應確實依廠商實際施作之數量辦理估驗。

5. 廠商於契約施工期間，應按機關同意之格式，按約定之時間，填寫施工日誌，送請機關核備。

（五）工作安全與衛生：依附錄1辦理。

（六）配合施工：

與契約工程有關之其他工程，經機關交由其他廠商承包時，廠商有與其他廠商互相協調配合之義務，以使該等工作得以順利進行，如因配合施工致增加不可預知之必要費用，得以契約變更增加契約價金。因工作不能協調配合，致生錯誤、延誤工期或意外事故，其可歸責於廠商者，由廠商負責並賠償。如有任一廠商因此受損者，應於事故發生後儘速書面通知機關，由機關邀集雙方協調解決。其經協調仍無法達成協議者，由相關廠商依民事程序解決。

（七）工程保管：

1. 履約標的未經驗收移交接管單位接收前，所有已完成之工程及到場之材料、機具、設備，包括機關供給及廠商自備者，均由廠商負責保管。如有損壞缺少，概由廠商負責賠償。其經機關驗收付款者，所有權屬機關，禁止轉讓、抵押或任意更換、拆換。
2. 工程未經驗收前，機關因需要使用時，廠商不得拒絕。但機關應先就該部分辦理驗收或分段查驗供驗收之用，並由雙方會同使用單位協商認定權利與義務。使用期間因非可歸責於廠商之事由，致遺失或損壞者，應由機關負責。

（八）廠商之工地管理：依附錄2辦理。

（九）廠商履約時於工地發現化石、錢幣、有價文物、古蹟、具有考古或地質研究價值之構造或物品、具有商業價值而未列入契約價金估算之砂石或其他有價物，應通知機關處理，廠商不得占爲己有。

（十）各項設施或設備，依法令規定須由專業技術人員安裝、施工或檢驗者，廠商應依規定辦理。

（十一）轉包及分包：

1. 廠商不得將契約轉包。廠商亦不得以不具備履行契約分包事項能力、未依法登記或設立，或依採購法第103條規定不得作爲參加投標或作爲決標對象或分包廠商之廠商爲分包廠商。

2. 廠商擬分包之項目及分包廠商，機關得予審查。

3. 廠商對於分包廠商履約之部分，仍應負完全責任。分包契約報備於機關者，亦同。

4. 分包廠商不得將分包契約轉包。其有違反者，廠商應更換分包廠商。

5. 廠商違反不得轉包之規定時，機關得解除契約、終止契約或沒收保證金，並得要求損害賠償。

6. 轉包廠商與廠商對機關負連帶履行及賠償責任。再轉包者，亦同。

（十二）廠商及分包廠商履約，不得有下列情形：僱用依法不得從事其工作之人員（含非法外勞）、供應不法來源之財物、使用非法車輛或工具、提供不實證明、違反人口販運防制法、非法棄置土石、廢棄物或其他不法或不當行爲。

（十三）廠商及分包廠商履約時，除依規定申請聘僱或調派外籍勞工者外，均不得僱用外籍勞工。違法僱用外籍勞工者，機關除通知就業服務法主管機關依規定處罰外，情節重大者，得與廠商終止或解除契約。其因此造成損害者，並得向廠商請求損害賠償。

（十四）採購標的之進出口、供應、興建或使用涉及政府規定之許可證、執照或其他許可文件者，依文件核發對象，由機關或廠商分別負責取得。但屬應由機關取得者，機關得通知廠商代爲取得，費用詳第3條第4款。屬外國政府或其授權機構核發之文件者，由廠商負責取得，並由機關提供必要之協助。如因未能取得上開文件，致造成契約當事人一方之損害，應由造成損害原因之他方負責賠償。

（十五）廠商應依契約文件標示之參考原點、路線、坡度及高程，負責辦理工程之放樣，如發現錯誤或矛盾處，應即向監造單位／工程司反映，並予澄清，以確保本工程各部分位置、高程、尺寸及路線之正確性，並對其工地作業及施工方法之適當性、可靠性及安全性負完全責任。

（十六）廠商之工地作業有發生意外事件之虞時，廠商應立即採取防範措施。發生意外時，應立即採取搶救，並依職業安全衛生法等規定實施調查、分析及作成紀錄，且於取得必要之許可後，爲復原、重建等措施，另應對機關與第三人之損害進行賠償。

（十七）機關於廠商履約中，若可預見其履約瑕疵，或其有其他違反契約之情事者，得通知廠商限期改善。

（十八）廠商不於前款期限內，依照改善或履行者，機關得採行下列措施：

1. 自行或使第三人改善或繼續其工作，其費用由廠商負擔。
2. 終止或解除契約，並得請求損害賠償。
3. 通知廠商暫停履約。

（十九）機關提供之履約場所，各得標廠商有共同使用之需要者，廠商應依與其他廠商協議或機關協調之結果共用場所。

（二十）機關提供或將其所有之財物供廠商加工、改善或維修，其須將標的運出機關場所者，該財物之滅失、減損或遭侵占時，廠商應負賠償責任。機關並得視實際需要規定廠商繳納與標的等值或一定金額之保證金＿＿＿＿＿＿＿＿（由機關視需要於招標時載明）。

（廿一）契約使用之土地，由機關於開工前提供，其地界由機關指定。如因機關未及時提供土地，致廠商未能依時履約者，廠商得依第7條第3款規定，申請延長履約期限；因此增加之必要費用，由機關負擔。該土地之使用如有任何糾紛，除因可歸責於廠商所致者外，由機關負責；其地上（下）物的清除，除另有規定外，由機關負責處理。

（廿二）本工程使用預拌混凝土之情形如下：（由機關於招標時載明）

□廠商使用之預拌混凝土，應爲「領有工廠登記證」之預拌混凝土廠供應。

□符合公共工程性質特殊並經上級機關同意者，或工地附近20公里運距內無足夠合法預拌混凝土廠，或其產品無法滿足工程之需求者，廠商得經機關同意後，依「公共工程工地型預拌混凝土設備設置及拆除管理要點」規定辦理。其處理方式如下：

1. 工地型預拌混凝土設備設置生產前，應依職業安全衛生法、空氣污染防制法、水污染防治法、噪音管制法等相關法令，取得各該主管機關許可。
2. 工程所需材料應以合法且未超載車輛運送。
3. 設置期間應每月製作生產紀錄表，並隨時提供機關查閱。
4. 工程竣工後，預拌混凝土設備之拆除，應列入驗收項目；未拆除時，列入驗收缺點限期改善，逾期之日數，依第17條遲延履約規定計算逾期違約金。
5. 工程竣工後，預拌混凝土設備拆除完畢前，不得支付尾款。
6. 屆期未拆除完畢者，機關得強制拆除並由廠商支付拆除費用，或由工程尾款中扣除，並視其情形依採購法第101條規定處理。
7. 廠商應出具切結書；其內容應包括下列各款：
   (1) 專供本契約工程預拌混凝土材料，不得對外營業。
   (2) 工程竣工後驗收前或契約終止（解除）後1個月內，該預拌混凝土設備必須拆除完畢並恢復原狀。
   (3) 因該預拌混凝土設備之設置造成之污染、損鄰等可歸責之事故，悉由廠商負完全責任。

□本工程處離島地區，且境內無符合「工廠管理輔導法」之預拌混凝土廠，其處理方式如下：＿＿＿＿＿＿＿＿。

□預拌混凝土廠或「公共工程工地型預拌混凝土設備」之品質控管方式，依工程會所訂「公共工程施工綱要規範」（完整版）第03050章「混凝土基本材料及施工一般要求」第1.5.2款「拌合廠規模、設備及品質控制等資料」辦理。

（廿三）營建土石方之處理：

□廠商應運送＿＿＿＿＿＿＿＿或向＿＿＿＿＿＿＿＿借土（機關於招標文件中擇一建議之合法土資場或借土區），或於不影響履約、不重複計價、不提高契約價金及扣除節省費用價差之前提下，自覓符合契約及相關法規要求之合法土資場或借土區，依契約變更程序經機關同意後辦理（廠商如於投標文件中建議其他合法土資場或借土區，並經機關審查同意者，亦可）。

□由機關另案招標，契約價金不含營建土石方處理費用；誤列爲履約項目者，該部分金額不予給付。

（廿四）基於合理的備標成本及等標期，廠商應被認爲已取得了履約所需之全部必要資料，包含（但不限於）法令、天候條件及機關負責提供之現場數據（例如機關提供之地質鑽探或地表下地質資料）等，並於投標前已完成該資料之檢查與審核。

（廿五）工作協調及工程會議：依附錄3辦理。

（廿六）其他：＿＿＿＿＿＿＿＿（由機關擇需要者於招標時載明）。

解說

在施工管理中，土石方問題在工程界是很重要且難處理的。在土方處理方法中，最好是就近使用土方而可將土方平衡（棄土與借土相等）。若需棄土，臺灣北部地區幾乎已沒有合法且棄土量足夠的棄土場。

以往新北市政府曾進行汙水廠淤泥清除工程，其施工方法爲先抽水後再將淤泥運出，但廠商居然使用高壓泵浦直接將汙泥抽到大漢溪排放。事後因爲被釣魚的民眾檢舉，整件事情才曝光。新北市政府依採購法第101

條將廠商記入黑名單，此廠商居然還提出申訴說以往廠商也都是這樣做，此種做法實爲「歷史共業」，而且承辦人員在棄土證明上皆已簽名，證明廠商本身沒有疏失。這樣的申訴理由雖然讓人匪夷所思，但也可以突顯出土石方處理的困難性與實務上之重要性。

第11條　工程品管

（一）廠商應對契約之內容充分瞭解，並切實執行。如有疑義，應於履行前向機關提出澄清，否則應依照機關之解釋辦理。

（二）廠商自備材料、機具、設備在進場前，應依個案實際需要，將有關資料及可提供之樣品，先送監造單位／工程司審查同意。如需辦理檢（試）驗之項目，得爲下列方式（由機關擇一於招標時載明），且檢（試）驗合格後始得進場：

□檢（試）驗由機關辦理：廠商會同監造單位／工程司取樣後，送往機關指定之檢（試）驗單位辦理檢（試）驗，檢（試）驗費用由機關支付，不納入契約價金。

□檢（試）驗由廠商依機關指定程序辦理：廠商會同監造單位／工程司取樣後，送往機關指定之檢（試）驗單位辦理檢（試）驗，檢（試）驗費用納入契約價金，由機關以代收代付方式支付。

□檢（試）驗由廠商辦理：監造單位／工程司會同廠商取樣後，送經監造單位／工程司提報並經機關審查核定之檢（試）驗單位辦理檢（試）驗，並由監造單位／工程司指定檢（試）驗報告寄送地點，檢（試）驗費用由廠商負擔。

因機關需求而就同一標的作2次以上檢（試）驗者，其所生費用，結果合格者由機關負擔；不合格者由廠商負擔。該等材料、機具、設備進場時，廠商仍應通知監造單位／工程司或其代表人作現場檢驗。其有關資料、樣品、取樣、檢（試）驗等之處理，同上述進場前之處理方式。

（三）廠商於施工中，應依照施工有關規範，對施工品質，嚴予控制。

隱蔽部分之施工項目，應事先通知監造單位／工程司派員現場監督進行。

（四）廠商品質管理作業：依附錄4辦理。

（五）依採購法第70條規定對重點項目訂定之檢查程序及檢驗標準（由機關於招標時載明）：＿＿＿＿＿＿＿＿＿＿＿＿＿＿＿＿。

（六）工程查驗：

1. 契約施工期間，廠商應依規定辦理自主檢查；監造單位／工程司應按規範規定查驗工程品質，廠商應予必要之配合，並派員協助。但監造單位／工程司之工程查驗並不免除廠商依契約應負之責任。

2. 監造單位／工程司如發現廠商工作品質不符合契約規定，或有不當措施將危及工程之安全時，得通知廠商限期改善、改正或將不符規定之部分拆除重做。廠商逾期未辦妥時，機關得要求廠商部分或全部停工，至廠商辦妥並經監造單位／工程司審查及機關書面同意後方可復工。廠商不得爲此要求展延工期或補償。如主管機關或上級機關之工程施工查核小組發現上開施工品質及施工進度之缺失，而廠商未於期限內改善完成且未經該查核小組同意延長改善期限者，機關得通知廠商撤換工地負責人及品管人員或安全衛生管理人員。

3. 契約施工期間，廠商應按規定之階段報請監造單位／工程司查驗，監造單位／工程司發現廠商未按規定階段報請查驗，而擅自繼續次一階段工作時，機關得要求廠商將未經查驗及擅自施工部分拆除重做，其一切損失概由廠商自行負擔。但監造單位／工程司應指派專責查驗人員隨時辦理廠商申請之查驗工作，不得無故遲延。

4. 本工程如有任何事後無法檢驗之隱蔽部分，廠商應在事前報請監造單位／工程司查驗，監造單位／工程司不得無故遲延。爲維持工作正常進行，監造單位／工程司得會同有關機關先行查驗或檢驗該隱蔽部分，並記錄存證。

5. 因監造單位／工程司遲延辦理查驗，致廠商未能依時履約者，廠商得依第7條第3款，申請延長履約期限；因此增加之必要費用，由機關負擔。
6. 廠商爲配合監造單位／工程司在工程進行中隨時進行工程查驗之需要，應妥爲提供必要之設備與器材。如有不足，經監造單位／工程司通知後，廠商應立即補足。
7. 契約如有任何部分須報請政府主管機關查驗時，除依法規應由機關提出申請者外，應由廠商提出申請，並按照規定負擔有關費用。
8. 工程施工中之查驗，應遵守營造業法第41條第1項規定。（適用於營造業者之廠商）。

（七）廠商應免費提供機關依契約辦理查驗、測試、檢驗、初驗及驗收所必須之儀器、機具、設備、人工及資料。但契約另有規定者，不在此限。契約規定以外之查驗、測試或檢驗，其結果不符合契約規定者，由廠商負擔所生之費用；結果符合者，由機關負擔費用。

（八）機關提供設備或材料供廠商履約者，廠商應於收受時作必要之檢查，以確定其符合履約需要，並作成紀錄。設備或材料經廠商收受後，其滅失或損害，由廠商負責。

（九）有關其他工程品管未盡事宜，契約施工期間，廠商應遵照公共工程施工品質管理作業要點辦理。

（十）對於依採購法第70條規定設立之工程施工查核小組查核結果，廠商品質缺失懲罰性違約金之基準如下：
1. 懲罰性違約金金額，應依查核小組查核之品質缺失扣點數計算之。每點罰款金額如下：
   (1) 巨額之工程：新臺幣8,000元。
   (2) 查核金額以上未達巨額之工程：新臺幣4,000元。
   (3) 新臺幣1,000萬元以上未達查核金額之工程：新臺幣2,000元。

(4) 未達新臺幣1,000萬元之工程：新臺幣1,000元。

2. 查核結果，成績爲丙等且可歸責於廠商者，除依「工程施工查核小組作業辦法」規定辦理外，其品質缺失懲罰性違約金金額，應依前目計算之金額加計本工程品管費用之____%（由機關於招標時載明；未載明者，爲1%）。
3. 品質缺失懲罰性違約金之支付，機關應自應付價金中扣抵；其有不足者，得通知廠商繳納或自保證金扣抵。
4. 品質缺失懲罰性違約金之總額，以契約價金總額之____%（由機關於招標時載明；未載明者，爲20%）爲上限。所稱契約價金總額，依第17條第11款認定。

解說

本條是工程品管的規定，包含工程進行中主管機關、招標機關或委外監造如何到場查驗，廠商此時有何義務，且若被查驗不合格之情形，如何論以懲罰性賠償金。

第12條　災害處理

（一）本條所稱災害，指因下列天災或不可抗力所生之事故：
1. 山崩、地震、海嘯、火山爆發、颱風、豪雨、冰雹、水災、土石流、土崩、地層滑動、雷擊或其他天然災害。
2. 核生化事故或放射性污染，達法規認定災害標準或經政府主管機關認定者。
3. 其他經機關認定確屬不可抗力者。

（二）驗收前遇颱風、地震、豪雨、洪水等不可抗力災害時，廠商應在災害發生後，按保險單規定向保險公司申請賠償，並儘速通知機關派員會勘。其經會勘屬實，並確認廠商已善盡防範之責者，廠商得依第7條第3款規定，申請延長履約期限。其屬本契約所載承保範圍以外者，依下列情形辦理：
1. 廠商已完成之工作項目本身受損時，除已完成部分仍按契約單價計價外，修復或需重做部分由雙方協議，但機關供給之材料，仍得由機關核實供給之。

2. 廠商自備施工用機具設備之損失，由廠商自行負責。

解說

災害處理涉及搶救復原及理賠，故需要有相關規定。若災害爲工程驗收前所發生且廠商已盡善良的防護責任，依本範本則可以申請延長履約期限。

第13條　保險

（一）廠商應於履約期間辦理下列保險（由機關擇定後於招標時載明；未載明者無），其屬自然人者，應自行投保人身意外險。

□營造綜合保險或□安裝工程綜合保險。（由機關視個案特性，擇一勾選）

□營建機具綜合保險。

□雇主意外責任保險。

□其他＿＿＿＿＿＿＿＿＿＿＿＿＿＿＿＿

（二）廠商依前款辦理之營造綜合保險或安裝工程綜合保險，其內容如下：（由機關視保險性質擇定或調整後列入招標文件）

1. 承保範圍：

(1) 工程財物損失。

(2) 第三人意外責任。

(3) 修復本工程所需之拆除清理費用。

(4) 機關提供之施工機具設備。

(5) 其他：（由機關依個案需要於招標文件載明）

2. 廠商投保之保險單，包括附加條款、附加保險等，須經保險主管機關核准或備查；未經機關同意，不得以附加條款限縮承保範圍。

3. 保險標的：履約標的。

4. 被保險人：以機關及其技術服務廠商、施工廠商及全部分包廠商爲共同被保險人。

5. 保險金額：

(1) 營造或安裝工程財物損失險：

①工程契約金額。

②修復本工程所需之拆除清理費用：______元（由機關依工程特性載明；未載明者，爲工程契約金額之5%）。

③機關提供之機具設備費用：______元（未載明或機關未提供施工機具設備者無）。

④機關供給之材料費用：______元（未載明或契約金額已包含材料費用者無）。

(2) 第三人意外責任險：（由機關於招標時載明最低投保金額，不得爲無限制）。

①每一個人體傷或死亡：______元。

②每一事故體傷或死亡：______元。

③每一事故財物損害：______元。

④保險期間內最高累積責任：______元。

(3) 其他：（由機關於招標文件載明）

6. 每一事故之廠商自負額上限：（由機關於招標時載明）

(1) 營造或安裝工程財物損失：______。（視工程性質及規模，載明金額、損失金額比率；未載明者，爲每一事故損失金額10%）

(2) 第三人意外責任險：

①體傷或死亡：______元。（未載明者，爲新臺幣10,000元）

②財物損失：______元。（未載明者，爲新臺幣10,000元）

(3) 其他：（由機關於招標文件載明）

7. 保險期間：自申報開工日起至履約期限屆滿之日加計3個月

止。有延期或遲延履約者，保險期間比照順延。

8. 受益人：機關（不包含責任保險）。

9. 未經機關同意之任何保險契約之變更或終止，無效。但有利於機關者，不在此限[7]。

10. 附加條款及附加保險如下，但其內容不得限縮本契約對保險之要求（由機關視工程性質，於招標時載明）：

■罷工、暴動、民眾騷擾附加條款。

■交互責任附加條款。

□擴大保固保證保險。

□鄰近財物附加條款。

■受益人附加條款。

□保險金額彈性（自動增加）附加條款。

□四十八小時勘查災損附加條款。

■定作人同意附加條款。

□設計者風險附加條款。

□已啓用、接管或驗收工程附加條款。

□第三人建築物龜裂、倒塌責任險附加保險。

□定作人建築物龜裂、倒塌責任附加條款。

□其他＿＿＿＿＿＿＿＿。

11. 其他：＿＿＿＿＿＿＿＿＿＿＿＿

（三）廠商依第1款辦理之雇主意外責任保險，其內容如下：（由機關視保險性質擇定或調整後列入招標文件）

1. 承保範圍：廠商及其分包廠商（再分包亦同）之人員在保險期間內，因執行職務發生意外事故遭受體傷或死亡，依法應由廠商負責賠償責任，而受賠償之請求。

2. 保險金額：（由機關於招標時載明最低投保金額，不得爲無

---

7 此限制如民法第153條之規定，針對私法契約，而公法契約則更由於是對第三人發生效力，更要經過第三人同意才發生效力。但私法契約若非利益第三人契約之受益人，則不得以其同意爲要件。

限制）

(1) 每一個人體傷或死亡：□新臺幣2,000,000元；□新臺幣3,000,000元；□新臺幣5,000,000元；□新臺幣6,000,000元；□新臺幣＿＿＿元（由機關於招標時載明；未載明者，爲新臺幣5,000,000元）。

(2) 每一事故體傷或死亡：每一個人體傷或死亡保險金額之＿＿＿倍（由機關於招標時載明；未載明者，爲5倍）。

(3) 保險期間內最高累積責任：每一個人體傷或死亡保險金額之＿＿＿倍（由機關於招標時載明；未載明者，爲10倍）。

3. 每一事故之廠商自負額上限：＿＿＿元。（未載明者爲新臺幣10,000元）

4. 保險期間：同前款第7目。

5. 未經機關同意之任何保險契約之變更或終止，無效。

6. 附加條款如下，但其內容不得限縮本契約對保險之要求（由機關視工程性質，於招標時載明）：

■天災責任附加條款。

□海外責任附加條款。

□擴大受僱人定義附加條款。

■定作人通知附加條款。

□上下班途中附加條款。

□其他＿＿＿＿＿＿＿。

（四）廠商辦理之營建機具綜合保險之保險金額應爲新品重置價格。

（五）保險範圍不足或未能自保險人獲得足額理賠，其風險及可能之賠償由廠商負擔。但符合第4條第8款約定由機關負擔必要費用之情形（屬機關承擔之風險），不在此限。

（六）廠商向保險人索賠所費時間，不得據以請求延長履約期限。

（七）廠商未依本契約約定辦理保險者，其損失或損害賠償，由廠商負擔。

（八）依法非屬保險人可承保之保險範圍，或非因保費因素卻於國內無保險人願承保，且有保險公會書面佐證者，依第1條第7款辦理。
（九）保險單正本1份及繳費收據副本1份，應於辦妥保險後即交機關收執。因不可歸責於廠商之事由致須延長履約期限者，因而增加之保費，由契約雙方另行協議其合理之分擔方式。
（十）廠商應依中華民國法規爲其員工及車輛投保勞工保險、全民健康保險及汽機車第三人責任險。廠商並應爲其屬勞工保險條例所定應參加或得參加勞工保險（含僅參加職業災害保險）對象之員工投保；其員工非屬前開對象者，始得以其他商業保險代之。
（十一）機關及廠商均應避免發生採購法主管機關訂頒之「常見保險錯誤及缺失態樣」所載情形。

解說

政府採購在施工期間廠商應投保營造綜合保險（主險）以分散風險，並於主險下加掛其他批單。批單所承保的的範圍分爲財物與責任兩種險在內，常見的例如第三人建築物龜裂倒塌險、雇主意外責任險或鄰近財物損失險。營造綜合保險理賠原因包括天災（颱風頻率最高、地震理賠金額最高）、人禍（竊盜之頻率最高）等等。目前業主通常會編列經費讓廠商購買一份營造綜合險契約，業主也常規定保險未買好之前不准許開工或不予計價。不過例外則像是雪山隧道工程就因爲無保險公司願意承保而無法投保。

保險公司並非慈善事業（一般而言保費與理賠金額之比率大於67%時保險公司就面臨虧損），故其販賣之保單皆有其商業精算考慮。例如保額10億之建築工程碰到地震將其價值2億的大樓震壞，若保險公司賠償了這2億，則剩餘的保險額度就只剩8億。若想要恢復10億元的保險額度就要根據比例再補保費。而不但保險額度與保費和承保人過去的紀錄息息相關，保險公司也會對承保範圍爲限縮以避免虧損。例如雪山隧道TBM鑽掘機因遇到地質破碎、大石頭或湧水地帶而卡住，通常需要在旁邊建一水平隧道或挖豎井以進行狀況排除，此時保險公司常認爲水平隧道或豎井之挖掘費用並不在賠償範圍，因爲承保範圍僅是隧道本身不含其他臨時工程。又或橋梁跨河橋墩工程，常需要在橋墩附近建造施工便道並堆積工程材料，若洪水把材料機具淹走並毀損施工便道，保險公司也常認爲保險範圍只有橋墩，故無須賠償其他損失。建築物的假設工程（施工架、臨時電梯等臨時性構造物）若是受損時，保險公司也常認爲那並非承保標的物而拒絕理賠。再加上過去蓋房子開挖地基時挖到大石頭的案例，廠商也只是自己想辦法弄碎與移走大石頭，保險公司並沒有進行理賠等動作，那麼在開挖隧道的時候標的物以外的東西更不可能得到保險公司之理賠。

爲避免投保人失去自我管制風險意識，保險公司也會要求投保人自己負擔一定的賠償額度，稱爲自負額。自負額之額度有固定數額也有依賠償金額百分比而定，自負額越低則保費越高。若自負額爲100萬，代表投保人損失在100萬以下時保險公司不理賠，且通常指的是一次損失的金額而非一年內合計損失的自負金額。

按慣例而言，隧道工程之保費約爲總工程款之3%（規模10億元以上建築案之保費約爲1%，橋梁工程約爲2%）。以前東部鐵路改善工程局建造規模7億之長春隧道，當時業主編列50萬元的保險費用給廠商購買保險。雖然這樣的保險費率是偏低的，但廠商仍然買到保單而順利開工。此工程後來在挖掘時遇到大量湧水欲向保險公司申請理賠時，卻發現此保單之自負額高達6.9億，而業主和廠商當初因爲皆未清楚審視保單內容，才會買到這樣荒唐沒有保障的一張保單。保險公司會開出如此高自負額的保單是因爲過去二十幾年前的臺北捷運先期網路（淡水線與板南線），保險公司每收100元的保費就賠出210元，根本入不敷出；再加上臺灣原本地理環境就屬天然災害影響甚大地形，保險公司在工程保險上賠錢賠怕了，故後來賣的工程保單都越發嚴苛。

有鑑於此，現在公共工程契約都會規定自負額上限以免再買到如此荒唐之保單。但自921地震之後，保險公司要求被保險人的自負額都訂定的相當高且有下限（通常達2,000萬至3,000萬之譜），而以交通部國工局近期兩大工程：五楊段和蘇花改爲例，其規定道路工程的自負額不可超過200萬，橋梁工程不超過300萬，隧道工程不超過500萬。又有曾文溪越域引水計畫自負額更高達5,000萬，保險費率高達3%。因業主定自負額上限，保險公司又定有自負額下限，導致很多的廠商根本無法買到工程保險，因爲不敷成本。商業保險界其實對於工程保險並不熱衷。除了風險偏高之外，一般保險是年繳保費，但工程保險往往是以專案爲單位投保，而非以時間爲單位來支付保費，工期卻往往遠長於預期，造成產生風險的機率增加。因此保險界很希望工程界改成年保單，藉以分散其風險，但公共工程契約範本並未加以改變對保險之特性。

本條第2項第9款之訂定乃因曾有不肖營造廠在開工後即自行終止保險合約以節省一部分的保險費。但本範本只規範到營造廠不能中途停保，卻無法規範保險公司的單方中止合約。例如，溪頭到杉林溪的原來的環山道路在921地震時被震垮，南投縣政府請求國軍支援炸出一條便道，卻在納莉颱風的時候沖毀了此便道，所以決定興建一條安定灣隧道工程，如此風險高的工程根本沒有保險公司願意繼續承保，因爲無法獲利而風險過高，後來便在沒有保險的情況下完工。蘇花改已開始陸續發標開工，總工程費600多億，70%是橋梁隧道，2公里以上隧道5座，最長達4公里多。地震危險度高，必然買不到合理的保單。雪山隧道工程因爲地質破碎，TBM鑽掘機屢次卡住導致要求理賠次數過多，最後被保險公司認爲此爲「設計疏失」，不堪理賠虧損而主動終止保險合約，最後在沒有保險的狀況下完成，至於風險分擔的部分則由機關自己擔任保險公司之角色，在廠商無須繳交保費下，提出500萬以下的災害損失由廠商自行負擔，而500萬以上則由機關來負責。此外臺北市復興北路地下道在開工時雖然也有買到保險，後來保險公司也以此工程風險過高爲由，主動提出終止保單。考量到現今保單越來越難購買，且保費越來越高，本書認爲與其花費巨額購買成效不大的保單，不如業主將購買保單的費用留下來當作災害預備金，但目前保險條款仍存在契約範本中。保險公司更在隧道工程的附加101條款說明不負賠償之責，即：1.任何灌漿及藥液灌注費用，包括爲營建承保工程所需者。但未超過毀損部分工程合約原設計數量，爲修復毀損所爲之襯砌灌漿不在此限；2.超過原設計最小開挖線之超挖及其回填費用；3.爲排除地面或地下水所需費用，包括水量超過預估數量所致者；4.抽排水設備發生故障，倘使用備用設備即可避免者，其所致之毀損或滅失；5.任何變更安全措施或支撐方法及材料所增加之費用；6.爲排除地面或地下水增加之封密、防水或阻絕措施所需費用；7.開挖面擠壓變形致淨空不足所需之修挖補救費用；8.修理、調整或校正施工機具設備、推進管、環片或其他類似財物所需費用均不負理賠責任。

除了讓各標如機電標、水電標、消防設備標、隧道標等標案各自自行買保險之方法，業主爲數個標案一起買保險的業主統籌保險的概念也常被利用。像是臺北捷運局在與廠商的契約中就不需要此保險條款，因爲捷運局會爲各標案向保險公司統一購買一張保單。台電公司也會爲輸備電站等5億以上的工程向保險公司統一購買保險，甚至與保險公司設兩年一次幾百萬上下的小保單「開口合約」，廠商即無須買保險，節省成本。又有臺大營繕組辦理建築物屋頂更換之工程，金額約100萬至200萬，因當時剛好正拆除防水層部分又遇下大雨，遇水從3樓灌到1樓外，甚至還弄壞了建築物裡頭的國科會精密儀器，損失將近1億元，最後廠商爲此將自己的房子賣了賠臺大2,000萬。如果臺大營繕組效仿捷運局或台電將臺大全校修繕工程辦理統保，那保障額度就可以賠到1億元，而不是由該廠商悲情慘賠臺大。這樣業主除無須擔心各個標案是否都有買保險，也能確保買回來的保單不是自負額過高的廢紙保單，未來也能在單一理賠上有較高額度（因爲業主統一保險金額＞各標單一保險金額）。

除業主統保外，國工局將稅、利潤、管理費用與保險費用合併爲一項爲12%，鼓勵有良好紀錄的廠商來投標，因爲與同業購買相同的保單時較低廉，故也可以拿到較好的利潤。新北市政府也訂了「保險不打折」措施，即廠商若以八三折得的標，單獨列項都打折，唯獨保險列項不打折，以便讓工程可以購買到適當的工程保單，藉以分散工程風險。

第15條　驗收

（一）廠商履約所供應或完成之標的，應符合契約規定，無減少或滅失價值或不適於通常或約定使用之瑕疵，且爲新品。

（二）驗收程序：

1.廠商應於履約標的預定竣工日前或竣工當日，將竣工日期書面通知監造單位／工程司及機關，除契約另有約定外，該通知須檢附工程竣工圖表。機關應於收到該通知之日起____日

（由機關於招標時載明；未載明者，依採購法施行細則第92條規定，為7日）內會同監造單位／工程司及廠商，依據契約、圖說或貨樣核對竣工之項目及數量，以確定是否竣工；廠商未依機關通知派代表參加者，仍得予確定。機關持有設計圖電子檔者，廠商依其提送竣工圖期程，需使用該電子檔者，應適時向機關申請提供該電子檔；機關如遲未提供，廠商得定相當期限催告，以應及時提出工程竣工圖之需。

2. 初驗及驗收：（由機關擇一勾選；未勾選者，無初驗程序）

□工程竣工後，有初驗程序者，機關應於收受監造單位／工程司送審之全部資料之日起＿＿日（由機關於招標時載明；未載明者，依採購法施行細則第92條規定，為30日）內辦理初驗，並作成初驗紀錄。初驗合格後，機關應於＿＿日（由機關於招標時載明；未載明者，依採購法施行細則第93條規定，為20日）內辦理驗收，並作成驗收紀錄。廠商未依機關通知派代表參加初驗或驗收者，除法令另有規定外（例如營造業法第41條），不影響初驗或驗收之進行及其結果。如因可歸責於機關之事由，延誤辦理初驗或驗收，該延誤期間不計逾期違約金；廠商因此增加之必要費用，由機關負擔。

□工程竣工後，無初驗程序者，機關應於接獲廠商通知備驗或可得驗收之程序完成後＿＿日（由機關於招標時載明；未載明者，依採購法施行細則第94條規定，為30日）內辦理驗收，並作成驗收紀錄。廠商未依機關通知派代表參加驗收者，除法令另有規定外（例如營造業法第41條），不影響驗收之進行及其結果。如因可歸責於機關之事由，延誤辦理驗收，該延誤期間不計逾期違約金；廠商因此增加之必要費用，由機關負擔。

（三）查驗或驗收有試車、試運轉或試用測試程序者，其內容（由機關於招標時載明，無者免填）：

廠商應就履約標的於＿＿＿＿＿＿（場所）、＿＿＿＿＿＿（期間）及＿＿＿＿＿＿（條件）下辦理試車、試運轉或試用測試程序，以作爲查驗或驗收之用。試車、試運轉或試用所需費用，由廠商負擔。但另有規定者，不在此限。

（四）查驗或驗收人對隱蔽部分拆驗或化驗者，其拆除、修復或化驗所生費用，拆驗或化驗結果與契約規定不符者，該費用由廠商負擔；與規定相符者，該費用由機關負擔。契約規定以外之查驗、測試或檢驗，亦同。

（五）查驗、測試或檢驗結果不符合契約規定者，機關得予拒絕，廠商應於限期內免費改善、拆除、重作、退貨或換貨，機關得重行查驗、測試或檢驗。且不得因機關辦理查驗、測試或檢驗，而免除其依契約所應履行或承擔之義務或責任，及費用之負擔。

（六）機關就廠商履約標的爲查驗、測試或檢驗之權利，不受該標的曾通過其他查驗、測試或檢驗之限制。

（七）廠商應對施工期間損壞或遷移之機關設施或公共設施予以修復或回復，並塡具竣工報告，經機關確認竣工後，始得辦理初驗或驗收。廠商應將現場堆置的施工機具、器材、廢棄物及非契約所應有之設施全部運離或清除，方可認定驗收合格。

（八）工程部分完工後，有部分先行使用之必要或已履約之部分有減損滅失之虞者，應先就該部分辦理驗收或分段查驗供驗收之用，並就辦理部分驗收者支付價金及起算保固期。可採部分驗收方式者，優先採部分驗收；因時程或個案特性，採部分驗收有困難者，可採分段查驗供驗收之用。分段查驗之事項與範圍，應確認查驗之標的符合契約規定，並由參與查驗人員作成書面紀錄。供機關先行使用部分之操作維護所需費用，除契約另有規定外，由機關負擔。

（九）工程驗收合格後，廠商應依照機關指定的接管單位：＿＿＿＿＿＿（由機關視個案特性於招標時載明；未載明者，爲機關）辦理點交。其因非可歸責於廠商的事由，接管單位有異議或藉故拒絕、拖延時，機關應負責處理，並在驗收合格後____日（由機關視個案特性於招標時載明；未載明者，為15日）內處理完畢，否則應由機關自行接管。如機關逾期不處理或不自行接管者，視同廠商已完成點交程序，對本工程的保管不再負責，機關不得以尚未點交作為拒絕結付尾款的理由。

（十）廠商履約結果經機關初驗或驗收有瑕疵者，機關得要求廠商於____日內（機關未填列者，由主驗人定之）改善、拆除、重作、退貨或換貨（以下簡稱改正）。

（十一）廠商不於前款期限內改正、拒絕改正或其瑕疵不能改正，或改正次數逾____次（由機關於招標時載明；無者免填）仍未能改正者，機關得採行下列措施之一：

1.自行或使第三人改正，並得向廠商請求償還改正必要之費用。

2.終止或解除契約或減少契約價金。

（十二）因可歸責於廠商之事由，致履約有瑕疵者，機關除依前2款規定辦理外，並得請求損害賠償。

（十三）採購標的為公有新建建築工程：

1.如須由廠商取得目的事業主管機關之使用執照或其他類似文件者，其因可歸責於機關之事由[8]以致有遲延時，機關不得以此遲延為由拒絕辦理驗收付款。

2.如須由廠商取得綠建築標章／智慧建築標章者，於驗收合格並取得合格級（如有要求高於合格級者，另於契約載明）綠建築標章／智慧建築標章後，機關始得發給結算驗收證明書。但驗收合格而未能取得綠建築標章／智慧建築標章，其經機關確認非可歸責於廠商者，仍得發給結算驗收證明書。

（十四）廠商履行本契約涉及工程會訂定之「公共工程施工廠商履約情形計分要點」所載加減分事項者，應即主動通知機關，機關應將相關事實登錄於工程會「公共工程標案管理系統」，並於驗

---

[8] 例如臺北市大巨蛋的竣工驗收。

收完成後據以辦理計分作業。廠商未主動通知機關者，機關仍得本於事實予以登錄。

驗收完成後，廠商應於收到機關書面通知之計分結果後，確實檢視各項計分內容及結果，是否與實際履約情形相符。

解說

驗收也是工程爭議常見項目，第一種常見爭議是廠商已申報竣工但機關不認同峻工根本不進行驗收，例如：尚未取得使用執照，第二種是在複驗後提出初驗時所沒提出的瑕疵。第二種情況對於廠商而言是很不公平的，因此現在政府也開始要求初驗的時候就應詳細檢查，告知一切全部工程瑕疵。若工程瑕疵複驗仍然改正不好時，採購機關可自行聘請第三人改正，或減少契約價金（減價收受）。

並可參見前講政府採購法第72條及第91條規定之說明。

第16條　保固

（一）保固期之認定：

1. 起算日：

(1) 全部完工辦理驗收者，自驗收結果符合契約規定之日起算。

(2) 有部分先行使用之必要或已履約之部分有減損滅失之虞，辦理部分驗收者，自部分驗收結果符合契約規定之日起算。

(3) 因可歸責於機關之事由，逾第15條第2款規定之期限遲未能完成驗收者，自契約標的足資認定符合契約規定之日起算。

2. 期間：

(1) 非結構物由廠商保固____年（由機關於招標時載明；未載明者，為1年）；

(2) 結構物，包括護岸、護坡、駁坎、排水溝、涵管、箱涵、擋土牆、防砂壩、建築物、道路、橋樑等，由廠商保固____年（由機關於招標時視個案特性載明；未載明者，為5年）。

(3) 臨時設施之保固期爲其使用期間。

（二）本條所稱瑕疵，包括損裂、坍塌、損壞、功能或效益不符合契約規定等。但屬第17條第5款所載不可抗力或不可歸責於廠商之事由所致者，不在此限。

（三）保固期內發現之瑕疵，應由廠商於機關指定之合理期限內負責免費無條件改正。逾期不爲改正者，機關得逕爲處理，所需費用由廠商負擔，或動用保固保證金逕爲處理，不足時向廠商追償。但屬故意破壞、不當使用、正常零附件損耗或其他非可歸責於廠商之事由所致瑕疵者，由機關負擔改正費用。

（四）爲釐清發生瑕疵之原因或其責任歸屬，機關得委託公正之第三人進行檢驗或調查工作，其結果如證明瑕疵係因可歸責於廠商之事由所致，廠商應負擔檢驗或調查工作所需之費用。

（五）瑕疵改正後30日內，如機關認爲可能影響本工程任何部分之功能與效益者，得要求廠商依契約原訂測試程序進行測試。該瑕疵係因可歸責於廠商之事由所致者，廠商應負擔進行測試所需之費用。

（六）保固期內，採購標的因可歸責於廠商之事由造成之瑕疵致全部工程無法使用時，該無法使用之期間不計入保固期；致部分工程無法使用者，該部分工程無法使用之期間不計入保固期，並由機關通知廠商。

（七）機關得於保固期間及期滿前，通知廠商派員會同勘查保固事項。

（八）保固期滿且無待決事項後30日內，機關應簽發一份保固期滿通知書予廠商，載明廠商完成保固責任之日期。除該通知書所稱之保固合格事實外，任何文件均不得證明廠商已完成本工程之保固工作。

（九）廠商應於接獲保固期滿通知書後30日內，將留置於本工程現場之設備、材料、殘物、垃圾或臨時設施，清運完畢。逾期未清運者，機關得逕爲變賣並遷出現場。扣除機關一切處理費用後有剩餘者，機關應將該差額給付廠商；如有不足者，得通知廠商繳納或自保固保證金扣抵。

解說

本條爲保固條款，但若爲設計不良之案件，廠商不需負擔保固責任。例如，曾經有案例是高雄市岡山區公所之三十年老舊橋梁之伸縮縫進行維修更新工程。該工程係使用「半半施工」（即一半的道路封閉施工，另外一半仍開放給車輛行駛），施工的半邊橋梁本來應等混凝土達一定強度之後才開放車輛行駛，但採購機關不堪民間對於交通壅塞的指責壓力，是故在完成伸縮縫維修還不到七天的時間就開放給車輛行駛。事後不出三個月，伸縮縫就開始毀損。廠商認爲毀損的主要原因是機關縱放車輛通行，先行使用未驗收，因此主張並無保固義務。機關遂認爲廠商不願意負保固之責的舉證，已構成政府採購法101條第1項第9款，欲將廠商刊登爲黑名單廠商，廠商則以上開理由提起申訴。本案最後以廠商贏得申訴案告終，認定既屬設計不良，即不在保固範圍之列，廠商非可歸責，機關亦不得因此適用政府採購法第101條之規定刊登公報。

第19條　連帶保證

（一）廠商如有履約進度落後達____%（由機關於招標時載明；未載明者爲5%）等情形，經機關評估並通知由連帶保證廠商履行連帶保證責任。

（二）機關通知連帶保證廠商履約時，得考量公共利益及連帶保證廠商申請之動員進場施工時間，重新核定工期；惟增加之工期至多爲____日（由機關視個案特性於招標時載明；未載明者，不得增加工期）。連帶保證廠商如有異議，應循契約所定之履約爭議處理機制解決。

（三）連帶保證廠商接辦後，應就下列事項釐清或確認，並以書面提報機關同意／備查：

1. 各項工作銜接之安排。
2. 原分包廠商後續事宜之處理。
3. 工程預付款扣回方式。
4. 未請領之工程款（得包括已施作部分），得標廠商是否同意由其請領；同意者，其證明文件。
5. 工程款請領發票之開立及撥付方式。
6. 其他應澄清或確認之事項。

解說

連帶保證在早期的工程契約中十分常見，但目前已經慢慢在減少中。連帶保證意指機關發包給廠商甲時，可要求其事先尋找一與其同等級的營造廠乙，若廠商甲因故不能完成工程時，機關可要求由此連帶保證廠商乙依照民法第739條繼續完成工程。當工程廠商嚴重進度落後甚至失蹤不見蹤影，此時機關除了找連帶廠商之外，第二種方式解決方式就是強制接管工地待清算結算完後重新發包，但此種做法不但可能有民事上的糾紛，重新發包也不保證可以順利完成發包。

高雄市政府曾有某工程因原廠商無能力施作，機關欲通知連帶廠商接手此工程，但連帶廠商不願意接手施作。高雄市政府因此告連帶廠商違約，一審法院判決連帶廠商敗訴，但二審時連帶廠商居然勝訴，原因是連帶廠商之營業項目並沒有「保證」這個項目（因為這個案例，後來工程會發函給各機關要求合約裡若要接受連帶廠商時必須確認其營業項目）。其他連帶保證過去常見爭議有：

1. 機關評估原廠商無能力繼續完成工程，但原廠商認為資力或能力並無不足，因此不願將施作權利讓與連帶廠商承接，採購相關得否加以排除？
2. 由連帶保證廠商接手後，預付款、原廠商完成但尚未計價的項目或原廠商被沒收之履約保證金應該如何處置？是否由連帶廠商完全概括承受所有權利及義務？
3. 連帶保證廠商接手後，是否可以重新核定原工期？是一個新契約或是舊契約內容持續，只是契約主體變更而已？似有待以後契約範本加以釐清規定。

第20條　契約變更及轉讓

（一）機關於必要時得於契約所約定之範圍內通知廠商變更契約（含新增項目），廠商於接獲通知後，除雙方另有協議外，應於30日內向機關提出契約標的、價金、履約期限、付款期程或其他契約內容須變更之相關文件。契約價金之變更，其底價依採購法第46條第1項之規定。

契約原有項目，因機關要求契約變更，如變更之部分，其價格或施工條件改變，得就該等變更之部分另行議價。新增工作中如包括原有契約項目，經廠商舉證依原單價施作顯失公平者，亦同。

（二）廠商於機關接受其所提出須變更之相關文件前，不得自行變更契約。除機關另有請求者外，廠商不得因前款之通知而遲延其履約期限。

（三）機關於接受廠商所提出須變更之事項前即請求廠商先行施作或供應，應先與廠商書面合意估驗付款及契約變更之期限；涉及議價者，並於____個月（由機關於招標時載明；未載明者，爲3個月）內辦理議價程序（應先確認符合限制性招標議價之規定）；其後未依合意之期限辦理或僅部分辦理者，廠商因此增加之必要費用及合理利潤，由機關負擔。

（四）如因可歸責於機關之事由辦理契約變更，需廢棄或不使用部分已完成之工程或已到場之合格材料者，除雙方另有協議外，機關得辦理部分驗收或結算後，支付該部分價金。但已進場材料以實際施工進度需要並經檢驗合格者爲限，因廠商保管不當致影響品質之部分，不予計給。

（五）契約約定之採購標的，其有下列情形之一者，廠商得敘明理由，檢附規格、功能、效益及價格比較表，徵得機關書面同意後，以其他規格、功能及效益相同或較優者代之。但不得據以增加契約價金。其因而減省廠商履約費用者，應自契約價金中扣除：

1. 契約原標示之廠牌或型號不再製造或供應。

2. 契約原標示之分包廠商不再營業或拒絕供應。
3. 較契約原標示者更優或對機關更有利。
4. 契約所定技術規格違反採購法第26條規定。

屬前段第3目情形，而有增加經費之必要，其經機關綜合評估其總體效益更有利於機關者，得不受前段序文但書限制。

（六）廠商提出前款第1目、第2目或第4目契約變更之文件，其審查及核定期程，除雙方另有協議外，爲該書面請求送達之次日起30日內。但必須補正資料者，以補正資料送達之次日起30日內爲之。因可歸責於機關之事由逾期未核定者，得依第7條第3款申請延長履約期限。

（七）廠商依前款請求契約變更，應自行衡酌預定施工時程，考量檢（查、試）驗所需時間及機關受理申請審查及核定期程後再行適時提出，並於接獲機關書面同意後，始得依同意變更情形施作。除因機關逾期未核定外，不得以資料送審爲由，提出延長履約期限之申請。

（八）廠商得提出替代方案之相關規定（含獎勵措施）：＿＿＿＿＿＿。（由機關於招標時載明）

（九）契約之變更，非經機關及廠商雙方合意，作成書面紀錄，並簽名或蓋章者，無效。

（十）廠商不得將契約之部分或全部轉讓予他人。但因公司分割或其他類似情形致有轉讓必要，經機關書面同意轉讓者，不在此限。

廠商依公司法、企業併購法分割，受讓契約之公司（以受讓營業者爲限），其資格條件應符合原招標文件規定，且應提出下列文件之一：

1. 原訂約廠商分割後存續者，其同意負連帶履行本契約責任之文件；
2. 原訂約廠商分割後消滅者，受讓契約公司以外之其他受讓原訂約廠商營業之既存及新設公司同意負連帶履行本契約責任之文件。

解說

工程契約因爲執行期限漫長，所以契約變更在所難免，尤其2億以上的巨額工程幾乎都有契約變更需要，差別只在規模大小而已。在此契約範本中與契約變更有關的條文不多，僅是供沒有訂定契約變更標準作業流程的機關使用。以交通部爲例，其簽訂之契約會要求契約變更參照交通部的標準作業流程，而其作業流程規定十分詳盡完整，中央主管機關似得參酌其規定，增補於本契約範本中。

第21條　契約終止解除及暫停執行

（一）廠商履約有下列情形之一者，機關得以書面通知廠商終止契約或解除契約之部分或全部，且不補償廠商因此所生之損失：

1. 有採購法第50條第2項前段規定之情形者。
2. 有採購法第59條規定得終止或解除契約之情形者。
3. 違反不得轉包之規定者。
4. 廠商或其人員犯採購法第87條至第92條規定之罪，經判決有罪確定者。
5. 因可歸責於廠商之事由，致延誤履約期限，有下列情形者（由機關於招標時勾選；未勾選者，爲第1選項）：

□履約進度落後____%（由機關於招標時載明；未載明者爲20%）以上，且日數達10日以上。百分比之計算方式如下：

(1) 屬尚未完成履約而進度落後已達百分比者，機關應先通知廠商限期改善。屆期未改善者，如機關訂有履約進度計算方式，其通知限期改善當日及期限末日之履約進度落後百分比，分別以各該日實際進度與機關核定之預定進度百分比之差值計算；如機關未訂有履約進度計算方式，依逾期日數計算之。

(2) 屬已完成履約而逾履約期限，或逾最後履約期限尚未完成履約者，依逾期日數計算之。

□其他：__________

6. 僞造或變造契約或履約相關文件，經查明屬實者。
7. 擅自減省工料情節重大者。
8. 無正當理由而不履行契約者。
9. 查驗或驗收不合格，且未於通知期限內依規定辦理者。
10. 有破產或其他重大情事，致無法繼續履約者。
11. 廠商未依契約規定履約，自接獲機關書面通知次日起10日內或書面通知所載較長期限內，仍未改正者。
12. 違反環境保護或職業安全衛生等有關法令，情節重大者。
13. 違反法令或其他契約規定之情形，情節重大者。

（二）機關未依前款規定通知廠商終止或解除契約者，廠商仍應依契約規定繼續履約。

（三）廠商因第1款情形接獲機關終止或解除契約通知後，應即將該部分工程停工，負責遣散工人，將有關之機具設備及到場合格器材等就地點交機關使用；對於已施作完成之工作項目及數量，應會同監造單位／工程司辦理結算，並拍照存證，廠商不會同辦理時，機關得逕行辦理結算；必要時，得洽請公正、專業之鑑定機構協助辦理。廠商並應負責維護工程至機關接管爲止，如有損壞或短缺概由廠商負責。機具設備器材至機關不再需用時，機關得通知廠商限期拆走，如廠商逾限未照辦，機關得將之予以變賣並遷出工地，將變賣所得扣除一切必須費用及賠償金額後退還廠商，而不負責任何損害或損失。

（四）契約經依第1款規定或因可歸責於廠商之事由致終止或解除者，機關得自通知廠商終止或解除契約日起，扣發廠商應得之工程款，包括尚未領取之工程估驗款、全部保留款等，並不發還廠商之履約保證金。至本契約經機關自行或洽請其他廠商完成後，如扣除機關爲完成本契約所支付之一切費用及所受損害後有剩餘者，機關應將該差額給付廠商；無洽其他廠商完成之必要者，亦同。如有不足者，廠商及其連帶保證人應將該項差額賠償機關。

（五）契約因政策變更，廠商依契約繼續履行反而不符公共利益者，機關得報經上級機關核准，終止或解除部分或全部契約，並與廠商協議補償廠商因此所生之損失。但不包含所失利益。

（六）依前款規定終止契約者，廠商於接獲機關通知前已完成且可使用之履約標的，依契約價金給付；僅部分完成尚未能使用之履約標的，機關得擇下列方式之一洽廠商爲之：

1. 繼續予以完成，依契約價金給付。
2. 停止製造、供應或施作。但給付廠商已發生之製造、供應或施作費用及合理之利潤。

（七）非因政策變更且非可歸責於廠商事由（例如但不限於不可抗力之事由所致）而有終止或解除契約必要者，準用前2款。

（八）廠商未依契約規定履約者，機關得隨時通知廠商部分或全部暫停執行，至情況改正後方准恢復履約。廠商不得就暫停執行請求延長履約期限或增加契約價金。

（九）廠商不得對本契約採購案任何人要求、期約、收受或給予賄賂、佣金、比例金、仲介費、後謝金、回扣、餽贈、招待或其他不正利益。分包廠商亦同。違反約定者，機關得終止或解除契約，並將2倍之不正利益自契約價款中扣除。未能扣除者，通知廠商限期給付之。

（十）因可歸責於機關之情形，機關通知廠商部分或全部暫停執行（停工）：

1. 致廠商未能依時履約者，廠商得依第7條第3款規定，申請延長履約期限；因此而增加之必要費用（例如但不限於管理費），由機關負擔。
2. 暫停執行期間累計逾＿＿個月（由機關於招標時合理訂定，如未填寫，則爲2個月）者，機關應先支付已依機關指示由機關取得所有權之設備。
3. 暫停執行期間累計逾＿＿個月（由機關於招標時合理訂定，如未填寫，履約期間逾1年者爲6個月；未達1年者爲4個月）者，廠商得通知機關終止或解除部分或全部契約，並得向機關請求賠償因契約終止或解除而生之損害。因可歸責於機關之情形無法開工者，亦同。

（十一）因非可歸責於廠商之事由，機關有延遲付款之情形：

1.廠商得向機關請求加計年息____%（由機關於招標時合理訂定，如未填寫，則依機關簽約日中華郵政股份有限公司牌告一年期郵政定期儲金機動利率）之遲延利息。

2.廠商得於通知機關____個月後（由機關於招標時合理訂定，如未填寫，則爲1個月）暫停或減緩施工進度、依第7條第3款規定，申請延長履約期限；廠商因此增加之必要費用，由機關負擔。

3.延遲付款達____個月（由機關於招標時合理訂定，如未填寫，則爲3個月）者，廠商得通知機關終止或解除部分或全部契約，並得向機關請求賠償因契約終止或解除而生之損害。

（十二）履行契約需機關之行爲始能完成，而機關不爲其行爲時，廠商得定相當期限催告機關爲之。機關不於前述期限內爲其行爲者，廠商得通知機關終止或解除契約，並得向機關請求賠償因契約終止或解除而生之損害。

（十三）因契約規定不可抗力之事由，致全部工程暫停執行，暫停執行期間持續逾____個月（由機關於招標時合理訂定，如未填寫，則爲3個月）或累計逾____個月（由機關於招標時合理訂定，如未填寫，則爲6個月）者，契約之一方得通知他方終止或解除契約。

（十四）依第5款、第7款、第13款終止或解除部分或全部契約者，廠商應即將該部分工程停工，負責遣散工人，撤離機具設備，並將已獲得支付費用之所有物品移交機關使用；對於已施作完成之工作項目及數量，應會同監造單位／工程司辦理結算，並拍照存證。廠商應依監造單位／工程司之指示，負責實施維護人員、財產或工程安全之工作，至機關接管爲止，其所須增加之必要費用，由機關負擔。機關應儘快依結算結果付款；如無第14條第3款情形，應發還保證金。

（十五）本契約終止時，自終止之日起，雙方之權利義務即消滅。契約解除時，溯及契約生效日消滅。雙方並互負保密義務。

解說

因爲已施作的工程項目或工地是難以完全移除或回復原狀的，故工程案件一般不會解除契約，而是終止契約而向未來失效，實務上較常使用暫停執行來處理本條所列舉的各種狀況。過去雪山隧道之某段道路工程因爲承包廠商進度嚴重落後，主辦採購機關決定解除和廠商之工程採購契約。但此廠商仍將其未完成品、材料和機具都堆在工地，當國工局欲到現場接管工地時甚至還告其侵占材料及機具。因此此範本內特別規定被終止契約之廠商應將工程之有關機具設備及器材交予採購機關使用，並可對已施作之工程項目由主辦採購機關逕行辦理結算。

第22條　爭議處理

（一）機關與廠商因履約而生爭議者，應依法令及契約規定，考量公共利益及公平合理，本誠信和諧，盡力協調解決之。其未能達成協議者，得以下列方式處理之：

1. 提起民事訴訟，並以□機關；□本工程（由機關於招標時勾選；未勾選者，爲機關）所在地之地方法院爲第一審管轄法院。
2. 依採購法第85條之1規定向採購申訴審議委員會申請調解。工程採購經採購申訴審議委員會提出調解建議或調解方案，因機關不同意致調解不成立者，廠商提付仲裁，機關不得拒絕。
3. 經契約雙方同意並訂立仲裁協議後，依本契約約定及仲裁法規定提付仲裁。
4. 依採購法第102條規定提出異議、申訴。

5. 依其他法律申（聲）請調解。

6. 契約雙方合意成立爭議處理小組協調爭議。

7. 依契約或雙方合意之其他方式處理。

（二）依前款第2目後段或第3目提付仲裁者，約定如下：

1. 由機關於招標文件及契約預先載明仲裁機構。其未載明者，由契約雙方協議擇定仲裁機構。如未能獲致協議，屬前款第2目後段情形者，由廠商指定仲裁機構；屬前款第3目情形者，由機關指定仲裁機構。上開仲裁機構，除契約雙方另有協議外，應爲合法設立之國內仲裁機構。

2. 仲裁人之選定：

(1) 當事人雙方應於一方收受他方提付仲裁之通知之次日起14日內，各自從指定之仲裁機構之仲裁人名冊或其他具有仲裁人資格者，分別提出10位以上（含本數）之名單，交予對方。

(2) 當事人之一方應於收受他方提出名單之次日起14日內，自該名單內選出1位仲裁人，作爲他方選定之仲裁人。

(3) 當事人之一方未依(1)提出名單者，他方得從指定之仲裁機構之仲裁人名冊或其他具有仲裁人資格者，逕行代爲選定1位仲裁人。

(4) 當事人之一方未依(2)自名單內選出仲裁人，作爲他方選定之仲裁人者，他方得聲請□法院；□指定之仲裁機構（由機關於招標時勾選；未勾選者，爲指定之仲裁機構）代爲自該名單內選定1位仲裁人。

3. 主任仲裁人之選定：

(1) 二位仲裁人經選定之次日起30日內，由□雙方共推；□雙方選定之仲裁人共推（由機關於招標時勾選）第三仲裁人爲主任仲裁人。

(2) 未能依(1)共推主任仲裁人者，當事人得聲請□法院；□指定之仲裁機構（由機關於招標時勾選；未勾選者，爲指定之仲裁機構）爲之選定。

4. 以□機關所在地；□本工程所在地；□其他：＿＿＿＿＿＿爲仲裁地（由機關於招標時載明；未載明者，爲機關所在地）。
5. 除契約雙方另有協議外，仲裁程序應公開之，仲裁判斷書雙方均得公開，並同意仲裁機構公開於其網站。
6. 仲裁程序應使用□國語及中文正體字；□其他語文：＿＿＿＿＿＿。（由機關於招標時載明；未載明者，爲國語及中文正體字）
7. 機關□同意；□不同意（由機關於招標時勾選；未勾選者，爲不同意）仲裁庭適用衡平原則爲判斷。
8. 仲裁判斷書應記載事實及理由。

（三）依第1款第6目成立爭議處理小組者，約定如下：

1. 爭議處理小組於爭議發生時成立，得爲常設性，或於爭議作成決議後解散。
2. 爭議處理小組委員之選定：
   (1) 當事人雙方應於協議成立爭議處理小組之次日起10日內，各自提出5位以上（含本數）之名單，交予對方。
   (2) 當事人之一方應於收受他方提出名單之次日起10日內，自該名單內選出1位作爲委員。
   (3) 當事人之一方未依(1)提出名單者，爲無法合意成立爭議處理小組。
   (4) 當事人之一方未能依(2)自名單內選出委員，且他方不願變更名單者，爲無法合意成立爭議處理小組。
3. 爭議處理小組召集委員之選定：
   (1) 二位委員經選定之次日起10日內，由雙方或雙方選定之委員自前目(1)名單中共推1人作爲召集委員。
   (2) 未能依(1)共推召集委員者，爲無法合意成立爭議處理小組。

4. 當事人之一方得就爭議事項，以書面通知爭議處理小組召集委員，請求小組協調及作成決議，並將繕本送達他方。該書面通知應包括爭議標的、爭議事實及參考資料、建議解決方案。他方應於收受通知之次日起14日內提出書面回應及建議解決方案，並將繕本送達他方。
5. 爭議處理小組會議：
   (1) 召集委員應於收受協調請求之次日起30日內召開會議，並擔任主席。委員應親自出席會議，獨立、公正處理爭議，並保守秘密。
   (2) 會議應通知當事人到場陳述意見，並得視需要邀請專家、學者或其他必要人員列席，會議之過程應作成書面紀錄。
   (3) 小組應於收受協調請求之次日起90日內作成合理之決議，並以書面通知雙方。
6. 爭議處理小組委員應迴避之事由，參照採購申訴審議委員會組織準則第13條規定。委員因迴避或其他事由出缺者，依第2目、第3目辦理。
7. 爭議處理小組就爭議所爲之決議，除任一方於收受決議後14日內以書面向召集委員及他方表示異議外，視爲協調成立，有契約之拘束力。惟涉及改變契約內容者，雙方應先辦理契約變更。如有爭議，得再循爭議處理程序辦理。
8. 爭議事項經一方請求協調，爭議處理小組未能依第5目或當事人協議之期限召開會議或作成決議，或任一方於收受決議後14日內以書面表示異議者，協調不成立，雙方得依第1款所定其他方式辦理。
9. 爭議處理小組運作所需經費，由契約雙方平均負擔。
10. 本款所定期限及其他必要事項，得由雙方另行協議。

（四）依採購法規定受理調解或申訴之機關名稱：＿＿＿＿＿＿＿＿；
地址：＿＿＿＿＿＿＿＿；電話：＿＿＿＿＿＿＿＿。

（五）履約爭議發生後，履約事項之處理原則如下：

1. 與爭議無關或不受影響之部分應繼續履約[9]。但經機關同意無須履約者不在此限。
2. 廠商因爭議而暫停履約，其經爭議處理結果被認定無理由者，不得就暫停履約之部分要求延長履約期限或免除契約責任。

（六）本契約以中華民國法律爲準據法。

（七）廠商與本國分包廠商間之爭議，除經本國分包廠商同意外，應約定以中華民國法律爲準據法，並以設立於中華民國境內之民事法院、仲裁機構或爭議處理機構解決爭議。廠商並應要求分包廠商與再分包之本國廠商之契約訂立前開約定。

解說

本條係爲因應政府採購法本身之爭議處理機制所爲之規定，特別是在政府採購法第85條之1第2項後段中有所謂的「強制仲裁」條款，採購契約範本除先規範若進入法院，其管轄法院爲何，以及若進入仲裁程序，應如何選任仲裁人，且是否同意仲裁人應該以「衡平仲裁」而非「法律」來爲判斷。

第23條　其他

（一）廠商對於履約所僱用之人員，不得有歧視性別、原住民、身心障礙或弱勢團體人士之情事。

（二）廠商履約時不得僱用機關之人員或受機關委託辦理契約事項之機構之人員。

（三）廠商授權之代表應通曉中文或機關同意之其他語文。未通曉者，廠商應備翻譯人員。

（四）機關與廠商間之履約事項，其涉及國際運輸或信用狀等事項，契約未予載明者，依國際貿易慣例。

---

9 即透過拒付估驗款之方式來要求廠商繼續履約。

（五）機關及廠商於履約期間應分別指定授權代表，為履約期間雙方協調與契約有關事項之代表人。

（六）機關、廠商、監造單位及專案管理單位之權責分工，除契約另有約定外，依招標當時工程會所訂「公有建築物施工階段契約約定權責分工表」或「公共工程施工階段契約約定權責分工表」辦理（由機關依案件性質檢附，並訂明各項目之完成期限、懲罰標準）。

（七）廠商如發現契約所定技術規格違反採購法第26條規定，或有犯採購法第88條之罪嫌者，可向招標機關書面反映或向檢調機關檢舉。

（八）依據「政治獻金法」第7條規定，與政府機關（構）有巨額採購契約，且在履約期間之廠商，不得捐贈政治獻金。

（九）本契約未載明之事項，依採購法及民法等相關法令。

解說

本條則是規定補遺事項，如禁止歧視性別、原住民、身心障礙或其他弱勢團體，以及避免利益衝突之規定，另外若有國際廠商參與時，應該如何進行，如聘請翻譯或是遵循國際標準。

陸、相關考題

1. 為因應「一例一休」對於興建中公共工程的影響，行政院公共工程委員會已於106年3月7日訂定「機關履約中工程因應105年12月勞動基準法部分條文修正法案之處理原則」，供各機關依循，以協助營建業界因「一例一休」所引起的工期及成本增加等困難。請說明其主要內容。（106高考三等建築工程營建法規）

2. 試述契約管理中承攬人（或承包商）之權利義務為何？如果承攬人已

負遲延責任時，定作人（或業主）得採那些措施以保護其權益？（103原住民三等特考土木工程營建管理與工程材料）

3. 國內常見之工程爭議的四種處理或解決機制為何？各有何優缺點？（103土木技師高考營建管理）

4. 為減少因不同機關製作各具特色的契約，造成廠商無所適從及履約爭議，行政院公共工程委員會近年頒訂標準採購契約範本，也普遍獲得各界支持，依據最新（101年11月12日版）「工程採購契約範本」，請回答以下問題：（102高考三等土木、水利工程營建管理與工程材料）
   (1) 當機關未特別載明時，對於逾期罰款之計算規定如何（逾期每日罰多少、有無上限規定及如何規定）？
   (2) 在工程爭議處理相關規定中，依據政府採購法第85條之1有所謂「強制仲裁」的規定，請問構成強制仲裁的要件、推行「強制仲裁」之意義及效果為何？
   (3) 過去，多數仲裁案的作法乃仲裁之雙方各推一仲裁人，再由這兩位仲裁人共推主任仲裁人，組成仲裁庭進行仲裁，但其公信力及仲裁結果頗受機關質疑，致機關同意以仲裁解決爭端之意願不高，或即使經仲裁庭做出仲裁判斷，亦常見機關續採「撤銷仲裁」之訴訟程序續行抗拒，因此也削弱了仲裁本應具備的效率性；鑑此，新頒工程採購契約範本（101年11月12日版）在仲裁人及主任仲裁人選任方面有所變革，請問其主要變革內涵及目的為何？

5. 何謂異質採購最低標？（102原住民特考三等土木工程營建管理與土木材料）

6. 工程施工期間常因契約牴觸或環境因素等，造成雙方發生爭議，在爭議處理上可以有那些方式？請就各種爭議處理方式在時間、成本上之花費及所得結果之拘束力，分別說明其優劣點。（102身障三等特考土木工程營建管理與工程材料）

7. 營建工程實務中，機關與廠商間之採購履約爭議屢見不鮮，其解決兩造爭議一般有調解、仲裁與訴訟等途徑。依政府採購法，機關與廠商因履約爭議未能達成協議者，得以第85條之1的規定方式處理。請論述回答以下問題：（101高考三等公職建築師營建法規與實務）
   (1) 何謂「機關」、「廠商」及「採購」？
   (2) 政府採購法第85條之1的規定，有稱「先調解後仲裁」條款，其爭議之處理方式為何？

8. 試說明何謂工程保險與保證，並從本質說明其差異性？並各列三項工程合約常見之保險與保證方式。（101高考三等土木、水利營建管理與工程材料）

9. 契約係機關與廠商在採購過程中釐清權利義務的重要文件，因此契約要項之確立對於任何採購皆扮演重要角色。依據行政院公共工程委員會在政府採購法下訂定子法「採購契約要項」之內容，請回答以下問題：（101土木技師高考營建管理）
   (1) 「契約文件」係指那些文件？
   (2) 廠商履約有那些情形，得檢具事證，以書面通知機關，機關得審酌其情形後，延長履約期限，不計逾期違約金？

10. 請解釋下列名詞：（100高考三等建築工程營建法規）
   (1) 調解
   (2) 採購契約要項

11. 何謂仲裁？建築師與政府機關間所訂立的委託規劃設計服務契約發生爭議時，採用仲裁方式解決紛爭，有什麼優點？（100高考三等建築工程營建法規）

12. 請問當政府機關與建築師所訂立之委託規劃設計服務契約發生履約糾紛時，可循那些途徑解決爭議？（100普考建築工程營建法規概要）

13. 請就「政府採購法」有關規定，簡要答覆下列問題：（100司法特考檢察事務官營繕工程組營建法規）

(1) 外國建築師或技師是否可逕至我國提供服務？
(2) 廠商如被機關刊登於政府採購公報列為拒絕往來，則該廠商被拒絕往來前已與機關簽訂之契約是否有效？
(3) 統包工程是否得與監造工作併案發包？
(4) 工程採購案件經調解不成立，廠商提付仲裁，機關是否不得拒絕？另如雙方合意，得否未經調解逕付仲裁？
(5) 建築師依法律規定須交由結構、電機或冷凍空調等技師或消防設備師辦理之工程所需之費用，機關應如何處理？

柒、延伸閱讀

1. 顏玉明，〈公共工程契約物價調整機制之過去與未來—從工程採購契約範本2008年4月15日之修訂談起〉，月旦民商法雜誌第20期，2008年6月，頁88至103。
2. 顏玉明，〈從工程契約文件談契約價金之給付與調整〉，營造天下第112期，2005年4月，頁7至14。
3. 羅明通，〈公平合理原則與不可歸責於兩造之工期延宕之補償—兼論棄權條款之效力〉，月旦法學雜誌第91期，2002年12月，頁251至258。

第六講

營造業法與工程技術顧問公司管理條例

案例

綜合營造業與專業營造業之業務區別與處罰

甲綜合營造業依其登記許可營業項目不得執行「特許專業營造業」之項目，卻經由專業營造業丙轉承攬第三人乙之隧道主體及共同管道新建工程中之安全支撐吊裝工項，而施作鋼結構吊裝、組立工程、施工塔吊裝及模版工程等專業營造業之業務，且因無專業營造業專任工程人員，從事支撐吊裝起重工程，而於95年12月21日施工不慎，發生隧道邊坡崩塌，致工人死亡之工安事故，其後復工，仍續行施作，經某市政府丁依營造業法第8條及第25條第1項之規定，審認原告甲所營事業僅有「起重工程業」，未經許可卻經營專業營造業之業務，違反同法第4條之規定，而依同法第52條規定，勒令甲原告停業，並處甲原告罰鍰新臺幣100萬元。甲原告不服，提起訴願，經決定駁回，再提起本件行政訴訟。試問：本件市政府丁之行政處分是否合法？（摘自臺北高等行政法院100年度訴字第509號判決）

壹、營造業法與工程技術顧問公司管理條例概述

一、前言

「營造業法」與「工程技術顧問公司管理條例」（下稱顧管條例）都是國內對營建主體（即營建行為人）之重要法律管制規範。在工程的三級品管中甚具關鍵性把關意義，但國內有關營造業法及顧管條例之法學論著不多，司法裁判亦極為罕見，僅有大法官釋字第394號解釋及第538號對「營造業管理規則」違憲之二號爭議[1]。

---

[1] 司法院大法官釋字第394號及第538號解釋，宣告「營造業管理規則」違反法律保留原則，

二、工程三級品管

（一）營造業：第一級品管

主要能控制營建品質者，首要者爲營造業，原本僅用**建築法授權主管機關內政部以「營造業管理規則」規範之**，但之後被司法院大法官解釋[2]**二次**宣告違憲，繼而乃制定「營造業法」（92年2月7日公布），並廢除營造業管理規則（已於94年10月27日廢止）。

臺灣之營造業公司生命罕有百年老店，常常都是短期生命週期，對第一級品管（Quality Control, QC）成效非常不利，因爲「一案公司」、「一案營造業」雖然還是有僱用之工地主任及其他專業工程人員，作爲履約的執行者，但公司本身往往做完一個工程就結束營業，無法累積其工程管理經驗，確保工程品質。

（二）建築師：第二級品管

建築師則居於第二層來控制營造品質，其主要任務在於監督營造者**「有無按圖施作」**，其具體品管法規主要爲**建築師法**及建築法之規定。至於顧管公司依照顧管條例，亦有施工監造之服務事項，也有取代建築師之

應停止適用。

[2] 參照**大法官釋字第394號解釋：「建築法第十五條第二項規定：『營造業之管理規則，由內政部定之』，概括授權訂定營造業管理規則**。此項授權條款雖未就授權之內容與範圍爲明確之規定，惟依法律整體解釋，應可推知立法者有意授權主管機關，就營造業登記之要件、營造業及其從業人員之行爲準則、主管機關之考核管理等事項，依其行政專業之考量，訂定法規命令，以資規範。**至於對營造業者所爲裁罰性之行政處分，固與上開事項有關，但究涉及人民權利之限制，其處罰之構成要件與法律效果，應由法律定之；法律若授權行政機關訂定法規命令予以規範，亦須爲具體明確之規定，始符憲法第二十三條法律保留原則之意旨**。營造業管理規則第三十一條第一項第九款，關於『連續三年內違反本規則或建築法規規定達三次以上者，由省（市）主管機關報請中央主管機關核准後撤銷其登記證書，並刊登公報』之規定部分，及內政部中華民國七十四年十二月十七日（七四）臺內營字第三五七四二九號關於『營造業依營造業管理規則所置之主（專）任技師，因出國或其他原因不能執行職務，超過一個月，其狀況已消失者，應予警告處分』之函釋，**未經法律具體明確授權，而逕行訂定對營造業者裁罰性行政處分之構成要件及法律效果，與憲法保障人民權利之意旨不符，自本解釋公布之日起，應停止適用**。」**大法官釋字第538號解釋：「……惟營造業之分級條件及其得承攬工程之限額等相關事項，涉及人民營業自由之重大限制**，爲促進營造業之健全發展並貫徹憲法關於人民權利之保障，**仍應由法律或依法律明確授權之法規命令規定爲妥。**」

第二級品管（Quality Assurance, QA）情形。

（三）行政機關：第三級品管

指行政機關之勘驗及建造及使用執照之核發，爲三級品管中之第三級品管（Quality Inspection, QI），主要法規爲**建築法**，不過，在現行法中，行政機關勘驗並非均必要到工地現場詳細檢查，縱使到工地現場，勘驗也常流於形式。

另外，建築法也規範如何**核發建造執照**等等議題，亦有助於事前品管。

如果在三級品管「都」未發生效力時，才會有在未適安全係數的公安事件致人死傷之發生，此時就要回去仔細檢討，可於何處法律規定中加強三級品管之法規範管制密度。

（四）工程技術顧問公司管理條例（顧管條例）

實務上常見之工程技術管理公司，同時具有**規劃設計與營造業**之部分監造機能，顧管公司由專業技師所組成，有些公司（例如臺灣世曦、中鼎、中工）規模相當大。

顧管條例和技師法等都屬於對「**專業人員**」所進行之法律管理。不過，雖然顧管公司以多數**技師**所組成，但其與**建築師**的關係上，應有**輔助或取代**之機能，特別是臺灣之建築師人數不多，僅5,000餘人，且不得以公司型態組成「建築師公司」。反而技師人數相當多，又可組成顧管公司，兩者如何分工，成爲國內目前一個相當棘手的業務重疊問題。

三、營造業之分類

臺灣之營造業生態相當奇特，法律管制上之營造業法計分成**甲、乙、丙種綜合營造業**[3]（參表6-1），數目上，最高等級之甲級營造廠數量甚

[3] 參照營造業法第6條：「營造業分綜合營造業、專業營造業及土木包工業。」
營造業法第7條第1項：「綜合營造業分爲甲、乙、丙三等，並具下列條件：一、置領有土木、水利、測量、環工、結構、大地或水土保持工程科技師證書或建築師證書，並於考試

表6-1　臺灣營造業統計表

民國106年第3季統計數字	綜合營造業			專業營造業	土木包工業	總計
	甲等	乙等	丙等			
家數	2,654	1,217	6,846	476	6,850	18,043

（本表由內政部營建署統計表摘要節錄）

多，丙級營造廠達6,000家呈紡錘型，但中間之乙等營造業者數最少[4]，並不合常理，常理上應呈金字塔型結構才對。

我國除有10,717家營造業外，還有數千家小型之「土木包工業」共經營之，業務像是一般人家之防水抓漏等小型工程，於106年9月底統計約有6,800多家，但這還不包含未爲土木包工業工商登記之「地下土木包工業」，之所以不登記，主要可能是基於節省租稅、避免管制處罰或是希望能跨地營業等諸多不明原因[5]，其數量可能數倍於合法者。

土木包工業之資本額較低，只要有資本額新臺幣80萬以上即可申請設立登記。當然，綜合營造業資本額最高的還是甲種營造業，最低則是丙種營造業，依**營造業法施行細則第4條規定，甲、乙、丙種營造業之資本額分別為2,250萬、1,200萬、360萬**[6]。

營造業的丙級升乙級、乙級升甲級的升級條件，除有資本額限定外，也需靠長達幾年維持「第一級」的評鑑成果，才能一級一級往上爬。像是某名聲不太好的營造業，接過很多交通部、教育部等工程案子，但工程品質都做得不好，受主管機關批評後，保證要改過自新，便重金砸下接獲的

取得技師證書前修習土木建築相關課程一定學分以上，具二年以上土木建築工程經驗之專任工程人員一人以上。二、**資本額在一定金額以上**。」

4 參照內政部營建署，民國106年第3季營造業家數與資本額統計：http://www.cpami.gov.tw/filesys/file/chinese/statistic6/s1060930.xls（最後瀏覽日期：2014/6/10）。

5 參照**營造業法第11條**：「土木包工業於原登記直轄市、縣（市）地區以外，**越區營業者，以其毗鄰之直轄市、縣（市）爲限**（第1項）。前項越區營業者，臺北市、基隆市、新竹市及嘉義市，比照其所毗鄰直轄市、縣（市）；澎湖縣、金門縣比照高雄市，連江縣比照基隆市（第2項）。」

6 參照**營造業法施行細則第4條**：「本法第七條第一項第二款所定綜合營造業之資本額，**於甲等綜合營造業爲新臺幣二千二百五十萬元以上；乙等綜合營造業爲新臺幣一千二百萬元以上；丙等綜合營造業爲新臺幣三百六十萬元以上**。」

新工程案，並且獲得工程金質獎的肯定。像營造業之評鑑都以多年的工程品質來給予評分，較金質獎的單一工程評鑑來得客觀許多。若該廠商在得到金質獎後又沒錢砸重金，那下一個工程可能又是不理想的施工品質。

辦理營造業評鑑的機關原爲內政部營建署，但後來都依法委託給相關法人團體去辦理，例如：營造業同業公會、中國土木水利工程學會、土木技師公會、結構技師公會、水利技師公會、建築公會、臺灣營建研究院等都紛紛來申請辦理營造業升等評鑑的業務。但各團體評鑑制度執法寬鬆不一，造成評鑑較寬鬆的營造業同業公會辦理升等的業績很好，而結構技師公會則因爲升等過關門檻太高而門可羅雀，頗有「劣幣驅逐良幣」的負面情形。

四、營造業之成立

（一）本國營造業

其成立程序依營造業法規定爲：主管機關**許可→成立→加入公會**。而種類上，除前述之綜合營造業外，還包含營造業法上之專業營造業，但實務上，專業營造業數量較少（目前只有400多家），因爲綜合營造業原則上什麼都可以做，反而**專業營造業只能承包特定的專業工程**，不利工程之承攬及競業（國內比較著名的專業營造業例如有：春源鋼鐵營造業）。

（二）外國營造業

外國營造業**經過主管機關內政部許可且經公司法為工商登記**後[7]，亦可在臺承包工程，臺灣的營造業最低資本額太低，相反地，外國對於營造業最低資本額之要求較高，有較高之資本額，起碼比較不容易工程做到一

7 參照營造業法第69條：「外國營造業之設立，應經中央主管機關許可後，依公司法申請認許或依商業登記法辦理登記，並應依本法之規定，領得營造業登記證書及承攬工程手冊，始得營業；其登記爲乙等綜合營造業或甲等綜合營造業者，不受第七條第五項或第六項晉升等級之限制。但業績、年資及承攬工程竣工累積額，應以在本國執行之實績爲計算基準，其餘不得計入（第1項）。外國營造業依第一項規定得爲營業，除法令、我國締結之條約或協定另有禁止規定者外，其承攬政府公共建設工程契約金額達十億元以上者，應與本國綜合營造業聯合承攬該工程（第2項）。」

半因資金不足或賠償鉅額債務而受影響。也因爲臺灣營造業最低資本額要求較低，規模較小，所以，很難至國外與他國營造廠競爭國際市場。

但也因爲營造業法第69條要求外國營造業經過許可之限制，所以，**許多外國公司常是經過共同投標、轉包或分包取得臺灣的營造業務**，加上臺灣的市場小（公共工程除外），許多外國廠商也未必有意願到臺灣來承包工程。基於WTO政府採購協定的平等互惠精神，開放國內營造市場，似乎也是一種未來不可能抵擋得住之時代潮流。

（三）營造業負責人

1. 僅有消極限制[8]

營造業法並未規定營造業負責人需有技師或建築師之積極要件，例如醫師法規定醫療機構應由醫師、律師法要求事務所應由律師爲負責人之限制，但營造業負責人不需要具專業技師資格。

沒有資格積極限制是否合理妥當，容有斟酌餘地，在臺灣過去向來都不認爲技師領導營造業有何必要性，許多營造業負責人都非由技師出任。而土木包工業之負責人，在營造業法第10條[9]與施行細則[10]雖有資格限制，但限制門檻也不高，只須有三年之土木建築工程「施工經驗」即可。從土木包工業承攬小型之限制門檻，不宜過高的比例原則來看，並無不妥，但大型營造業負責人無特別資格之積極限制，似有未妥！

2. 土木包工業

如前所述，臺灣目前有6,850家以上之土木包工業，不過在負責人資格要求上不高，即須有三年之「施工經驗」即可，且**僅能在登記該區和鄰近區域承包小型土木施工、設計業務**，如前述營造業法之第11條要求不可

---

[8] 參照營造業法第28條：「營造業負責人不得爲其他營造業之負責人、專任工程人員或工地主任。」

[9] 參照營造業法第10條：「土木包工業應具備下列條件：一、負責人應具有三年以上土木建築工程施工經驗。二、資本額在一定金額以上（第1項）。前項第二款之一定金額，由中央主管機關定之（第2項）。」

[10] 參照營造業法施行細則第5條：「本法第十條第一項第一款所定土木包工業負責人應具有三年以上土木建築工程施工經驗，其證明文件如下：（下略）」

以跨區承包，且土木包工業資本額較低，只需新臺幣100萬元[11]以上即可成立土木包工業。

在規範設計上，將土木包工業和營造業一併規範於營造業法中並不妥當，因爲很多規範不適用於土木包工業，此乃因沿襲目前已經廢止之「營造業管理規則」的成例，未如律師與土地代書分開不同法律加以規範，即「律師法」與「地政士法」一般的立法體例，本質上並不妥適，因爲有其不同之業務本質與管制密度，許多涉及營造業條文都不能適用於土木包工業上。

五、主管機關

營造業之中央主管機關依營造業法第2條爲內政部，內政部因管制業務複雜及業務量甚大，故其管制效能通常不高，並未能如同公共工程委員會，只是爲因應行政院組織再造，公共工程委員會業務將拆分給交通建設部、財政部及國發會主管，未來營造業管理仍依**由內政部主管**，其執行管理之三級機關爲內政部營建署。

六、營造業承包工程之業務限制

（一）承包工程金額不得超過資產淨值之20倍[12]（營造業法§23 I）

營造業法第23條第1項的限制，是對於人民營業權、工作權之限制，是否有違反憲法之比例原則之嫌疑，有人提出質疑，但本書認爲在執行面上，臺灣對於**營造業之資本額要求太低**，但卻**容許營造業承包自己財產淨**

11 參照**營造業法施行細則第6條**：「本法第十條第二項所定**土木包工業之資本額爲新臺幣一百萬元以上**。」

12 參照**營造業法第23條**：「營造業承攬工程，應依其承攬造價限額及工程規模範圍辦理；**其一定期間承攬總額，不得超過淨值二十倍**（第1項）。前項承攬造價限額之計算方式、工程規模範圍及一定期間之認定等相關事項之辦法，由中央主管機關定之（第2項）。」其授權之法規命令爲主管機關內政部所訂之「**營造業承攬工程造價限額工程規模範圍申報淨值及一定期間承攬總額認定辦法**」，其第4條有對於**承攬造價限額與工程規模限制**之規定：「丙等綜合營造業承攬造價限額爲新臺幣二千七百萬元，其工程規模範圍應符合下列各款規定：
一、建築物高度二十一公尺以下。

值20倍以內之工程，從比例原則而論，程度上已相當寬鬆，爲確保工程品質及人民居住安全，此種限制條款，並無違憲或違反比例原則之虞。

（二）轉包與轉交

營造業法雖規定**營造業不能為轉包**，僅能爲「**一部分**」業務「**轉交**」由其他人辦理，但**轉交之專業營造業**，和**原來之營造廠**，二者應**負連帶責任**[13]。

但「**部分**」之多寡判斷，應該依個案**實質判斷**，如果比例甚高，就算還有少部分是原來的營造廠在做，這時候應該還是判斷成「**轉包**」[14]，而不得拘泥形式上契約或分包者的巧妙安排，避免脫法行爲。

工程實務上轉包或是轉交之情形相當多，特別是許多**甲等營造廠**，都是空有「**牌子**」，缺乏人力及機具設備，所有接來的工程都轉給**其他營造廠**幫忙，稱之爲「協力廠商」，如本講案例事實所提到之第三人乙廠商即屬之。

禁止營造業務轉包之理由，主要在於「**承攬屬勞務委任之一種，故仍具有一身專屬性**」，因此，法律會以此限制轉包來**保護工程業主**，固然在違反營造業法**第25條**的時候，該承攬之**民事契約**仍然有效，但可能會有行政處罰責任，讓行政機關有介入管制或處罰之可能，當然，在實然面上，或許會因爲**舉證及調查困難，管制上有執行困難**。例如：怎樣認定「主要部分」與「非主要部分」，因每種工程項目態樣不同，並不容易清楚判斷。

二、建築物地下室開挖六公尺以下。
三、橋樑柱跨距十五公尺以下。
乙等綜合營造業承攬造價限額爲新臺幣九千萬元，其工程規模應符合下列各款規定：
一、建築物高度三十六公尺以下。
二、建築物地下室開挖九公尺以下。
三、橋樑柱跨距二十五公尺以下。
甲等綜合營造業承攬造價限額爲其資本額之十倍，其工程規模不受限制。」

13 參照營造業法第25條第1項：「綜合營造業承攬之營繕工程或專業工程項目，除與定作人約定需自行施工者外，得交由專業營造業承攬，其轉交工程之施工責任，由原承攬之綜合營造業負責，受轉交之專業營造業並就轉交部分，負連帶責任。」

14 參照營造業法第3條第6款：「本法用語定義如下：六、統包：係指基於工程特性，將工程規劃、設計、施工及安裝等部分或全部合併辦理招標。」政府採購法第65條第2項：「前項所稱轉包，指將原契約中應自行履行之全部或其主要部分，由其他廠商代爲履行。」

（三）統包

統包之意思爲**設計**加**監造**（**Design and Build**），由同一公司執行，實務上俗稱之**小包**，則是**「分包」**，像是**建築之土建**和**機電冷凍空調達一定規模以上**就**分開包給不同之公司承包**。統包定義規定在營造業法第3條第6款，係指將「工程規劃、設計、施工及安裝等部分或全部合併辦理招標」，與政府採購法第24條第2項規定：「指將工程或財務採購中之設計與施工、供應、安裝或一定期間之維修等併同於同一採購契約辦理招標」，文字及內容上稍有不同。

（四）須設置專業技術人員（§ 28以下）

營造業法要求營造業必須置有**專任工程人員或技術士**，包含**設計專業人在內**，這一點和建築師的業務就有可能部分重疊。

（五）工地主任（§ 31）

工地主任[15]係指主管工地的**「工頭」**，需要能夠掌控工地上之人與事，爲工地之實際負責人，其職權規定於32條，包含執行按圖施工、填報施工日誌、人員機具材料管理、監督勞安衛生事項、通報工地緊急狀況等。如果工地範圍、面積甚大，在現場駐地監工之工地主任可能沒有辦法面面俱到，在921大地震的時候，因爲建築倒塌，原工地主任**遭刑事判決有罪**[16]**，其理由是工地主任有權有責防止偷工減料的可能性**。若工地發生緊急事件，即時通報亦爲工地主任之責任，而處理程序則應交由技師來負責。

工地主任原則上應具相關科系專業學歷，但在舊法時代（即營造業管理規則時代），如果未具有相關學歷者，也可以**透過定期上課，而取得工**

---

[15] 參照營造業法第31條第1項：「工地主任應符合下列資格之一，並另經中央主管機關評定合格或取得中央勞工行政主管機關依技能檢定法令辦理之營造工程管理甲級技術士證，**由中央主管機關核發工地主任執業證者，始得擔任**：（下略）」

[16] 參照營造業法第39條：「**營造業負責人或專任工程人員違反第三十七條第一項、第二項或前條規定致生公共危險者，應視其情形分別依法負其責任。**」其責任自然包含刑事責任，參最高法院95年度台上字第2119號刑事判決（921地震之東星大樓案）。

地主任執照[17]，這是基於公法上信賴保護原則，且國家總不能因爲新法有學歷要求，就讓舊法數萬人之工地主任失業，國家也無預算賠償其損害或補償其特別犧牲，所以就乾脆設此條款（營造業法§31Ⅲ），只要四年內回訓一次，即可永久取得或保有工地主任資格，是否妥適？應否宜訂定落日「黃昏條款」以確保營建工程之專業品質，頗值斟酌。

七、營造業公會（§45）

營造業之公會**受主管機關內政部委託或法律授權**擁有許多監督會員業務之權限（例如§48），因此公會權限甚大，在實務上擔任理事長有很多誘因，特別是公會還**負責評鑑營造業會員之業務**[18]，但本質上評鑑自己會員可能會流於形式或利益衝突，應該儘量避免。

當然，主管機關內政部不得因爲授權或委託條款，而讓自己實質上**免除管制營造業之義務**，因爲目前我國營造業良莠不齊並不能完全自律，有待國家之監督，始能避免造成人民生命及財產之危險。

八、結論及評析

1. 臺灣營造業總數量過多，且營造業法律管制密度不足，形成眾多「紙上公司」危害管制之有效性：
   (1) 法律不夠細緻完備：特別是針對借牌轉交、轉包業務的調查處理，權限未明文。
   (2) 最低資本額要求不足，似宜提升綜合營造業的最低資本額限制，尤其是甲等營造廠。

---

[17] 參照營造業法第31條第4項：「本法施行前領有內政部與受委託學校會銜核發之工地主任訓練結業證書者，應取得前項回訓證明，由中央主管機關發給執業證後，始得擔任營造業之工地主任。」

[18] 參照營造業法第43條第2項：「前項評鑑作業，中央主管機關得收取費用，並得委託經中央主管機關認可之相關機關（構）、公會團體辦理；其受委託之相關機關（構）、公會團體應具備之資格、條件、認可之申請程序、認可證書之有效期間、核（換）發、撤銷、廢止及相關管理事項之辦法；以及受理營造業申請評鑑之申請條件、程序、評鑑結果分級之認定基準及評鑑證書之有效期限、核（換）發、撤銷、廢止及相關事項之辦法，由中央主管機關定之。」

(3) 營造業之專任工程人員不足。

(4) **工地主任**應有更專業資格之限制。

2. 營造業法**遺漏建設公司、機電公司及冷凍空調公司之併同管理**。也不適宜各自獨立，各自立法，造成界面整合上之困難。

3. 公部門委託公會自我管理問題：

(1) 基於**華人社會陋習**，公會怕得罪同行之人，所以評鑑容易流於形式。

(2) 借牌問題嚴重，沒有辦法有效杜絕之制度設計。

(3) 空殼（紙上）營造業的有效清理，似有迫切必要。

(4) 營造業之評鑑，宜由中央主管機關自辦，不宜再行委託，私人或團體，以確保評鑑之信度及效度。

4. 與政府採購法之整合不佳：

(1) 名詞定義不同，如統包及聯合承攬之定義不同。

(2) **主管機關不同，營造業法為內政部**，但**政府採購法**則為**公共工程委員會**，雙方主管機關行政效能不同，管制效果亦有所差異。未來中央政府組織改造後，如何提升整體營造部門之管制效能，應屬中央主管機關當務之急。

5. 缺乏對冷凍空調業之管理協調：

冷凍空調業有其獨立之管理條例，主管機關爲經濟部。且有獨立之空調技師，卻未納入營造業法中，冷凍空調卻是營造業不可或缺之重要部分，未受同一法律營造業法管制，獨立成法，不同主管機關，管制標準不同，似有未妥。

6. **專業技師與工地主任之權責劃分在營造業法未能明確規範**，造成即使技師掛名而由工地主任執行，責任亦無法釐清，只能認定應「共同負責」，即另一種之連帶保證責任。

貳、營造業法重要條文解說

第3條（用語定義）

本法用語定義如下：

一、營繕工程：係指土木、建築工程及其相關業務。

二、營造業：係指經向中央或直轄市、縣（市）主管機關辦理許可、登記，承攬營繕工程之廠商。

三、綜合營造業：係指經向中央主管機關辦理許可、登記，綜理營繕工程施工及管理等整體性工作之廠商。

四、專業營造業：係指經向中央主管機關辦理許可、登記，從事專業工程之廠商。

五、土木包工業：係指經向直轄市、縣（市）主管機關辦理許可、登記，在當地或毗鄰地區承攬小型綜合營繕工程之廠商。

六、統包：係指基於工程特性，將工程規劃、設計、施工及安裝等部分或全部合併辦理招標。

七、聯合承攬：係指二家以上之綜合營造業共同承攬同一工程之契約行為。

八、負責人：在無限公司、兩合公司係指代表公司之股東；在有限公司、股份有限公司係指代表公司之董事；在獨資組織係指出資人或其法定代理人；在合夥組織係指執行業務之合夥人；公司或商號之經理人，在執行職務範圍內，亦為負責人。

九、專任工程人員：係指受聘於營造業之技師或建築師，擔任其所承攬工程之施工技術指導及施工安全之人員。其為技師者，應稱主任技師；其為建築師者，應稱主任建築師。

十、工地主任：係指受聘於營造業，擔任其所承攬工程之工地事務及施工管理之人員。

十一、技術士：係指領有建築工程管理技術士證或其他土木、建築相關技術士證人員。

解說

本條規定營造業法上各種「營造名詞」之定義，以便後續運用時，能有清楚的範圍，減少爭議，比較重要的定義譬如：營繕工程、統包、聯合承攬及工地主任等。

第6條（營造業之分類）

營造業分綜合營造業、專業營造業及土木包工業。

解說

本條將營造業及土木包工業合併管理，並不妥當，因爲很多條文，並不適用於土包業，規定在一起，滋生許多困擾，宜另對土木包工業作更細緻的規範，並輔導地下土木包工業合法化，納入管理。

第7條（綜合營造業之分等）

Ⅰ綜合營造業分爲甲、乙、丙三等，並具下列條件：

一、置領有土木、水利、測量、環工、結構、大地或水土保持工程科技師證書或建築師證書，並於考試取得技師證書前修習土木建築相關課程一定學分以上，具二年以上土木建築工程經驗之專任工程人員一人以上。

二、資本額在一定金額以上。

Ⅱ前項第一款之專任工程人員爲技師者，應加入各該營造業所在地之技師公會後，始得受聘於綜合營造業。但專任工程人員於縣（市）依地方制度法第七條之一規定改制或與其他直轄市、縣（市）行政區域合併改制爲直轄市前，已加入臺灣省各該科技師公會者，得繼續加入臺灣省各該科技師公會，即可受聘於依地方制度法第七條之一規定改制之直轄市行政區域內之綜合營造業。

Ⅲ第一項第一款應修習之土木建築相關課程及學分數，及第二款之一定金額，由中央主管機關定之。

Ⅳ前項課程名稱及學分數修正變更時，已受聘於綜合營造業之專任工程人員，應於修正變更後二年內提出回訓補修學分證明。屆期未回訓補修學分者，主管機關應令其停止執行綜合營造業專任工程人員業務。

Ⅴ乙等綜合營造業必須由丙等綜合營造業有三年業績，五年內其承攬工程竣工累計達新臺幣二億元以上，並經評鑑二年列爲第一級者。

Ⅵ甲等綜合營造業必須由乙等綜合營造業有三年業績，五年內其承攬工程竣工累計達新臺幣三億元以上，並經評鑑三年列爲第一級者。

解說

本條規定營造業之等級分類，以及應置專業工程人員，營造業之分級制度，惟因爲專業工程應設置人員過少，且缺少「淘汰降級」制度，有嚴重制度缺失。

第8條（專業工程之項目）

專業營造業登記之專業工程項目如下：

一、鋼構工程。

二、擋土支撐及土方工程。

三、基礎工程。

四、施工塔架吊裝及模板工程。

五、預拌混凝土工程。

六、營建鑽探工程。

七、地下管線工程。

八、帷幕牆工程。

九、庭園、景觀工程。

十、環境保護工程。

十一、防水工程。

十二、其他經中央主管機關會同主管機關增訂或變更，並公告之項目。

解說

本條規定專業營造業之十一種分類及最後的概括條款，以及建立專業營造業與綜合營造業彼此之專業分工。

第10條（土木包工業之條件）

Ⅰ土木包工業應具備下列條件：

一、負責人應具有三年以上土木建築工程施工經驗。

二、資本額在一定金額以上。

Ⅱ前項第二款之一定金額，由中央主管機關定之。

解說

本條規定土木包工業之法定要件：負責人應有三年以上之施工經驗，且資本額在新臺幣100萬元[19]以上之規定，甚爲簡陋，缺乏其他更細緻之對人員、財務、責任、門檻與評鑑規定。

第19條（承攬工程手冊應列事項）

Ⅰ承攬工程手冊之內容，應包括下列事項：

一、營造業登記證書字號。

二、負責人簽名及蓋章。

三、專任工程人員簽名及加蓋印鑑。

四、獎懲事項。

五、工程記載事項。

六、異動事項。

七、其他經中央主管機關指定事項。

Ⅱ前項各款情形之一有變動時，應於二個月內檢附承攬工程手冊及有關證明文件，向中央主管機關或直轄市、縣（市）主管機關申請變

---

19 參照營造業法施行細則第6條：「本法第十條第二項所定土木包工業之資本額爲新臺幣一百萬元以上。」

更。但專業營造業及土木包工業承攬工程手冊之工程記載事項，經中央主管機關核定於一定金額或規模免予申請記載變更者，不在此限。

解說

本條規定「承攬工程手冊」，猶如營造業之身分證與履歷表，但為確保其正確性，甚至於規定變動後2個月內有向中央或地方主管機關申請變更義務，但本條卻不適用土木包工業。

第25條（轉交工程）

Ⅰ綜合營造業承攬之營繕工程或專業工程項目，除與定作人約定需自行施工者外，得交由專業營造業承攬，其轉交工程之施工責任，由原承攬之綜合營造業負責，受轉交之專業營造業並就轉交部分，負連帶責任。

Ⅱ轉交工程之契約報備於定作人且受轉交之專業營造業已申請記載於工程承攬手冊，並經綜合營造業就轉交部分設定權利質權予受轉交專業營造業者，民法第五百十三條之抵押權及第八百十六條因添附而生之請求權，及於綜合營造業對於定作人之價金或報酬請求權。

Ⅲ專業營造業除依第一項規定承攬受轉交之工程外，得依其登記之專業工程項目，向定作人承攬專業工程及該工程之必要相關營繕工程。

解說

本條規定綜合營造業為專業營造業之上包廠商，但轉包後仍應共同負連帶責任，此條規定除降低專業營造業地位外，並有連帶責任，透過價金及報酬請求權可以分享，讓綜合營造業不至於因為工程轉包而無須負責。

第28條（營造業負責人競業之限制）

營造業負責人不得為其他營造業之負責人、專任工程人員或工地主任。

解說

本條規定營造業人單一專職原則，以避免一人身兼數營造業負責人，產生角色衝突或多頭空殼公司。但本條規定，因爲臺灣工程界實務上「人頭借用」盛行，致流於形式而無功效。

第30條（工地主任之設置）

Ⅰ營造業承攬一定金額或一定規模以上之工程，其施工期間，應於工地置工地主任。

Ⅱ前項設置之工地主任於施工期間，不得同時兼任其他營造工地主任之業務。

Ⅲ第一項一定金額及一定規模，由中央主管機關定之。

解說

本條規定應置工地主任要件有二：1.一定規模以上；2.一定之承攬金額[20]。但是此種規定從學理上而論並不合理，凡有工地，不分大小，均應置工地主任，以示負責，並保障工地之施工管理秩序。

第31條（工地主任之資格）

Ⅰ工地主任應符合下列資格之一，並另經中央主管機關評定合格或取得中央勞工行政主管機關依技能檢定法令辦理之營造工程管理甲級技術士證，由中央主管機關核發工地主任執業證者，始得擔任：

一、專科以上學校土木、建築、營建、水利、環境或相關系、科畢業，並於畢業後有二年以上土木或建築工程經驗者。

二、職業學校土木、建築或相關類科畢業，並於畢業後有五年以上土木或建築工程經驗者。

三、高級中學或職業學校以上畢業，並於畢業後有十年以上土木或建

[20] 參照營造業法施行細則第18條：「本法第三十條所定應置工地主任之工程金額或規模如下：一、承攬金額新臺幣五千萬元以上之工程。二、建築物高度三十六公尺以上之工程。三、建築物地下室開挖十公尺以上之工程。四、橋樑柱跨距二十五公尺以上之工程。」

築工程經驗者。

四、普通考試或相當於普通考試以上之特種考試土木、建築或相關類科考試及格，並於及格後有二年以上土木或建築工程經驗者。

五、領有建築工程管理甲級技術士證或建築工程管理乙級技術士證，並有三年以上土木或建築工程經驗者。

六、專業營造業，得以領有該項專業甲級技術士證或該項專業乙級技術士證，並有三年以上該項專業工程經驗者爲之。

Ⅱ本法施行前符合前項第五款資格者，得經完成中央主管機關規定時數之職業法規講習，領有結訓證書者，視同評定合格。

Ⅲ取得工地主任執業證者，每逾四年，應再取得最近四年內回訓證明，始得擔任營造業之工地主任。

Ⅳ本法施行前領有內政部與受委託學校會銜核發之工地主任訓練結業證書者，應取得前項回訓證明，由中央主管機關發給執業證後，始得擔任營造業之工地主任。

Ⅴ工地主任應於中央政府所在地組織全國營造業工地主任公會，辦理營造業工地主任管理輔導及訓練服務等業務；工地主任應加入全國營造業工地主任公會，全國營造業工地主任公會不得拒絕其加入。營造業聘用工地主任，不必經工地主任公會同意。

Ⅵ第一項工地主任之評定程序、基準及第三項回訓期程、課程、時數、實施方式、管理及相關事項之辦法，由中央主管機關定之。

解說

本條規定工地主任之法定資格及每四年之回訓義務，以及工地主任公會之組成，但回訓義務是否能夠提供足夠的教育訓練內容，如何於回訓時考核等，均漏未規定。

第32條（工地主任之職責）

Ⅰ營造業之工地主任應負責辦理下列工作：

一、依施工計畫書執行按圖施工。

二、按日填報施工日誌。

三、工地之人員、機具及材料等管理。

四、工地勞工安全衛生事項之督導、公共環境與安全之維護及其他工地行政事務。

五、工地遇緊急異常狀況之通報。

六、其他依法令規定應辦理之事項。

Ⅱ營造業承攬之工程，免依第三十條規定置工地主任者，前項工作，應由專任工程人員或指定專人爲之。

解說

本條規定之工地主任之法定職權，五項列舉職權及一項概括條款，工地主任關係工地之營建管理秩序，責任重大，宜明定與監造人或營造業彼此間之合作監督與責任關係。但在實際執行上，常常無法落實，例如：2021年之太魯閣號撞車事件之工地主任案。

第35條（專任工程人員之職責）

營造業之專任工程人員應負責辦理下列工作：

一、查核施工計畫書，並於認可後簽名或蓋章。

二、於開工、竣工報告文件及工程查報表簽名或蓋章。

三、督察按圖施工、解決施工技術問題。

四、依工地主任之通報，處理工地緊急異常狀況。

五、查驗工程時到場說明，並於工程查驗文件簽名或蓋章。

六、營繕工程必須勘驗部分赴現場履勘，並於申報勘驗文件簽名或蓋章。

七、主管機關勘驗工程時，在場說明，並於相關文件簽名或蓋章。

八、其他依法令規定應辦理之事項。

解說

本條規定之營造業之專任工程人員之法定職責，包含七項列舉職權內容與一項概括條款，其主要工作在於督導按圖施工，並解決施工技術問題，其他只是行政上例行文件之簽名、蓋章義務，以便完成法定程序。

第43條（營造業之評鑑）

Ⅰ中央主管機關對綜合營造業及認有必要之專業營造業得就其工程實績、施工品質、組織規模、管理能力、專業技術研究發展及財務狀況等，定期予以評鑑，評鑑結果分為三級。

Ⅱ前項評鑑作業，中央主管機關得收取費用，並得委託經中央主管機關認可之相關機關（構）、公會團體辦理；其受委託之相關機關（構）、公會團體應具備之資格、條件、認可之申請程序、認可證書之有效期間、核（換）發、撤銷、廢止及相關管理事項之辦法；以及受理營造業申請評鑑之申請條件、程序、評鑑結果分級之認定基準及評鑑證書之有效期限、核（換）發、撤銷、廢止及相關事項之辦法，由中央主管機關定之。

解說

本條規定綜合營造業之評鑑規定，以及得委託相關機關（構）及公會辦理之法定授權條款，由於評鑑結果影響營造業之承接之工程範圍，具有重要性，理論上，應由中央主管機關自行評鑑為宜。但目前卻由各受委託團體或公會辦理，標準雖同，但執法寬嚴不一，致劣幣驅逐良幣，有待修改本條規定。

第51條（中央主管機關之獎勵）

Ⅰ依第四十三條規定評鑑為第一級之營造業，經主管機關或經中央主管機關認可之相關機關（構）辦理複評合格者，為優良營造業；並為促使其健全發展，以提升技術水準，加速產業升級，應依下列方式獎勵之：

一、頒發獎狀或獎牌，予以公開表揚。

二、承攬政府工程時，押標金、工程保證金或工程保留款，得降低百分之五十以下；申領工程預付款，增加百分之十。

Ⅱ前項辦理複評機關（構）之資格條件、認可程序、複評程序、複評基準及相關事項之辦法，由中央主管機關定之。

解說

本條規定優良營造業之獎勵方式，藉以給予營造業向上提升之誘因，包含降低押標金、保證金及工程保留款之比例，以及增加工程預付款10%，但其誘因仍嫌不足，如果能夠在其他行政程序上予以更大優惠，應更具有實效性。

第52條（罰則）

未經許可或經撤銷、廢止許可而經營營造業業務者，勒令其停業，並處新臺幣一百萬元以上一千萬元以下罰鍰；其不遵從而繼續營業者，得連續處罰。

解說

本條爲營造業之處罰規定，若未經許可爲營業者，主管機關得勒令其停業外，並得論以高額罰鍰，並得連續處罰。

如本章案例中提到甲綜合營造業廠即因爲經營未經登記之營業項目，繼而被主管機關認爲違反本法第25條第3項，之後援引本條除論以勒令停業外，並論以高額行政罰鍰。

參、顧管條例概述

一、在臺灣較著名規模大之工程顧問公司

（一）中華：已轉型爲財團法人中華顧問工程司，且透過轉投資成立「台灣世曦股份有限公司」（公部門工程居多，且年營業額約40億）[21]。

（二）中興工程技術顧問公司（公部門工程居多，且年營業額有30至50

---

[21] 據立法委員指出，台灣世曦股份有限公司年營業額達40億元，公部門工程得標率高達75%，參照立法院，立法院公報第101卷第11期，管碧玲委員質詢，頁326。

億）。

（三）中鼎工程技術顧問公司（多作石化工廠）。

（四）林同棪工程顧問公司（僑外資）。

（五）亞新工程顧問公司等。

臺灣顧管市場上主要以上述幾家較爲著名，有些公司員工人數上千人，由於顧管條例通過至今已滿十年，因此具法律效力之評鑑制，得以評估優劣顧管公司，不過顧問公司各有專業，以上述數家爲例，有數千名技師者，某程度在**實務上取代個別建築師之角色與功能**。

相對來說，建築師無法依建築師法規定組織公司，無法將事務所擴大其規模，同理也出現在律師法之形式，不許建築師組成公司主要理由是認爲其**委任關係具有高度一身專屬性**，當事人是和特定「**專業人員**」訂約，而不是和「**法人**」訂約，只是論究實際，在實務上有很多包含上百名專業人員大事務所，也不完全就那麼符合委任契約法律上要求之勞務一身專屬性，允許建築師成立公司組織的重要性不可小看，也不應食古不化，宜放寬其組成之彈性，以利競爭。

二、營業範圍[22]（顧管條例§3）

（一）設計：含基本設計及細部設計，與建築師功能部分重疊。

（二）協辦招標與決標。

（三）施工監造：與建築師功能重疊。

（四）專業管理（PCM）：特殊施工管理功能。

就顧管條例來說，建築師之業務與顧管公司業務有相當之重疊，甚或因爲顧管公司底下有相當多種類之建築師和技師，含土木、水利、結構、

---

22 參照**工程技術顧問公司管理條例第3條**：「本條例所稱工程技術顧問公司，指從事在地面上下新建、增建、改建、修建、拆除構造物與其所屬設備、改變自然環境之行爲及其他經主管機關認定工程之技術服務事項，包括規劃與可行性研究、基本設計、細部設計、協辦招標與決標、施工監造、專案管理及其相關技術性服務之公司。」**工程技術顧問公司管理條例第4條**：「工程技術顧問公司登記之營業範圍，得包括土木工程、水利工程、結構工程、大地工程、測量、環境工程、都市計畫、機械工程、冷凍空調工程、電機工程、電子工程、化學工程、工業工程、工業安全、水土保持、應用地質、交通工程及其他經主管機關認定科別之工程技術事項。」

大地、測量、環境、都計、機械、冷氣空調、電機等技師，甚或會**取代許多小規模之建築師事務所來取得許多大型公共工程標案**。

三、負責人（顧管條例§5）

（一）原則上董事長、代表人應由**執業技師**擔任，強調專業領導原則，與營造業法明顯不同。

（二）**但例外事項甚多，甚易迴避此種專業領導限制**[23]

1.組織內**有20人以上之技師**：甚**易迴避**，且為何採取20人之限制，於顧管條例立法資料中也欠缺說明理由，可能是**遷就臺灣目前現實**之情形，設若顧管公司不同於其他私人企業一樣，而具有**公益性質**（確保工程品質之公益），理論上不應如此立法。

2.**上市上櫃之公司**。

3.符合一定條件之外國公司。

4.其他事由：例如本條例施行前已合法成立之技術顧問機構，均不受專業領導原則之限制，如此一來，大量例外情形造成專業領導原則「名存實亡」。

四、開業

（一）須經過特許[24]：即須經過中央工程會主管機關許可。

---

[23] 參照工程技術顧問公司管理條例第5條：「工程技術顧問公司之董事長或代表人應由執業技師擔任。但下列公司，不在此限：一、置執業技師達二十人以上者。二、股票公開發行上市、上櫃者。三、我國依平等互惠原則簽署國際組織之條約，其會員國在我國設立從屬公司或分公司時，該外國公司在本國設立登記滿五年，且最近五年內承攬國內外工程技術顧問業務累計金額達新臺幣二十億元以上者。四、本條例施行前已依技術顧問機構管理辦法領得技術顧問機構登記證之技術顧問機構，其董事長或代表人原非由執業技師擔任，而其所置執業技師達三人以上，或其所置執業技師為二人且其中一人為公司經理人，另一人為公司股東者（第1項）。工程技術顧問公司所置執業技師，應有一人具七年以上之工程實務經驗，且其中二年以上須負責專案工程業務（第2項）。工程技術顧問公司應按登記營業範圍之各類科別，各置執業技師一人以上（第3項）。」

[24] 參照工程技術顧問公司管理條例第8條第1項：「經營工程技術顧問公司，應經主管機關許可，始得申請公司設立或變更登記；經公司設立或變更登記，並向主管機關申請核發領得工程技術顧問公司登記證，及加入工程技術顧問全國商業同業公會（以下簡稱全國商業同

（二）公司形式：須向經濟部登記，不過，在經濟部下放職權後，其實向地方政府就可以登記或變更登記，要求公司形式，其實也是爲求保障形式上交易安全。

（三）須加入全國「或」地方同業公會[25]（顧管條例§24）。

（四）限期開業[26]（顧管條例§8）：爲登記和許可後，必須要限期開業，以避免有設立空殼公司之嫌，此時，許可本身就是一個行政法上負附款（一定期限內開業）之行政處分（行政程序法§93）。

五、其他原則

（一）專任原則[27]

技師**不得兼任原則**，也就是受雇之專任技師，不得兼任在其他事業執業，僅得在登記之公司執行一個專任業務。

（二）異動登記原則[28]

此爲顧管條例第12條的規定，目的在於讓執業技師透過登記制度而便於管理，以落實前述之「專任原則」。

業公會）或地方同業公會後，始得營業。」

25 參照工程技術顧問公司管理條例第24條：「工程技術顧問公司應依法參加中央政府所在地之全國商業同業公會或地方同業公會。」

26 參照工程技術顧問公司管理條例第15條第1項：「工程技術顧問公司其登記證之記載事項、董事、執行業務或代表公司之股東有變更者，應於變更事由發生之次日起三十日內，檢具相關證明文件，向主管機關申請變更許可。經主管機關許可後，應於十五日內向公司登記主管機關申請公司變更登記。」

27 參照工程技術顧問公司管理條例第13條：「受聘於工程技術顧問公司或組織工程技術顧問公司之執業技師，須爲專任之繼續性從業人員，並僅得在該公司執行業務。」

28 參照工程技術顧問公司管理條例第12條：「受聘於工程技術顧問公司或組織工程技術顧問公司之執業技師，應於工程技術顧問公司領得登記證或該執業技師到職日之次日起十五日內，依法申請或變更執（開）業證照。」

（三）強制保險機制[29]

1. 逐案投保原則

顧管條例採取**逐案保險**而**非逐年保險原則**，因此顧管公司可以省下許多鉅額保險費，因爲當年度可能**沒有受委託案件**，即不用投保其專業責任險，省下鉅額之保費也增加紙上顧管公司的可能性。

2. 保險事故發生可能案例

例如顧管公司執行其法定業務，以致：

(1)設計瑕疵：舉例來說像是設計上少算應使用之材料，業主必須額外再支付承造人費用，可能就會爭執是否屬業主之損害，而得向顧管公司求償其損害。

(2)欠缺現場勘查：也有實例像是在設計上忽略到建地本身還有其他未清除之地下建物，必須支付費用才能將之拆除整地，讓業主必須支出其他費用，可能也會被爭執是否是工程技術顧問公司未到現場勘查，而逕爲設計之違約責任，而得請求民事損害賠償。

(3)地質鑽探：比較麻煩之問題在於地質鑽探資料不足，因爲不一定透過鑽探可以事先發現所有地質狀況，如地底下之岩層特硬、含有大量地下水、含有古代先民遺跡等依法不得開發、地層以前爲違法之地下垃圾掩埋地等等，都必須強制工程顧問保險，以求分散風險，並得以賠償委託者之財產損失。

(4)監造不實：但是在實際上保險公司因工程顧問公司之設計、監造不實而予以理賠之記錄甚少，因爲不容易證明是工程顧問公司之責任。

---

29 參照**工程技術顧問公司管理條例第20條**：「工程技術顧問公司應**投保專業責任保險**；其投保方式採逐案強制投保，其**最低保險金額由主管機關會商財政部定之**（第1項）。前項專業責任保險，要保人未經委託者同意，不得退保；保險契約**變更、終止或解除**時，要保人及保險人應以書面通知委託者（第2項）。」

（四）研發義務

依法須編列預算，爲**研發業務**[30]**，額度為年度營收之千分之五以上**。此種研發義務條款數額雖小，但其目的使工程顧問公司可以向上提升其工程技術水準，深具時代意義。

（五）行政管制內容（顧管條例§27至§35）

1. 勒令歇業處分（顧管條例§27）：例如：未領有主管機關核發之登記證而營業等。
2. 禁止借牌（顧管條例§16、§28）：即禁止將公司登記證出租或出借給他人使用。
3. 限期改善與罰鍰（顧管條例§29）：例如：拒絕、妨礙或規避主管機關檢查。
4. 對於執業技師之處分，依相關法律處理，但有可能會產生併罰問題，是否僅處罰「顧管公司」（顧管條例§29），或是可以對於專任工程人員（顧管條例§30），也就是再處罰技師，或應移送相關技師公會加以處罰（顧管條例§35）？在法理上均有再行檢討之餘地，因爲我國行政罰法對單一違法行爲以單罰行爲人（自然人）爲原則，併罰公司爲例外之情形（行政罰法§24、§26）。

六、結論及評釋

1. 顧問公司負責人應具技師身分始較妥適：專業領導專業比較合理有效能，並應刪除諸多例外情形。
2. 顧問公司欠缺分級制度（甲、乙、丙），使顧管公司之管理不合理的一致性受相同管制。
3. 公司與技師併罰問題未能妥善設計解決，行政罰法第15條規定因

---

[30] 參照工程技術顧問公司管理條例第23條：「工程技術顧問公司應按年編列研究發展及人才培育經費；其經費不得少於年度工程技術服務業務營業收入總額千分之五。」

故意或重大過失，似宜直接限縮無要求主觀要件之顧管條例第30條規定。

4. 顧管條例應確保顧管公司之執行業務某層次上獨立性，但既為營造業所委任接受其報酬，其施工監造及專案管理獨立性可能受到挑戰，在實際上不太可能不顧委任人之利益六親不認，獨立行使監造權限，而能有效保障營造品質。

肆、顧管條例重要條文解說

第3條（工程技術顧問公司）

本條例所稱工程技術顧問公司，指從事在地面上下新建、增建、改建、修建、拆除構造物與其所屬設備、改變自然環境之行為及其他經主管機關認定工程之技術服務事項，包括規劃與可行性研究、基本設計、細部設計、協辦招標與決標、施工監造、專案管理及其相關技術性服務之公司。

解說

本條規定為「工程技術顧問公司」之定義，並規範其得從事之技術服務之範圍，以與營造業或建築師有所區隔，依立法理由，係參照政府採購法、機關委託技術服務廠商評選及計費辦法等關於「技術服務規範」而來。

第4條（營業範圍）

工程技術顧問公司登記之營業範圍，得包括土木工程、水利工程、結構工程、大地工程、測量、環境工程、都市計畫、機械工程、冷凍空調工程、電機工程、電子工程、化學工程、工業工程、工業安全、水土保持、應用地質、交通工程及其他經主管機關認定科別之工程技術事項。

解說

本條規定指技術顧問公司申請設立登記時之營業範圍，此範圍包含技師、建築師及消防設備師等相關之科別。

第5條（公司負責人資格限制）

Ⅰ工程技術顧問公司之董事長或代表人應由執業技師擔任。但下列公司，不在此限：

一、置執業技師達二十人以上者。

二、股票公開發行上市、上櫃者。

三、我國依平等互惠原則簽署國際組織之條約，其會員國在我國設立從屬公司或分公司時，該外國公司在本國設立登記滿五年，且最近五年內承攬國內外工程技術顧問業務累計金額達新臺幣二十億元以上者。

四、本條例施行前已依技術顧問機構管理辦法領得技術顧問機構登記證之技術顧問機構，其董事長或代表人原非由執業技師擔任，而其所置執業技師達三人以上，或其所置執業技師爲二人且其中一人爲公司經理人，另一人爲公司股東者。

Ⅱ工程技術顧問公司所置執業技師，應有一人具七年以上之工程實務經驗，且其中二年以上須負責專案工程業務。

Ⅲ工程技術顧問公司應按登記營業範圍之各類科別，各置執業技師一人以上。

解說

本條規定在於對工程技術顧問公司之董事長或代表人之資格加以限制，惟在第1項中設有許多除外規定，觀諸立法理由爲「照黨團協商通過」，頗值玩味，因此，雖原則上要求須有執業技師之資格，但實際上仍有操作之空間。而本條第2項則對於工程技術顧問公司之執業技師有資格之限制，並在第3項中要求工程技術顧問公司應依照其所登記之科別，各配置執業技師一名以上，以符合專業要求。

第13條（執業技師專任規定）

受聘於工程技術顧問公司或組織工程技術顧問公司之執業技師，須爲專任之繼續性從業人員，並僅得在該公司執行業務。

解說

本條規範之立法理由在於避免「借牌」，若執業技師已於本法所指之顧問公司中執業，則僅得於該執業中執行業務，不得於同時於他公司兼任，此同時亦可避免產生利害衝突之問題。

第16條（登記證不得出租出借）

工程技術顧問公司不得將工程技術顧問公司登記證出租或出借與他人使用。

解說

本條規定在於禁止本法所稱之顧問公司「借牌」給他人，以達本法管制之目的，違反時，依本法第27條之罰則，主管機關即目前之工程會「應」勒令該公司停業，併科處新臺幣50萬至250萬之罰鍰。

第17條（承接業務規定）

Ⅰ工程技術顧問公司承接工程技術服務業務，不得逾越其登記證所載營業範圍。

Ⅱ工程技術顧問公司承接工程技術服務業務，應交由執業技師負責辦理；所爲之圖樣及書表，應由該執業技師簽署，並依法辦理簽證。

Ⅲ工程技術顧問公司及其指派監督業務者，不得令其受聘之執業技師於執行業務時，違反與業務有關之法令，或違背其業務應盡之義務。

解說

本條規定旨在與本法第4條之營業範圍規定互爲搭配，因爲若顧問公司得爲登記範圍外之技術服務，營業範圍之限制即形同瓦解，所以要求顧問公司應於營業項目內承辦業務，並設置專業技師依法辦理登記業務。

第20條（投保專業責任保險）

Ⅰ工程技術顧問公司應投保專業責任保險；其投保方式採逐案強制投保，其最低保險金額由主管機關會商財政部定之。

Ⅱ前項專業責任保險，要保人未經委託者同意，不得退保；保險契約變更、終止或解除時，要保人及保險人應以書面通知委託者。

解說

本條規定在於要求顧問公司需強制透過保險分散業務上之風險，避免造成委託人之損失，且顧問公司亦不得在未經委託人之同意下退保，且契約有變更時，均需通知委託人。但因逐案投保而非逐年投保，故會有保險空窗期，而且最低金額不合理，對受害人之保險亦顯不足。建築師法及技師法均未有此種投保之強制規定，似宜加以援用，以分散風險。

第30條（罰則）

工程技術顧問公司之執業技師執行業務，違反與業務有關之法令時，依相關法令處罰執業技師。除下列情形外，主管機關對該工程技術顧問公司亦處新臺幣十萬元以上五十萬元以下罰鍰，並得命其監督執業技師限期改正；屆期未改正者，得按次連續處罰至改正爲止：

一、該工程技術顧問公司對於違反之發生，已盡力爲防止行爲者。

二、其他相關法令規定另處較重之處罰。

解說

本條爲兩罰規定，處罰除對執行職務之技師，亦同時對其所屬之顧問公司處罰，除非有本條第1款之免責事由，或有他法上之更重之處罰。

伍、相關考題

1. 依營造業法第41條規定，工程主管或主辦機關於勘驗、查驗或驗收工程時，營造業之專任工程人員及工地主任應在現場說明，並由專任工程人員於勘驗、查驗或驗收文件上簽名或蓋章。試問上開「勘驗」、「查驗」及「驗收」三者，本質上有何異同？（103高考三等公職建築師營建法規與實務）

2. 請試述下列名詞之意涵：（103普考建築工程營建法規概要）
   (1) 專業營造業
   (2) 特種建築物
   (3) 都市更新實施者
   (4) 建築物外殼耗能量
   (5) 公寓大廈共用部分

3. 依營造業法第32條規定，營造業之工地主任應負責辦理那些工作？營造業承攬之工程，免依第30條規定置工地主任者，上述工作，應由專任工程人員或指定專人為之。另依同法第39條規定，營造業負責人或專任工程人員違反第37條第1項、第2項或前條規定致生公共危險者，應視其情形分別依法負其責任。請詳述營造業法第37條第1項、第2項之規定為何？（103司法特考檢察事務官營繕工程組營建法規）

4. 請依營造業法相關條文回答下列問題：（103司法特考檢察事務官營繕工程組營建法規）
   (1) 營造業應於辦妥公司或商業登記後，向中央主管機關或直轄市、縣（市）主管機關申請營造業登記、領取營造業登記證書及承攬工程手冊，始得營業。依第19條規定，承攬工程手冊之內容，應包括那些事項？
   (2) 綜合營造業承攬之營繕工程或專業工程項目，除與定作人約定需自行施工者外，得交由專業營造業承攬，依第25條規定，其轉交工程施工責任之歸屬為何？

5. 為保障營繕工程承攬人與定作人雙方之合理法定權益，減少工程糾紛，營造業法明定承攬契約至少應載明那些事項？又營造業聯合承攬工程時，應共同具名簽約，並檢附聯合承攬協議書，共負工程契約之責。其聯合承攬協議書之內容應包含那些事項？（102高員鐵路人員考試建築工程營建法規）

6. 依我國營造業法第6條及第7條之規定，營造業分綜合營造業、專業營造業及土木包工業。其中的綜合營造業又分為甲、乙、丙三等，請說明上述分類及分等的設置條件、資本額及晉升等級條件。（102司法特考檢察事務官營繕工程組營建法規）

7. 當營造廠負責人使其勞工在有遭受溺水或土石流淹沒之虞的危險地區中作業，請問依照營造安全衛生設施標準第16條之規定，雇主應該辦理那些事項及提供那些設備？（102調查人員營繕工程組）

8. 請依現行營建法規體系之相關規定，回答下列問題：（102關務、交通人員升官等考試郵政營建法規概要）
   (1) 非都市土地得劃定為那些使用分區？另何謂「基準容積」？
   (2) 何謂營造業「負責人」？
   (3) 公寓大廈共用部分不得獨立使用供做專有部分，又那些並不得為約定專用部分？

9. 營造業工地主任在營造工程中扮演一個十分重要的角色，請依照營造業法之規定，說明營造業之工地主任應負責辦理工作為何？（102薦任土木、水利工程升官等考試營建管理與工程材料）

10. 試依營造業法規定，詳述營造業需於工地現場設置「工地主任」之條件。（101地特四等建築工程營建法規概要）

11. 試比較營造業法之「統包承攬」、「聯合承攬」，與政府採購法之「統包招標」、「共同投標」用語之定義與重點內容異同。（101地特

三等建築工程營建法規）

12. 依營造業法及營造業評鑑辦法規定，中央主管機關對營造業，應定期予以評鑑。試詳述營造業評鑑之主要目的及其評鑑機制。（101地特三等公職建築師營建法規與實務）

13. 試依營造業法規定，詳述營造業需於工地現場設置「工地主任」之條件。（101地特四等建築工程營建法規概要）

14. 按「營造業法」之規定，營造業之「專任工程人員」應負責辦理那些工作？當專任工程人員離職或因故不能執行業務時，營造業應如何處理？在未另聘專任工程人員期間，如有繼續施工工程，營造業當如何處置？（100司法特考檢察事務官營繕工程組營建法規）

15. 何謂B.I.M.（Building Information Modeling）？請說明如何應用於建築管理並分析其可產生的效益。（100薦任公務人員、關務人員升官等考試建築工程）

16. 試比較營造業法之「統包承攬」、「聯合承攬」，與政府採購法之「統包招標」、「共同投標」用語之定義與重點內容異同。（100地特三等建築工程營建法規）

陸、延伸閱讀

1. 吳樹坤，〈營造業設置專任技術人員之研究〉，臺灣科技大學營建工程學系碩士論文，2001年。
2. 伍勝民，〈營建工程監督責任之研究〉，東海大學法律學系碩士論文，2005年。
3. 黃馨慧，〈設計監造契約爭議〉，收錄於古嘉諄、吳詩敏主編，工程法律實務研析（四），元照出版社，2008年9月。

4. 陳秋華，〈統包工程常見爭議〉，收錄於古嘉諄、陳希佳、陳秋華主編，工程法律實務研析（三），寰瀛法律事務所，2007年7月。

第七講

建築師法與技師法

案例

技師之法律責任

技師甲為某市政府工務局衛生下水道工程處委託第三人乙工程顧問股份有限公司，承作「某區用戶排水設備工程委託監造服務」監造服務案的專業簽證技師。97年7月21日系爭工程的某路段附近發現有人孔設施未依契約規範施作，且未經核備以木板取代框蓋覆蓋人孔，上覆瀝青混凝土，天雨後造成路面破損及坑洞，致生嚴重危害人車安全情事。衛工處以技師甲違反技師法規定移送懲戒，審議結果認為甲是系爭工程監造服務案監造簽證技師，未善盡現場查核及督導義務以防範相關工程缺失之發生，核有舊技師法第19條第1項第6款後段「對於委託事件違背其專業應盡之義務」之禁止行為（目前則移到同條第1項第2款「違反或廢弛其業務應盡之義務」），依同法第41條第1項第3款規定，決議甲應予申誡。原告不服申請覆審，經覆審委員會決議駁回後，提起本件行政訴訟。試問本案甲之申誡處分是否合法？工務局可否併行處罰乙工程顧問公司？（摘自臺北高等行政法院100年度訴字第142號判決）

壹、前言

一、建築師與技師之自律原則

歐洲西方社會自**中古世紀**以來，就有強大穩定自律的專業技師公會傳統，特別強調其**職業公會自律**。**公會地位相當於行政機關**[1]。而與營造工程相關之專業技師，最重要的就是**建築師**與土木、結構、大地及水利**技**

[1] 參照林明鏘，〈同業公會與經濟自律〉，臺北大學法學論叢第71期，2009年9月，頁41至79。

師，臺灣目前均已各別成立中央與地方之建築師公會與相關技師公會。個別建築師或技師若欲執業，則必先加入公會成爲會員，學理上稱之爲「業必入會」原則。建築師法及技師法主要係管制這些自然人如何執行業務及其相關之權利義務。

二、建築師與技師之執掌

建築師爲法定設計人及監造人（依建築法§13），擔任工程設計與品管之統籌大任，依內政部統計，在2019年底時，建築師事務所家數有4,151家，執業建築師人數共4,317人（甲等建築師有4,310人，7人爲乙等建築師）[2]；而技師之部分共計分成32科，依工程會統計約有28,392人領證，但僅4,443位技師[3]以此執業，執業率只有15.65%，且將近七成執業於工程技術顧問公司。在各科技師之中與工程最相關者包含**大地**、**水利**、**結構**、**土木**四大科，其他相關者尙有如**地質技師**、**冷凍**、**電機技師**，而於32科技師中，有9種是完全無人執業，另有7科執業人數僅個位數。執業人數最多者爲土木技師，領證人數達11,324人，執業人數有1,475人；其次爲結構技師，領證人數爲1,911人，但執業人數達657人[4]。

此二職業之關係，理論上向來是**術業各有專攻，各有各的傳統工作範圍**，但建築師依照建築法第13條之規定，建築師爲法定「**設計人及監造業務人**」，不僅僅只有「**設計**」權限而已，此外技師常**受建築師領導**[5]，只是，實務上業主（起造人）因不重視建築師的設計專業，常壓低**設計費用**，讓建築師必須要爭取「**監造**」之業務以謀收費平衡，建築師及技師依法均須經國家考試及格，取得證照，以確保其專業水準，並保障公共利益。各科技師之分科與職權，還請參閱本書後述表7-1各科技師執業範圍

[2] 公開資料更新時間爲2020年4月底，參照內政部：http://sowf.moi.gov.tw/stat/year/y09-05.ods（最後瀏覽日期：2021/5/19）。

[3] 前述領證和執業可能有重疊，亦即一人有兩張技師執照者，會重複計算。

[4] 參照公共工程委員會：http://pe2sys.pcc.gov.tw/Public/EGR/Report5.aspx?progid=EGR_2_2_5&rn=1636309038（最後瀏覽日期：2021/7/7）。

[5] 參照**建築師法**第16條：「建築師受委託人之委託，辦理建築物及其實質環境之調查、測量、設計、監造、估價、檢查、鑑定等各項業務，並得代委託人辦理申請建築許可、招商投標、擬定施工契約及其他工程上之接洽事項。」

一一列舉。

三、技師與建築師之關係

技師與建築師因爲業務多有重疊（含設計及監造業務），故關係相當緊張，甚或是技師與技師之間，也是如此，會**互相競爭**執業範圍。舉例來說，當**結構技師**自**土木技師**獨立出來單獨分科時，雙方關係就對其能簽證業務範圍，互不相讓，呈現此種緊張的重疊關係[6]，這種業務重疊競爭關係可由下列規定，看得更加清楚：

1. 5層樓條款[7]：5層樓以下非供公眾使用之建築，得由建築所單獨負責無須土木技師負責辦理（建築法§13Ⅰ）。
2. 6層以上，不滿36層：由建築所與土木技師共同負責。
3. 36公尺以上建築：即12層樓以上，除土木技師、建築師，尚需要結構技師簽證（參見本講表7-1各科技師執業範圍）。

---

[6] 參照**大法官釋字第411號解釋**：「經濟部會同內政部、交通部、行政院農業委員會、行政院勞工委員會、行政院衛生署、行政院環境保護署（下稱經濟部等七部會署）於**中華民國八十年四月十九日以經（八十）工字第○一五五二二號等令訂定『各科技師執業範圍』，就中對於土木工程科技師之執業範圍，限制『建築物結構之規劃、設計、研究、分析業務限於高度三十六公尺以下』部分，係技師之中央主管機關及目的事業主管機關爲劃分土木工程科技師與結構工程科技師之執業範圍，依技師法第十二條第二項規定所訂，與憲法對人民工作權之保障，尚無牴觸**。又行政院於六十七年九月十九日以臺六十七經字第八四九二號令與考試院於六十七年九月十八日以（六七）考臺秘一字第二四一四號令會銜訂定『技師分科類別』及『技師分科類別執業範圍說明』，就結構工程科之技師執業範圍特別訂明『**在尚無適當數量之結構工程科技師開業之前，建築物結構暫由開業之土木技師或建築技師負責辦理。**』乃係因應當時社會需要所訂之暫時性措施。迨七十六年十月二日始由行政院及考試院會銜廢止。則經濟部等七部會署嗣後以首揭令訂定『各科技師執業範圍』，於土木工程科執業範圍『備註』欄下註明『於民國六十七年九月十八日以前取得土木技師資格，並於七十六年十月二日以前具有三十六公尺以上高度建築物結構設計經驗者，不受上列建築物結構高度之限制。』其於六十七年九月十九日以後取得土木工程科技師資格者，**仍應受執業範圍規定之限制，要屬當然**。」

[7] 參照**建築法第13條第1項**：「本法所稱建築物設計人及監造人爲建築師，以依法登記開業之建築師爲限。但有關建築物結構及設備等專業工程部分，**除五層以下非供公眾使用之建築物外，應由承辦建築師交由依法登記開業之專業工業技師負責辦理，建築師並負連帶責任。**」**建築師法第19條**：「建築師受委託辦理建築物之設計，應負該工程設計之責任；其受委託監造者，應負監督該工程施工之責任，但有關建築物結構與設備等專業工程部分，**除五層以下非供公眾使用之建築物外，應由承辦建築師交由依法登記開業之專業技師負責辦理，建築師並負連帶責任。當地無專業技師者，不在此限。**」

但法規中尚有其他諸多例外條款，使土木技師亦得行使建築師之設計及監造權限或結構技師亦得享有簽證之權限，更增添權責及技師業務區隔上之困難。例如本講附表7-1技師執業範圍表中，環工技師之簽證權限極有可能與土木技師之權限相互競合。

貳、建築師法

一、執業

（一）自律（建築師法§28）

無論是建築師或是技師（技師法§24），都需要**加入公會才能夠執業**，而懲戒也是要**讓公會自己組成懲戒委員會（含懲戒覆審委員會）來處理**懲戒案件，例如：建築師法第36條第1項第8款之「紀律委員會」，但目前之建築師懲戒委員會仍隸屬於地方主管機關，而非公會（建築師法§47）。此在學理上稱之爲「公會自律」原則，使公會地位相當於行政機關，因共享有公權力，懲戒其違法失職之會員。

（二）資格特許要件

1. 建築師

非建築系畢業者，不取得應考建築師資格，建築研究所畢業者應有18個建築學分，建築相關科系者須修滿18個建築設計學分與15個建築相關學分，始得應專技人員建築師特種考試，這是一般土木系畢業生無法應建築師考試之主要理由，因爲土木科系較重視鋼筋混凝土等結構學而無建築設計課程，故其「**設計學分**」通常不足18學分[8]。例如：臺大土木系之畢

---

[8] 參照**專門職業及技術人員高等考試建築師考試規則**第4條：「具有下列資格之一者，得應本考試：一、於公立、依法立案之私立專科以上學校或符合教育部採認規定之國外專科以上學校建築、建築及都市設計、建築與都市計劃科、系、組、學位學程畢業，領有畢業證書。二、於公立、依法立案之私立大學、學院或符合教育部採認規定之國外大學、學院建

業必修學分。而擔任建築師則有下列要件限制：

(1) 積極要件

中華民國人民應建築師考試及格（建築師法§1）、或修滿一定學分得應檢覈考試（建築師法§2），但若爲大陸人民，依兩岸人民關係條例，非於臺灣有戶籍，則不得應試[9]。

(2) 消極要件

不得充任建築師之限制（建築師法§4）[10]。例如精神病或受破產宣告等。

(3) 外國人執業

應循**平等互惠**原則[11]，若他國未承認中華民國之建築師得在當地執業，則中華民國亦得不承認其在臺灣地區執行建築師業務。例如：日本著名建築師伊東豐雄即無法在臺灣執行建築師業務。因爲日本並不承認臺灣建築師至日本執行業務。

築研究所畢業，領有畢業證書，並曾修習前款規定之科、系、組、學位學程開設之建築設計十八學分以上，有證明文件。三、於公立、依法立案之私立專科以上學校或符合教育部採認規定之國外專科以上學校相當科、系、組、所、學位學程畢業，領有畢業證書，曾修習第一款規定之科、系、組、學位學程開設之建築設計十八學分以上；及建築法規、營建法規、都市設計法規、都市計畫法規、建築結構學及實習、結構行爲、建築結構系統、建築構造、建築計畫、結構學、建築結構與造型、鋼筋混凝土、鋼骨鋼筋混凝土、鋼骨構造、結構特論、應用力學、材料力學、建築物理、建築設備、建築物理環境、建築環境控制系統、高層建築設備、建築工法、施工估價、建築材料、都市計畫、都市設計、敷地計畫、環境景觀設計、社區規劃與設計、都市交通、區域計畫、實質環境之社會計畫、都市發展與型態、都市環境學、都市社會學、中外建築史、建築理論等學科至少五科，合計十五學分以上，每學科至多採計三學分，有證明文件。四、高等檢定考試建築類科及格。」

9 參照**臺灣地區與大陸地區人民關係條例第22條第2項**：「大陸地區人民**非經許可在臺灣地區設有户籍者**，不得參加公務人員考試、**專門職業及技術人員考試之資格**。」

10 參照**建築師法第4條**：「有下列情形之一者，不得充任建築師；已充任建築師者，由中央主管機關撤銷或廢止其建築師證書：一、受監護或輔助宣告，尚未撤銷。二、罹患精神疾病或身心狀況違常，經中央主管機關委請二位以上相關專科醫師諮詢，並經中央主管機關認定不能執行業務。三、受破產宣告，尚未復權。四、因業務上有關之犯罪行爲，受一年有期徒刑以上刑之判決確定，而未受緩刑之宣告。五、受廢止開業證書之懲戒處分（第1項）。前項第一款至第三款原因消滅後，仍得依本法之規定，請領建築師證書（第2項）。」

11 參照**建築師法第54條**：「外國人**得依中華民國法律應建築師考試**（第1項）。前項考試及格領有建築師證書之外國人，在中華民國執行建築師業務，**應經內政部之許可，並應遵守中華民國一切法令及建築師公會章程及章則（第2項）。外國人經許可在中華民國開業爲建築師者，其有關業務上所用之文件、圖說，應以中華民國文字爲主（第3項）。**」

2. 技師

技師法第3條：積極資格，經技師考試及格；技師法第11條：消極資格與建築師法之規定相互類似。

二、開業

建築師領有建築師證書，且具有二年以上建築工程經驗，得申請開業證書（建築師法§7）。

1. 以建築師事務所與聯合建築師事務所方式執行業務，並應向所在地之直轄市、縣（市）辦理登記（建築師法§6）。
2. 只要在所在地政府辦理登記，即可在全國執業[12]（除金馬地區有特別限制條款外）（建築師法§6）。
3. 開業前有二年建築工程經驗限制[13]。

三、業務範圍[14]（建築師法§16）

建築師主要以**設計**、**監造**爲其業務範圍，亦得爲工程鑑定報告、估價、檢查、測量或環境調查等業務，只是法院通常不太能夠完全接受建築師公會所爲之工程鑑定報告內容，而認公共工程委員會之工程鑑定較爲準確客觀。

建築法上之法定設計及監造人地位（建築法§13）與建築師法第16條之業務須一併理解觀察，因爲依據建築師法第16條規定，建築師的業務尚含測量、估價、辦理申請建築許可、招商投標及擬定施工契約等服務內容，故不僅僅只有建築法第13條所定之設計與監造二種權限而已。

---

[12] 參照建築師法第28條第1項：「建築師領得開業證書後，非加入該管直轄市、縣（市）建築師公會，不得執行業務；建築師公會對建築師之申請入會，不得拒絕。」

[13] 參照建築師法第7條：「領有建築師證書，具有二年以上建築工程經驗者，得申請發給開業證書。」

[14] 參照建築師法第16條：「建築師受委託人之委託，辦理建築物及其實質環境之調查、測量、設計、監造、估價、檢查、鑑定等各項業務，並得代委託人辦理申請建築許可、招商投標、擬定施工契約及其他工程上之接洽事項。」

四、建築師之法律責任

依建築師法第19條及第21條規定，建築師對於承辦業務行為，應負法律責任，此處所稱之法律責任包含刑事、民事及行政責任在內。

1. 民事：例如：違反委任或承攬契約責任或侵權行為之民事損害賠償責任等。
2. 刑事：例如：觸犯過失致人於死罪，或違背建築術成規罪（刑法§193）。
3. 行政：例如：建築師有違法行為而受建築師法之懲戒處分等。

五、建築師之公益性、獨立性及專職性

1. 公益性：規定於建築師法第24條，建築師對公共安全、社會福利及預防災害有襄助之義務，所以臺灣在921大地震後，即發動全國建築師為建物安全結構之鑑定。
2. 獨立性：依建築師法第19條，建築師為監造時，為有助公共安全，具有行使職權上相當之獨立性。
3. 專職性：依建築師法第25條規定，建築師不得兼任公務人員、營造業技師或建築材料商等，以避免角色混淆或義務及利益衝突之情形發生。

六、建築師之酬金管制（建築師法§37）

依建築師法第37條規定，建築師公會應訂立業務章則，載明建築師收取酬金標準，但會不會與公平法所禁止之「聯合行為」相當[15]？尚有商榷

---

[15] 參照**公平交易委員會**（82）**公壹字第50836號**：「……（一）建築師法第三十七條授權建築師公會得於其業務章則訂定收費標準，**該業務章則經內政部於民國六十二年七月九日以內政部臺內地字第五四六九〇七號令核定**。而「統一代收業務酬金規約」係建築師公會為確保債權及交易安全之需要於民國六十二年十二月二十七日第一屆第一次臨時會員大會決議訂定，並經臺北市政府社會局於六十三年三月二十八日以北市社一字第七二三八號函核備，施行迄今已近二十年。（二）惟公平交易法已於民國八十一年二月四日施行，**此一制度應於六個月內配合公平交易法精神依法予以調整，逾期不為調整者，建築師公會不得再沿用『統一代收業務酬金規約』統一代收酬金**。」本案經行政法院83年度判字第2021號判

修改建築師法第37條規定之餘地。所以不論是酬金標準上限或下限，均屬於垂直聯合行為，屬於價格最惡質聯合行為（Hard-Cove-Kartell）。

七、建築師之懲戒與處罰

依建築師法第43條、第45條及第46條，建築師有違反建築師法義務之行為時，除得依建築師法第45條、第46條予以懲戒外，例如：警告、申誡、停業（二個月以上，二年以下）、撤銷或廢止開業證書，並得依建築師法第43條規定，由主管機關予以罰鍰處分（1萬元以上，3萬元以下）。

八、小結評析

建築師法內容尚有許多值得斟酌修正部分，例如：建築師是否應有分級制度？釐清監造之法定連帶責任、開業方式可否放寬以公司組織型態為之？刑事責任宜否加以要件明確化限制？是否有刑事、行政及民事上之連帶責任？法律明定建築師與技師連帶責任之正當性為何？都值得修改建築師法再行討論明確化。

九、建築師法重要條文解說

第1條（建築師國考資格限制）
中華民國人民經建築師考試及格者，得充任建築師。

解說

但依建築師法第54條規定，外國人亦得依中華民國法律應建築師考試。外國建築師目前尚不得未經國家考試及當然考試充任我國之建築師。例如：ECFA服務貿易尚未開放建築師事務所之相互承認得執行相關業務。

決審理後駁回確定。

第2條（建築師檢覈）

Ⅰ具有左列資格之一者，前條考試得以檢覈行之：

一、公立或立案之私立專科以上學校，或經教育部承認之國外專科以上學校，修習建築工程學系、科、所畢業，並具有建築工程經驗而成績優良者，其服務年資，研究所及大學五年畢業者為三年，大學四年畢業者為四年，專科學校畢業者為五年。

二、公立或立案之私立專科以上學校，或經教育部承認之國外專科以上學校，修習建築工程學系、科、所畢業，並曾任專科以上學校教授、副教授、助理教授、講師，經教育部審查合格，講授建築學科三年以上，有證明文件者。

三、公立或立案之私立專科以上學校，或經教育部承認之國外專科以上學校，修習土木工程、營建工程技術學系、科畢業，修滿建築設計二十二學分以上，並具有建築工程經驗而成績優良者，其服務年資，大學四年畢業者為五年，專科學校畢業者為六年。

四、公立或立案之私立專科以上學校，或經教育部承認之國外專科以上學校，修習土木工程、營建工程技術學系、科畢業，修滿建築設計二十二學分以上，並曾任專科以上學校教授、副教授、助理教授、講師，經教育部審查合格，講授建築學科四年以上，有證明文件者。

五、經公務人員高等考試建築工程科考試及格，且經分發任用，並具有建築工程工作經驗三年以上，成績優良，有證明文件者。

六、在外國政府領有建築師證書，經考選部認可者。

Ⅱ前項檢覈辦法，由考試院會同行政院定之。

解說

建築師除得依第1條規定，參加專技人員高考，取得建築師資格外，亦得依本條鎖定特殊資格參加「檢覈」，其檢覈辦法則授權行政院與考試院共同定之。

第4條（建築師消極資格要件）

Ⅰ有下列情形之一者，不得充任建築師；已充任建築師者，由中央主管機關撤銷或廢止其建築師證書：

一、受監護或輔助宣告，尚未撤銷。

二、罹患精神疾病或身心狀況違常，經中央主管機關委請二位以上相關專科醫師諮詢，並經中央主管機關認定不能執行業務。

三、受破產宣告，尚未復權。

四、因業務上有關之犯罪行爲，受一年有期徒刑以上刑之判決確定，而未受緩刑之宣告。

五、受廢止開業證書之懲戒處分。

Ⅱ前項第一款至第三款原因消滅後，仍得依本法之規定，請領建築師證書。

解說

本條規定建築師之消極執業資格，例如：判刑一年以上，且未受緩刑宣告時，才能撤銷或廢止其建築師證書，以確保建築師之品質。

第6條（開業方式及職業限制）

建築師開業，應設立建築師事務所執行業務，或由二個以上建築師組織聯合建築師事務所共同執行業務，並向所在地直轄市、縣（市）辦理登記開業且以全國爲其執行業務之區域。

解說

本條明文限制建築師之執業方式，禁止其以公司組織執行建築師業務，並以全國爲其職業之範圍（金、馬除外，但其他縣市之建築師得申請加入金馬地區建築師公會，詳參本法§28-1）。並沒有區域性之限制，這一點與律師執業上區分法院地區，原則上不得跨區執業有所不同。

第7條（開業證書之限制）

領有建築師證書，具有二年以上建築工程經驗者，得申請發給開業證書。

解說

本條限制高考專技人員及格者不得馬上自行開業，須有兩年建築工程經驗，以確保建築師之設計與監造工程技術能力。

第16條（建築師之法定義務）

建築師受委託人之委託，辦理建築物及其實質環境之調查、測量、設計、監造、估價、檢查、鑑定等各項業務，並得代委託人辦理申請建築許可、招商投標、擬定施工契約及其他工程上之接洽事項。

解說

本條將建築師之業務範圍，詳細加以列舉，包含有環境調查、測量、設計（主要）、監造、估價、檢查、鑑定、申請建築許可、招商投標及擬定施工契約等重要事項，有些事項在實務上較少使用，例如：鑑定或擬定施工契約。

第19條（建築師之責任）

建築師受委託辦理建築物之設計，應負該工程設計之責任；其受委託監造者，應負監督該工程施工之責任，但有關建築物結構與設備等專業工程部分，除五層以下非供公眾使用之建築物外，應由承辦建築師交由依法登記開業之專業技師負責辦理，建築師並負連帶責任。當地無專業技師者，不在此限。

解說

本條將建築師、專業技師之分工方式，其區分除以樓層高度外，並以是否供公眾使用而有不同，應共同負擔連帶行政及民事責任。行政責任涉及相關專業技師之懲戒責任，民事責任主要係指賠償責任。

第21條（建築師之責任）

建築師對於承辦業務所爲之行爲，應負法律責任。

解說

本條所稱法律責任，在形式上包含民事責任、刑事責任與行政責任三者在內。如民事上之債務不履行責任、刑事上過失致人於死傷或之責任、行政責任上如被懲戒或剝奪建築師資格，在民事責任上尚可以透過專業責任、保險加以分散風險，如同醫師一般，因其執行業務具有高度風險。至於具體詳細內容，則應視案例類型而定。

第24條（建築師之公共性）

建築師對於公共安全、社會福利及預防災害等有關建築事項，經主管機關之指定，應襄助辦理。

解說

本條說明建築師負有公共利益之義務，對於主管機關指定事項，有義務襄助此種協力辦理業務。

第25條（建築師專職義務）

建築師不得兼任或兼營左列職業：

一、依公務人員任用法任用之公務人員。

二、營造業、營造業之主任技師或技師，或爲營造業承攬工程之保證人。

三、建築材料商。

解說

爲避免建築師角色利益衝突，而有本條兼任、兼職之禁止規定，包含禁止兼任公務人員及技師、建築材料商，以避免設計綁建材。

第37條（建築師業務章則）

Ⅰ建築師公會應訂立建築師業務章則，載明業務內容、受取酬金標準及應盡之責任、義務等事項。

Ⅱ前項業務章則，應經會員大會通過，在直轄市者，報請所在地主管建築機關，核轉內政部核定；在省者，報請內政部核定。

解說

建築師公會地位類似功能性之行政機關，得自律其會員，本條亦規定酬金標準得由公會業務章則訂定，供會員酌參或遵循，但即與公平交易法上禁止聯合行爲有所不合，公會曾因此而遭受處罰。

第43條（建築師之行政責任）

建築師未經領有開業證書、已撤銷或廢止開業證書、未加入建築師公會或受停止執行業務處分而擅自執業者，除勒令停業外，並處新臺幣一萬元以上三萬元以下之罰鍰；其不遵從而繼續執業者，得按次連續處罰。

解說

本條規定建築師之執業要件爲：1.開業證書+2.加入建築師公會+3.未受停止執行業務處分者。

第45條（建築師之懲戒責任）

Ⅰ建築師之懲戒處分如下：

一、警告。

二、申誡。

三、停止執行業務二月以上二年以下。

四、撤銷或廢止開業證書。

Ⅱ建築師受申誡處分三次以上者，應另受停止執行業務時限之處分；受停止執行業務處分累計滿五年者，應廢止其開業證書。

解說

本條明定建築師所受懲戒處分之種類，此種懲戒處分屬於專業人員特殊處罰，故不適用一般人民之行政罰法規定。

第52條（過渡條款）

Ⅰ本法施行前，領有建築師甲等開業證書有案者，仍得充建築師。但應依本法規定，檢具證件，申請內政部核發建築師證書。

Ⅱ本法施行前，領有建築科工業技師證書者，準用前項之規定。

解說

本條為不溯既往條款，由於建築師法制定時間於1971年，遠遠晚於1947年的技師法，而同一時間大幅修正建築法，基於各種因素，立法者賦予了建築師有排他性的專門的執業範圍，例如「監造」。由於相關業務在此之前，已經有其他專技人員在執業，如建築科工業技師，考慮到通過法律對其影響，特設本條為過渡條款，允許本法施行前可以繼續執行相關業務。

第53條（過渡條款）

Ⅰ本法施行前，領有建築師乙等開業證書者，得於本法施行後，憑原領開業證書繼續執行業務。但其受委託設計或監造之工程造價以在一定限額以下者為限。

Ⅱ前項領有乙等開業證書受委託設計或監造之工程造價限額，由直轄市、縣（市）政府定之，並得視地方經濟變動情形，報經內政部核定後予以調整。

解說

此兩條規定，規範保障以往之甲、乙等建築師之過渡條款，以保障其工作權及信賴利益，不因新法施行而受影響。

第54條（外國人充任建築師之限制）

Ⅰ外國人得依中華民國法律應建築師考試。

Ⅱ前項考試及格領有建築師證書之外國人，在中華民國執行建築師業務，應經內政部之許可，並應遵守中華民國一切法令及建築師公會章程及章則。

Ⅲ外國人經許可在中華民國開業爲建築師者，其有關業務上所用之文件、圖說，應以中華民國文字爲主。

解說

本條允許外國人得應我國之建築師專技高考，但執業仍應以中文爲主，故外國人若僅有外國建築師執照，依本條即不能於我國境內執行建築師業務。

參、技師法

一、執業

依技師法之規定，技師執行業務，須依下述圖7-1程序爲之：

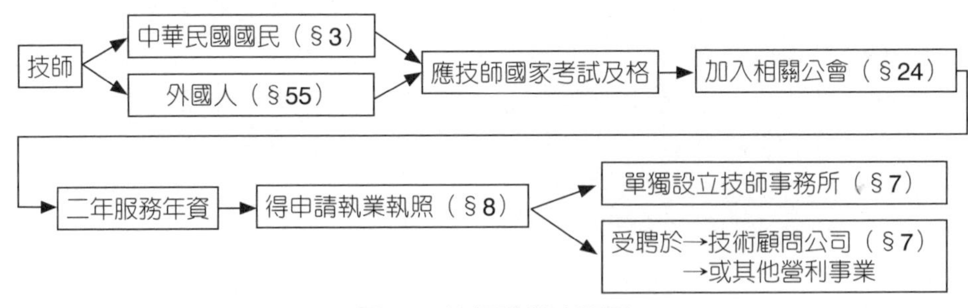

圖7-1　技師職業流程圖

二、職務與分科

技師目前共分成32科，每科技師執業範圍、具體規定於「各科技師執業範圍」（此爲內政部依技師法第13條第2項之授權於民國89年1月29日發布之法規命令），包含有土木工程科、水利工程科、結構工程科、大地工程科等。各科與各科間常有業務範圍重疊現象出現，致各科技師間因業務範圍不清而滋生糾紛，尚需釐清。業務範圍請參見表7-1：

表7-1　各科技師執業範圍表

科別		執業範圍	備註
一	土木工程科	從事混凝土、鋼架、隧道、涵渠、橋樑、道路、鐵路、碼頭、堤岸、港灣、機場、土石方、土壤、岩石、基礎、建築物結構、土地開發、防洪、灌溉等工程以及其他有關土木工程之調查、規劃、設計、研究、分析、試驗、評價、鑑定、施工、監造、養護、計畫及營建管理等業務。但建築物結構之規劃、設計、研究、分析業務限於高度36公尺以下。	於民國67年9月18日以前取得土木技師資格並於76年10月2日以前具有36公尺以上高度建築物結構設計經驗者不受建築物結構高度36公尺之限制。
二	水利工程科	從事防洪、禦潮、灌溉、排水、堰、壩、堤防、涵渠、下水道、給水、水力發電、築港、河川橋樑、水資源開發、水工結構、山坡地開發、河川地開發、海浦地開發等工程及其他有關水利工程之規劃、設計、監造、研究、分析、試驗、評價、鑑定、施工、養護、檢驗及計畫管理等業務。	
三	結構工程科	從事橋樑、壩、建築及道路系統等結構物及基礎等之調查、規劃、設計、研究、分析、評價、鑑定、施工、監造及養護等業務。	

表7-1　各科技師執業範圍表（續）

科別		執業範圍	備註
四	大地工程科	從事有關大地工程（包含土壤工程、岩石工程及工程地質）之調查、規劃、設計、研究、分析、試驗、評價、鑑定、施工、規劃、施工設計及其資料提供等業務。	
五	測量科	從事大地測量、航空測量、地形測量、河海測量及工程測量等之規劃、研究、分析、評價、鑑定、實測及製圖等業務。	
六	環境工程科	從事處理及防治水污染、空氣污染、土壤污染、噪音、振動、廢棄物、毒性物質等工程及水處理工程之規劃、設計、監造、研究、分析、試驗、評價、鑑定、施工、養護、檢驗監測、評估及計畫管理等業務。	
七	都市計畫科	從事有關都市計畫之規劃、設計、檢驗、分析、評估、調查及計畫管理等業務。	
八	機械工程科	從事機械設備之規劃、設計、監造、研究、分析、試驗、評價、鑑定、製造、安裝、保養、修護、檢驗及計畫管理等業務。	
九	冷凍空調工程科	從事冷凍、冷藏、空調等設備之規劃、設計、監造、研究、分析、試驗、評價、鑑定、製造、安裝、保養、修護、檢驗及計畫管理等業務。	
十	造船工程科	從事船舶之規劃、設計、監造、研究、分析、試驗、評價、鑑定、製造、保養、修護、檢驗、安全及計畫管理等業務。	
十一	電機工程科	從事電機設備之規劃、設計、監造、研究、分析、試驗、評價、鑑定、製造、安裝、保養、修護、檢驗及計畫管理等業務。	

表7-1　各科技師執業範圍表（續）

科別		執業範圍	備註
十二	電子工程科	從事電子、電信、電子計算機等設備之規劃、設計、監造、研究、分析、試驗、評價、鑑定、製造、安裝、保養、修護、檢驗及計畫管理等業務。	
十三	資訊科	從事資訊軟體系統之規劃、設計、研究、分析、建置、組合、測試、維護等業務。	
十四	航空工程科	從事航空器之規劃、設計、監造、研究、分析、試驗、評價、鑑定、製造、保養、修護、檢驗及計畫管理等業務。	
十五	化學工程科	從事化工產品之規劃、設計、研究、分析、試驗、監製；化工製程之研究、設計；化工設備之規劃、設計、監造、研究、分析、試驗、評價、鑑定、安裝、保養、修護、檢驗及計畫管理等業務。	
十六	工業工程科	從事工業廠區規劃、工廠布置、物料搬運及有關生產、銷售、庫存、成本、動作、時間、效率、品質、自動化等之規劃、設計、研究、分析、試驗、調查、鑑定、評價及計畫管理等業務。	
十七	工業安全科	從事有關工業安全之規劃、設計、研究、分析、檢驗、鑑定、評估及計畫管理等業務。	
十八	工礦衛生科	從事有關工業礦業衛生之規劃、設計、研究、分析、測定、檢驗、評估、鑑定及計畫管理等業務。	
十九	紡織工程科	從事紡織品之規劃、設計、研究、分析、試驗、監製；紡織製程之研究、設計；紡織設備之規劃、設計、監造、研究、分析、試驗、評價、鑑定、安裝、保養、修護、檢驗及計畫管理等業務。	
二十	食品科	從事食品之規劃、設計、研究、開發、改良、分析、鑑定、試驗、檢驗、製造、品管、衛生管理及監製等業務。	

表7-1　各科技師執業範圍表（續）

科別		執業範圍	備註
二十一	冶金工程科	從事冶金產品之規劃、設計、研究、分析、試驗、監製；冶金製程之研究、設計；冶金設備之規劃、設計、監造、研究、分析、試驗、評價、鑑定、安裝、保養、修護、檢驗及計畫管理等業務。	
二十二	農藝科	從事農藝作物之研究、試驗、分析、規劃、設計、測定、鑑定、育種、繁殖、栽培、病蟲害防治、加工、管理等業務。	
二十三	園藝科	從事園藝作物之研究、試驗、分析、規劃、設計、鑑定、育種、繁殖、栽培、修剪、病蟲害防治、加工、處理；公園、庭園之規劃、設計、施工、維護；環境美化、綠化等業務。	
二十四	林業科	從事林業及林業工程之研究、分析、規劃、設計、育林、保護、經營、調查、製造、評估及管理等業務。	
二十五	畜牧科	從事家畜之研究、試驗、育種、繁殖；畜產之加工、處理；牧場之規劃、設計、經營、管理；飼料調配、檢驗及畜場污染防治等業務。	
二十六	漁撈科	從事水產物採捕；漁具設計、監造、檢驗、試驗；漁法研究、改進、試驗；漁場調查、分析；海洋漁業經營、規劃及指導等業務。	
二十七	水產養殖科	從事水產繁、養殖場之設計、監造；水產物之育種、繁殖、養殖；養殖漁業之經營、規劃及指導等業務。	
二十八	水土保持科	從事水土保持之調查、規劃、設計、監造、研究、分析、試驗、評價、鑑定、施工及養護等業務。	

表7-1　各科技師執業範圍表（續）

科別		執業範圍	備註
二十九	採礦工程科	從事礦床或土石之探勘、礦區或土石區之測繪、礦量估計、礦藏評價、礦物鑑定；選礦及採礦或土石採取之規劃、設計、研究、分析、施工、監造、維護及鑑定等業務。	
三十	應用地質科	從事地質調查及測繪；礦床探勘及蘊藏量評估、礦藏評價、礦物鑑定、地球化學分析；工程地質調查及測繪、地質鑽探、土層與岩心鑑定、岩石與土壤性質試驗；地球物理探勘及分析；水文地質調查及測繪；環境地質調查及測繪；古生物鑑定、地層鑑定等業務。	
三十一	礦業安全科	從事礦業或土石採取安全之規劃、設計、研究、分析、檢驗、鑑定、評估及計畫管理等業務。	
三十二	交通工程科	從事車輛與行人之交通特性、流量、事故、道路服務水準之調查、分析、研究與評估；道路交通工程、交通安全、管制與監控系統、停車與行人交通設施之調查、研究、評估、規劃、設計、施工、維護及營運；整體性道路交通管理方案之規劃。	

（本表摘自各科技師執業範圍）

技師考試原則上每年舉辦一次，但如食品技師每年則有兩次考試，而其第二次考試則與其他31科技師一起舉辦，均分6個應考科目，分兩天進行[16]。

16 參照考試院考選部，103年專門職業及技術人員高等考試建築師、技師、第二次食品技師考試暨普通考試不動產經紀人、記帳士考試，http://wwwc.moex.gov.tw/main/Exam/wFrmExamDetail.aspx?c=103170（最後瀏覽日期：2014/5/27）。

三、技師之權利與義務

（一）權利：技師依技師法第13條有權利接受委託、辦理本科技術事項業務，包含規劃、設計、監造、分析、施工、製造、檢驗等（§13），並得收取必要費用。

（二）義務：技師義務主要有：

1.不可拒絕政府機關之指定辦理事項（§14）。

2.簽證義務（§16）。

3.報告義務（§17）。

4.不得逾越執業範圍（§20）。

5.應受專業訓練及監督（§22、§23Ⅰ）：由主管機關加以監督（工程）與訓練。

6.其他禁止行爲（§19）：例如：不得使他人假用本人名義執行義務（即借牌禁止原則），以不正當方法招攬業務等行爲。

四、技師之責任

技師法主要規定技師有下列各種行政懲戒責任（§40、§41），技師受懲戒處分之種類，有高低不同，且不服技師懲戒者得提經技師懲戒覆審委員會，進行覆審。

（一）警告或申誡。

（二）停止業務（二個月至二年）。

（三）廢止執業執照等（執業上之死刑）。

經技師懲戒覆審委員會決定之懲戒處分，若技師仍有不服者，得依行政訴訟法第4條規定，向各地區高等行政法院提起撤銷訴訟，以求救濟平反。

五、技師法重要條文解說

第1條（技師設立目的）

爲維護公共安全與公共利益，建立專業技師制度，提升技術服務品質，健全專業技師功能，特制定本法。

解說

本條立法目的澄清技師法不僅在建立技師之專業制度，而且說明技師業務亦與公共安全及公共利益息息相關。

第2條（主管機關）

技師之主管機關：在中央爲行政院公共工程委員會；在直轄市爲直轄市政府；在縣（市）爲縣（市）政府。

解說

本法規定技師的主管機關爲公共工程委員會，雖然在2012年一度有因應組織改造，將此部分業務交由新設新設之「交通及建設部」統籌，但因政黨輪替後，執政黨認爲原來此部分之組織改造政策有重新檢討的必要，因此已於2016年6月撤回此一提案 ，因此目前就技師的主管機關仍維持在工程會。

第3條（技師積極資格）

Ⅰ 中華民國國民，依考試法規定經技師考試及格，並依本法領有技師證書者，得充任技師。

Ⅱ 本法施行前，依法領有技師證書者，仍得充任技師。

Ⅲ 未依技師分科領有技師證書者，不得使用該科別技師名稱。

解說

本條規定技師之積極資格爲：技師國考及格並領有技師證書爲限。

第4條（技師分科）

技師之分科，由行政院會同考試院定之。

解說

其分科共計32科，可參照表7-1。

第6條（技師消極資格）

有下列情形之一者，不得充任技師；其已充任技師者，撤銷或廢止其技師證書：

一、依考試法規定，經撤銷或廢止考試及格資格。

二、因業務上有關之犯罪行爲，受一年有期徒刑以上刑之判決確定，而未受緩刑之宣告。

解說

本條規定技師之消極執業資格，例如：業務上有關犯罪而受一年以上有期徒刑判決確定，而未受緩刑宣告者，即不得擔任技師。

第7條（技師執業方式限制）

Ⅰ技師應依下列方式之一執行業務：

一、單獨設立技師事務所或與其他技師組織聯合技師事務所。

二、組織工程技術顧問公司或受聘於工程技術顧問公司。

三、受聘於前款以外依法令規定必需聘用領有執業執照之技師之營利事業或機構。

Ⅱ技師僅得在同一執業機構執行業務。其持有不同科別之技師證書者，得在同一執業機構執行各該科別之技師業務。

解說

本條規定技師執業之三大方式：

1. 設立技師事務所或聯合事務所。

2. 受聘於工程技術顧問公司。
3. 受聘於其他營利事業，例如：受聘於營造業。
但僅只能執業於一個機構，而不得有二個專職。

第8條（執業執照）

Ⅰ領有技師證書，具有服務年資二年以上者，經向中央主管機關申請發給執業執照後，始得執行業務。

Ⅱ經檢覈及格、全部科目或部分科目免試及格取得技師資格者，不適用前項服務年資之規定。

Ⅲ第一項執業執照之申請，應經中央主管機關審查登記後發給之；中央主管機關發給執業執照時，應通知技師公會。

Ⅳ執業執照有效期間爲六年；領有該執業執照之技師，應於執業執照效期屆滿日前三個月內，檢具中央主管機關認可之執業證明及訓練證明文件，申請換發。

Ⅴ技師執業執照之換發、執業證明及訓練證明文件之認可，中央主管機關得委託民間團體辦理。

Ⅵ第四項換發執照之資格、條件、申請程序、應檢附之文件及其他應遵行事項之辦法，由中央主管機關定之。

Ⅶ本法中華民國一百年五月三十一日修正之條文施行前，已領有執業執照之各科技師，自本法修正施行之日起，適用第二項及第四項規定。

解說

本條規定經國家考試技師考試及格者，尚不能立即獨立執業，有2年以上之「服務年資」始得申請執業執照，以確保執業品質，與律師法規定截然不同，頗值律師法修法參考。

第12條（自行執業與註銷執業執照）

技師自行停止執業者，應自停止執業之日起三十日內，檢具執業執照，向中央主管機關申請註銷其執業執照。

解說

若技師因某原因（如：深造、出國或養老），而自行休業，若依本條規定應於三十日內申請註銷執業執照，以利管制，避免借牌，產生糾紛。

第13條（技師執業範圍）

Ⅰ技師得受委託，辦理本科技術事項之規劃、設計、監造、研究、分析、試驗、評價、鑑定、施工、製造、保養、檢驗、計畫管理及與本科技術有關之事務。

Ⅱ各科技師執業範圍，由中央主管機關會同目的事業主管機關定之。

Ⅲ爲提高技術服務品質或維護公共衛生安全，得擇定科別或技術服務種類，實施技師簽證；簽證規則，由中央主管機關會同中央目的事業主管機關定之。

Ⅳ政府機關、公營事業或公法人依其他法律自行辦理第一項應實施技師簽證之事務時，應指派所屬依法取得相關技師證書者辦理。

解說

本條規定技師受委任後得辦理之業務包含「規劃、設計、監造、研究、分析、試驗、評價、鑑定、施工、製造、保養、檢驗、計畫管理及與本科技術有關之事務」及簽證業務。

在公部門（含行政機關、公共事業及公法人）內，因公務人員不得兼任技師（不得兼職限制條款），所以有特別在本條第4項中，得由公務人員兼有技師資格者簽證以節省簽證費用支出。

第14條（技師之公共性）

Ⅰ技師受政府機關指定辦理公共安全、預防災害或搶救災害有關之技術事項，非有正當理由，不得拒絕。

Ⅱ機關指定技師辦理前項事項時，應給付必要之費用。

解說

由於技師具有公共性，所以非有正當理由（如：住院、年邁或移民人在國外），不得拒絕辦理與防災、救災等技術事務。

第16條（技師之簽證）

Ⅰ技師執行業務所製作之圖樣及書表，應由技師本人簽署，並加蓋技師執業圖記。涉及不同科別技師執業範圍者，應由不同科別技師爲之，並分別註明負責之範圍。

Ⅱ技師僅得就其本人或在本人監督下完成之工作爲簽證；涉及現場作業者，技師應親自赴現場實地查核。

Ⅲ技師執行簽證，應提出簽證報告，並將簽證經過確實作成紀錄，連同所有相關資料、文據彙訂爲工作底稿。

解說

技師執業上，爲確保公共安全，本法要求其必須親自執行職務，而設有簽證制度，非親自執行業務或是在其監督之下執行業務之情形，不得核發簽證，且簽證必須作成紀錄。

第17條（技師報告義務）

技師所承辦業務之委託人或其執業機構，擅自變更原定計畫及在計畫進行時或完成後不接受警告，致有發生危險之虞時，技師應據實報告所在地主管機關。

解說

此條屬於技師之公共性條款，即委託人擅自變更計畫，且不接受其警告而有危險之虞時，技師即有報告主管機關之義務。

第18條（技師禁止兼職規定）

執業技師不得兼任公務員。

解說

若技師擔任公務員，則不能再執行或兼任技師業務，此依規定是否合理？有商榷之餘地，自公務員不得兼職義務而言（公務員服務法§14Ⅰ），固非無據，但卻與本法第13條第4項之規定相互體系衝突而矛盾。

第19條（技師之消極限制）

Ⅰ技師不得有下列行爲：

一、容許他人借用本人名義執行業務或招攬業務。

二、違反或廢弛其業務應盡之義務。

三、執行業務時，違反與業務有關之法令。

四、辦理鑑定，提供違反專業或不實之報告或證詞。

五、無正當理由，洩漏因業務所知悉或持有他人之秘密。

六、執行業務時，收受不法之利益，或以不正當方法招攬業務。

Ⅱ前項第五款規定，於停止執行業務後，亦適用之。

解說

技師具有公共性，所以本條規定其不得之行爲義務，若有違反，應負懲戒責任或民事賠償責任。

第20條（技師業務範圍之限制）

技師所承辦之業務，除其他法律另有規定外，不得逾越執業執照登記之執業範圍。

解說

本條明示技師執業範圍不得逾越表定以外之業務，乃採執業範圍法定原則。但因執業範圍並不十分明確，所以本條實際上作用有限。

第22條（技師再教育義務）

技師執行業務期間，應接受主管機關之專業訓練。

解說

本條規定技師之受專業訓練義務，主管機關則有提供訓練機會之義務。

第24條（業必入會）

Ⅰ技師非加入該科技師公會，不得執業，技師公會亦不得拒絕其加入。

Ⅱ技師應依技師公會章程規定，繳納會費。

解說

本條規定爲業必入會及公會不得拒絕符合資格之技師加入公會。避免公會藉以剝奪技師受憲法保障之工作權（憲法§15）。

第28條（公會組織）

Ⅰ本法中華民國一百年五月三十一日修正之條文施行前，已設立之省（市）技師公會，得經會員大會決議合併，並申請中央人民團體主管機關核定，依科或聯合數科組織全國性公會。

Ⅱ已合併省（市）技師公會組織全國性公會之科別，除該全國性公會決議解散外，不得再於省（市）行政區域內成立該科技師公會。

Ⅲ第一項經合併組織全國性公會之各技師公會，其賸餘財產得經會員大會決議，並報請中央人民團體主管機關核定後，歸屬於該全國性技師公會；財產之移轉，適用下列規定：

一、所書立之各項契據憑證，免徵印花稅。

二、移轉之有價證券，免徵證券交易稅。

三、移轉之貨物或勞務，非屬營業稅之課徵範圍。

四、不動產之移轉，免徵契稅及不課徵土地增值稅。但土地於再移轉時，以合併組織前該土地之原規定地價或前次移轉現值爲原地價，計算漲價數額，課徵土地增值稅。

解說

由於精省及縣市合併關係，本條規定舊公會與新公會之合併關係，以符合客觀現實狀況。

第29條（全國公會聯合會）

各科或數科之省（市）技師公會三個以上，得發起組織該科或數科技師公會全國聯合會。

解說

本條明文得組成全國性各科或數科技師公會聯合會。如土木技師、結構技師、水利技師等等均有組織公會全國聯合會。

第30條（公會主管機關）

技師公會之主管機關爲人民團體主管機關。但其業務，應受第二條技師主管機關之指導及監督。

解說

技師公會因屬於人民團體，所以會有二個主管機關，即人團法之主管機關內政部及目的事業主管機關公共工程委員會（現行未政府改造之前）。

第31條（技師公會內部組成）

Ⅰ技師公會置理事、監事，由會員大會選舉之；其名額如下：

一、省（市）技師公會置理事三人至十五人，監事一人至五人。

二、全國性技師公會及技師公會全國聯合會置理事九人至三十三人，監事三人至十一人。

Ⅱ前項理事、監事之任期三年，除章程另有限制外，連選得連任；理事長之連任，以一次爲限。

解說

本條規定技師公會之內部組成即其理事、監事成員之選任及人數，以發揮公會自律功能。

第33條（技師公會申報義務）

技師公會下列事項，應申報所在地之人民團體主管機關及技師中央主管機關：

一、章程變更。

二、會員名冊變更。

三、理、監事選舉情形及當選人姓名。

四、會員或會員代表大會、理事、監事會議開會之日期、時間、處所及會議情形。

五、決議事項。

解說

本條規定技師公會有因異動而向所在地人民團體主管機關及工程會申報之義務。

第36條（技師公會之行政責任）

Ⅰ技師公會，違反法令或該會章程時，所在地人民團體主管機關得為下列處分：

一、警告。

二、撤銷其決議。

三、整理。

Ⅱ前項第一款及第二款之處分，技師主管機關並得為之。

解說

公會自治屬於基本原則，但若自治失靈時，則他律的機制即復啓動，本條規定即屬地方人民團體之主管機關對於技師公會得為三種法定之管制手段。公會若有違反法令或章程行為時，主管機關得對其為警告等處分。

第40條（技師懲戒）

Ⅰ技師之懲戒，應由技師懲戒委員會，按其情節輕重，依下列規定行之：

一、警告。

二、申誡。

三、二個月以上二年以下之停止業務。

四、廢止執業執照。

五、廢止技師證書。

Ⅱ技師受申誡處分三次以上者，應另受停止業務之處分；受停止業務處分累計滿五年者，應廢止其執業執照。

解說

技師若有違法行為，依本條規定，得由技師懲戒委員會，依違法情節輕重，分別加以懲戒，並明定懲戒處分之五大種類（由輕到重，分別為警告、申誡、一定期間停止職務、廢止執業執照、廢止技師證書），以符合法律保留原則。

第41條（懲戒處分之具體內容）

Ⅰ技師違反本法者，依下列規定懲戒之：

一、違反第十六條第一項規定：應予警告或申誡。

二、違反第十七條、第二十條或第二十三條第一項規定：應予申誡或停止業務。

三、違反第十六條第二項、第三項、第十八條或第十九條第一項第二款至第六款規定之一：應予申誡、停止業務或廢止執業執照。

四、違反第二十一條規定：應予廢止執業執照。

五、違反第十九條第一項第一款規定：應予停止業務、廢止執業執照或廢止技師證書。

Ⅱ技師有第三十九條第二款或第三款規定情事者，其懲戒，由技師懲戒委員會依前條規定，視情節輕重議定之。

解說

本條規定技師之個別行政責任（懲戒責任），分別列舉違反條次之法律效果，類似行政法中之罰則法律效果規定，以昭明確，並保護技師不受恣意之懲戒，如本講案例所舉之眞實案例事實。本講案例即先需釐清甲環工技師違反之具體法律義務，以及相關之處罰規定（含法律及法規命令之內容）。

第55條（外國人執行技師之限制）

外國人依我國法律應技師考試及格者，得依第五條規定請領技師證書，適用本法及其他有關技師之法令。

解說

外國人不得僅憑外國核發之技師執照，即在臺灣執行技師業務，仍須經技師國考及格，始得於我國境內執業。

肆、相關考題

1. 名詞解釋：（102高考三等建築工程營建法規）
   (1) 建築工程部分完竣
   (2) 專任工程人員
   (3) 無窗戶居室
   (4) 管理服務人
   (5) 建築基地保水

2. 一般行政法規，不外乎是對相關的人、事、時、地及物等類別的規定各訂有明文。（101高考三等公職建築師營建法規與實務）
   依建築法第一章總則，請論述回答以下問題：
   (1) 與建築行為相關的「人」包括那些人？

(2) 其各應負何職責？

3. 公共工程倘須實施技師簽證者，其於執行「設計簽證」與「監造簽證」之方法有何異同？（100四等身障特考建築工程營建法規概要）
4. 就專業分工而言，高層建築之設計工作，建築師與專業技師如何分工？（99交通郵政升資考試技術類營建法規概論）
5. 在建築工程中，建築師受業主委託執行建築物之設計或監造，則依建築師法第19條，建築師對其所承受之設計和監造負有不可推卸的責任。請說明建築師的專業責任和法律責任為何？（98高考建築工程三等營建法規）

伍、延伸閱讀

1. 蔡茂寅、林明鏘、陳立夫、黃朝義，《建築師之法律知識及法律責任》，臺北市建築師公會委託研究計畫，臺北市建築師公會出版，2001年12月。
2. 蔡志揚，《建築建構安全與國家管制義務》，元照出版社，2007年9月，初版。
3. 黃茂榮，〈營建損鄰之賠償責任〉，月旦法學雜誌第22期，2005年7月，頁198至211。

第八講

促進民間參與公共建設法（含獎勵民間參與交通建設條例）

案例

高雄捷運是促參案件嗎？獎參案件與促參案件不同嗎？

民國88年2月1日，高雄市政府公告「徵求民間參與高雄都會區大眾捷運系統紅橘線路網建設案」，民國89年5月10日「高雄捷運股份有限公司籌備處」由高雄市政府成立之甄審委員會評定為最優申請人，經與高雄市政府議約完成後籌組公司，89年12月28日取得公司執照，並於90年1月12日與高雄市政府簽訂「興建營運合約」與「開發合約」。惟高雄捷運依財務計畫，其總建設經費為1,813.79億元，其中包含政府辦理事項經費461.19億元，政府投資額度1,047.7億元及民間投資額度304.9億元，故民間廠商之投資率僅占總經費之11%，試問：高雄市政府以BOT方式辦理高雄捷運建設，但政府出資逾89%是否適法？有無規避政府採購法第4條之疑慮？

壹、促進民間參與公共建設法（暨獎勵民間參與交通建設條例）之基本法理

促進民間參與公共建設法（以下簡稱促參法）（民國89年2月9日制定公布）及獎勵民間參與交通建設條例（以下簡稱獎參條例）（民國83年12月5日制定公布）之主要規定目的在於由民間與公部門共同合作，完成交通建設或公共建設，即學理上所稱之「公私協力」或「公私合夥」（Public-Private-Partnership）。一般民間都常以「BOT法」來稱促參法或獎參條例（Build-Operate-Transfer, BOT），該兩法並且「試圖擺脫」政府採購法上之種種限制（促參法§48），希望透過民間資金及專業知識，來減輕政府財政負擔，並且可以更有效率地完成公共建設。此種理念指導下，促參法的體系即呈現一種框架性之管制架構，而未如政府採購法般的鉅細靡遺地規定，但也因爲「框架式」規範，所以產生許多須由法規命令或行政解釋加以填補其法律漏洞之必要。從而，我國促參法之法學研

究具有高度的開放性及挑戰性，臺灣每年的促參案件（或以前之獎參條例）不僅數量多，種類複雜而且合作建設計畫價額甚高，以台灣高鐵的4,000億及高雄捷運之1,813億臺幣都是全世界矚目之超級巨大案件，其法律紛爭亦甚多，須學界與司法及行政實務界共同攜手研究解決，所以有甚高之研究及實用價值與探討空間。由於我國公共設施預算逐年減少，但是公共設施需求仍甚殷切，所以利用民間資金及促參制度，即無法不被重視及使用。

貳、促參法與獎參條例之區別

我國促參法雖吸納獎參條例之絕大部分內容，但兩法目前同時並存，因此兩者間細緻條文之不同處，即有究明之必要。台灣高鐵及高雄捷運均依獎參條例規定從事合作興建營運，與促參法內容有些許規範內容之不同，得以表8-1列示：

表8-1　獎參條例與促參法比較表

法律／項目	獎參條例（104.6.17）	促參法（104.12.30）
適用範圍	狹（§5）：重點交通建設	廣（§3）：公共建設
法律位階	特別法（§2）	特別法（§2）
中央主管機關	交通部（§3）	財政部（§5Ⅰ）
方式	民間或其他機關（§8Ⅳ）	民間爲主（§4）
政府出資及投資	原則：不得逾20%（§4Ⅰ），但高鐵條款得不逾50%（§4Ⅱ）	不得逾20%（§4Ⅱ）
擔保責任	強制收買（§44）	強制接管（§53）
法定類型	有償或無償BTO、OT、BOT+OT、BOT、ROT（§6）	BOT、ROT、OT、BOO、BTO、BT（二種）（§8）

表8-1　獎參條例與促參法比較表（續）

項目＼法律	獎參條例（104.6.17）	促參法（104.12.30）
權利金	有權利金明文（§7）	無權利金內容明文（由契約當事人協議之）

（本表由本書自製）

兩法在體系上，似可合成一法而不會損及獎參條例適用者之權益，捨此而不爲，徒留二法共存，令人訝異該法律政策之決定，有損法律之安定性與明確性。

參、促參法與政府採購法之關係

促參法與獎參條例是否可以或應該準用政府採購法之相關規定？加以補充其內容不足？在理論及實務上均有重大爭議，獎參條例因爲法無明文，所以實務與學界均有不同歧異看法。另一方面，因爲在獎參條例公布時，尚無政府採購法，但是，在促參法公布時卻已有政府採購法，政府採購法上的爭議處理程序（即第六章異議及申訴）相當完備，因此，如何準用政府採購法上之相關爭議處理規定（§74至§86）？即有儘速明文規定之必要。因爲爭議處理程序之準用並不會直接影響促參法的框架特性，且仍保有相當大之協議空間，但具體準用政府採購法之條文依法理仍須加以明文，符合依法行政原則外，並得杜絕爭議，從而促參法無完全排斥政府採購法所有規定之必要。依促參法第47條規定，明文準用政府採購法之異議及申訴規定，但第48條則又明文排除不適用政府採購法有關異議及申訴以外的所有規定，是否過度排除政府採購法部分良法美意，例如，履約管理等規定（例如政府採購法§64之規定），尚有再行斟酌之必要。例如：政府採購法上原則規定（§6），迴避原則（§15）等規定，均有繼受之必要。

問題思考

甲縣政府之副縣長A，於103年之促參案件BOT合宜住宅甄選案中擔任甄審委員之主席，並指定B、C、D（均爲縣政府高級公務員）擔任委員，亦指定A之好友E、F、G教授擔任委員，共由7人組成委員會，丙民間機構行賄A共1,600萬元。A乃以行賄之丙民間機構爲最優先議約權人，簽訂投資契約後事跡敗露，A遭收押。試問：

1. 甲縣政府可否馬上中止或撤銷投資契約？理由依據爲何？
2. 甲可否單方變更投資契約內容？針對關於出售住宅的比例下降及出租比率進行單方新規定？
3. 參加競選之乙公司於落選後，可否向甲行政機關提起申訴或異議？
4. 如何監督甄選委員會使其秉公決定最優先議約權人？（依你的意見，應如何修改促參法？）

肆、促參法上之十二項重要法律問題

我國促參法律制度中，依照十餘年之實踐經驗，可以歸納出有下列十二個重要法律議題，有待法學界加以討論及釐清。以下亦循此順序，加以說明之：

1. 政府出資及民間機構之投資比例有沒有限制？
2. 哪些公共建設範圍可以用促參方式爲之？
3. BOT之促參案件，理論上應否由行政機關強制接管？或應由融資機構接管？
4. 特許（投資）公司地位爲何？是否爲功能性之行政機關？
5. 特許（投資）契約之性質爲何？爲私法契約或行政契約？
6. 促參甄選程序：二階段法律行爲性質爲何？前階段違法行爲是否影響後階段契約之效力？（有因性或無因性）
7. 附屬設施與事業的範圍爲何？附屬事業可否大於主要設施或事業之範圍？附屬設施可否先於主要設施開始營運？
8. 權利金應如何設計始爲妥適？

9. 借用公權力之要件及範圍應該爲何？
10. 促參法與大眾捷運法或電業法等法律之關聯性應該爲何？如何準用促參法規定？
11. 融資與租稅優惠是否過於浮濫？
12. BOT在興建及營運階段成立國家賠償責任之可能性如何？

以下分別針對上述十二個基本法律議題加以分析：

一、促參案件政府出資比例是否有限制？（§4Ⅱ、§29Ⅰ）

依104年修正前之舊促參法第4條第2項及第29條第1項之規定，各級政府、公營事業出資或捐助民間機構（即學理上所稱之特許公司），不得超過該民間機構資本總額或財產總額百分之二十（§4Ⅱ）；而且更進一步規定：主辦機關得補貼民間機構所需貸款利息或投資建設之一部（§29Ⅰ），至於如何補貼貨款利息？則見諸促參法施行細則第34條規定；舊促參法限制政府僅能投資建設之一部，且依照舊促參法施行細則第33條規定，對照本文最前面所揭示之高雄捷運案例爲例，如果高雄捷運BOT案適用舊促參法之上揭規定，主辦機關出資高達83.2%，而民間機構僅出資16.8%，是否違反舊促參法及舊施行細則第33條規定？即有究明之必要。但因新法第29條刪除「一部」之文字，施行細則修正後也隨之刪除舊細則第33條之規定，上開主辦機關投資遠遠超過民間機構之情形，已被法律所肯認，甚至由政府主導，在台灣高鐵後來發生財務危機要如何解決上，更成爲主流。

因此，如果主辦機關自行興建或支付投資價款，在促參法母法上雖有「一部」之文義上限制，但在施行細則中，有關「一部」之明文，卻全部不見限制蹤影。所以與母法本旨不同之施行細則第33條規定，是否有逾越母法授權之範圍，有違授權明確性原則？即有探討之空間。我國中央主管機關一向認爲縱使民間機構只出資11%，主辦機關出資89%，並不違反促參法或獎參條例，因爲促參法第29條第1項，根本沒有作投資固定比例之限制，使得「一部」縱使膨脹或「絕大部分」亦屬法所容許。依本文所見，此種施行細則規定似逾越促參法第29條第1項規定，暨獎參條例第4

條之意旨，有待修法，加以匡正此種不合理之本末倒置情形：政府出資占絕大部分，民間機構只出資一小部分之限制，根本不是BOT精神。意即至少民間機構應負二分之一以上之出資（併參閱促參法施行細則§33II）。

二、哪些公共建設範圍得以促參方式爲之（§3）

由於我國促參法第3條規定，將「公共建設」範圍過度放寬，縱使是無合理自償能力（自償能力之定義可見促參法施行細則第43條第1項規定）之公共建設，例如：第2款之環境污染防治設施，第3款：汙水下水道，第10款公園綠地設施，……等均得適用促參法，造成「山也BOT、海也BOT」無限上綱。BOT案在法律上因無事前審慎的法律評估要件及限制，所以造成甚多BOT促參案件的失敗或提前解約，都是肇因於此。

公共建設範圍放寬，固然可以擴大促參法之規範效力，但是，缺乏有效的、具體的自償能力評估、配套機制，只有將BOT的運作，形成一個畸形的發展，即不得不利用附屬事業及附屬設施，變更原公共建設之目的，來巧取豪奪商業利潤，此種弊端至今仍不斷上演中（例如：臺北大巨蛋案），而且備受眾人批評，仍未見主管機關計畫補正相關評估可行性之配套法律要件，只是一味擴大促參法的所謂適用範圍及「商機」。

三、促參案件應要有主辦機關強制接管規定？（§52、§53）

促參案件，本質上既由「官民合夥」，所以當民間機構因爲財務、工程技術或諸多原因致工程嚴重落後或經營發生嚴重虧損時，主辦機關是當應「取而代之」、「強制」接下該工程之興建或營運？如台灣高鐵過去經營上多有財務困難，迭有發生建請政府接管的聲音，也終於在2015年6月修正獎參條例，增加第2條第2項，將原本民間機構的政府出資不得超過20%的限制，在第2項中特別註明「前項總額比例限制之規定，於民間參與興建營運台灣南北高速鐵路案應低於該公司資本總額或財產總額百分之五十」，大幅放寬僅應低於50%即可，以解決高鐵在當年年初所面臨的特別股（建業股息與請求買回）訟爭案[1]，所可能引起的破產危機。而增加政府持股比例之後，雖然形式上仍是由台灣高鐵公司負責營運，但在經濟部可以直接過問人事的情況下，和接管已無差異。

依促參法第52條及第53條規定，雖有「強制接管」制度，而且各部會已訂有十個以上之不同內容「強制接管辦法」[2]，但均屬短期暫時接管，於接管後，須再交由第三人繼續興建或營運，而非由主辦機關作終局之接管或收回，因此與「國家擔保責任理論」並不十分相吻合，依「國家擔保責任之理論」[3]，於公私合作之行政領域內，當私人無法有效或無間斷地提供公共服務或履行公共任務時，固然即應由行政機關一肩承擔此種本來屬於公部門之法定任務以確保公共任務之不中斷，所以，我國雖有「強制接管制度」，仍不是十分「典型」的完全國家擔保責任，不過也不能因此而否定國家有肩負此種「非典型」的擔保責任：即有繼續維護公共建設之營運（§53II）之責任。而如何更細緻化強制接管內容，則有待修法補全。

四、特許公司（民間機構）之地位（§4 I）

依促參法第4條第1項規定：民間機構係指依公司法設立之公司或其他經主辦機關核定之私法人，並與主辦機關簽訂參與公共建設之投資契約者。表面看起來，民間機構只是尋常的公司或私法人組織，但依促參法第7條民間機構得規劃公共建設（即有規劃高權），擬定都市計畫草案（§13II）、辦理區段徵收開發業務（§13II）、強行進入或使用公、私有土地或建築物（§23 I）；或報請強制拆除公、私有建築物（§24 I），儼然成為行政程序法第2條第2項所稱之「功能性」行政機關，並非純粹之私法人，其享有諸多行政高權外，並且對一般人民尚得具

1 相關爭訟可參照臺灣高等法院103年度重上字第1039號民事判決、第482號、第294號等等判決資料。

2 參照姜照斌，〈民間參與公共建設之政府強制接管制度辦法之研究〉，臺大法研所碩士論文，2010年6月（未出版）；洪士茗，〈論公共建設之強制接管法制〉，國立臺灣大學法律學研究所碩士論文，2014年6月（未出版）。

3 國家擔保責任理論之介紹，得參閱林明鏘，〈擔保國家與擔保行政法〉，收錄於《政治思潮與國家法學：吳庚教授七十華誕祝壽論文集》，月旦出版社，2010年，頁577以下。

有強制力及警察權，為典型之受委託行使公權力之團體，在行政法學上稱為「功能性」之行政機關。

在民間機構的地位上，促參法並沒有意識到此種「特許公司」享有諸多公權力，是否應受行政法限制及管制問題，所以，舉凡後述民間機構是否應負國家賠償責任？民間機構從業人是否為最廣義之公務員？民間機構為何應受公共利益原則之拘束？（§12Ⅱ參照）均無法回答上述疑問，因此未來仍須立法或修法確定民間特許公司之準行政機關地位，始不致於有對民間機構法律管制上產生漏洞。

五、投資契約之性質（§12Ⅰ）

依促參法第12條第1項規定：「主辦機關與民間機構之權利義務，除本法令有規定外，依投資契約之約定；契約無約定者，適用民事法相關之規定。」因此，投資契約一向被認定係私法上之契約，因為不論依文義解釋：「適用民事法相關之規定」或歷史解釋：立法院之立法總說明資料，均應得出此一當然結果。但因為促參投資契約內容（及契約上之權利義務）有太多公共利益及公共任務之履行，與純粹之私法契約性質並不相合，再加上締約一方為行政主體（機關），依司法院大法官釋字第533號解釋[4]判斷，結合契約主體、契約標的及契約目的，應定性其為行政契約，始符合行政程序法第135條規定[5]之意旨。最高行政法院於ETC判決中

4 大法官釋字第533號解釋文為：「憲法第十六條規定，人民之訴訟權應予保障，旨在確保人民於其權利受侵害時，得依法定程序提起訴訟以求救濟。中央健康保險局依其組織法規係國家機關，為執行其法定之職權，就辦理全民健康保險醫療服務有關事項，與各醫事服務機構締結全民健康保險特約醫事服務機構合約，約定由特約醫事服務機構提供被保險人醫療保健服務，以達促進國民健康、增進公共利益之行政目的，故此項合約具有行政契約之性質。締約雙方如對契約內容發生爭議，屬於公法上爭訟事件，依中華民國八十七年十月二十八日修正公布之行政訴訟法第二條：『公法上之爭議，除法律別有規定外，得依本法提起行政訴訟。』第八條第一項：『人民與中央或地方機關間，因公法上原因發生財產上之給付或請求作成行政處分以外之其他非財產上之給付，得提起給付訴訟。因公法上契約發生之給付，亦同。』規定，應循行政訴訟途徑尋求救濟。保險醫事服務機構與中央健康保險局締結前述合約，如因而發生履約爭議，經該醫事服務機構依全民健康保險法第五條第一項所定程序提請審議，對審議結果仍有不服，自得依法提起行政爭訟。」

5 行政程序法第135條規定為：「公法上法律關係得以契約設定、變更或消滅之。但依其性質或法規規定不得締約者，不在此限。」

（95年度判字第1239號判決），首次將促參法上之BOT契約（即特許投資契約），定性爲行政契約，雖引起行政法學界的熱烈討論，但是投資契約被定性爲行政契約，卻重大影響其適用法律（公法）及未來爭訟之管轄法院，具有重大時代意義。惟其他類型之BOO或OT契約是否亦屬行政契約？行政法院之見解尚未統一，有待觀察及統一，確保法律秩序之安定性。

六、促參甄選程序（§42、§46）

促參程序，主要在於甄選出最優先之締約人，以便與主管機關簽定促參投資契約，因此促參程序主要在於甄選出最適宜，最有資力也最恰當的民間機構。依促參法第42條至第48條規定，其甄選程序計分成下列二種：

（一）政府規劃甄選程序（§42）

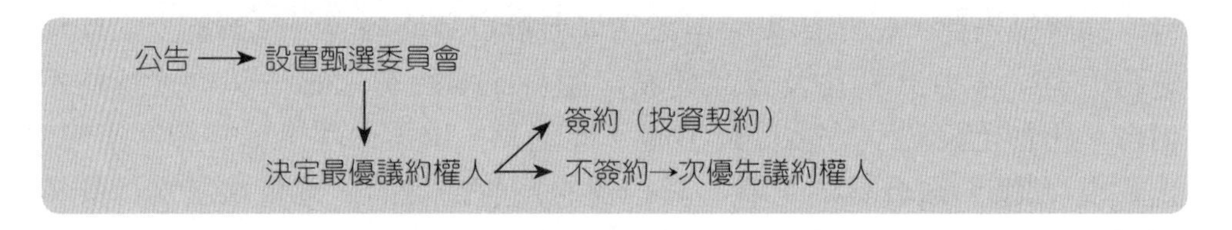

（二）民間規劃甄選程序（§46）

不論是政府規劃或民間規劃，均分成主要兩個階段行爲，即決定（核定）程序與契約（締約以後）程序兩者所組成。前者被定性爲行政處分

（行政程序法§92規定參照）[6]，後者被定性爲行政契約（行政程序法§135）。此種雙階理論被稱爲「修正式雙階理論」，有別於傳統之「行政處分→私法契約」雙階理論。

修正式雙階理論最大問題在於：前階段行政處分有瑕疵時，例如：被撤銷或廢止時，後階段契約效力是否受到影響？由於促參法未明文規定，致最高行政法院見解尙未統一，有待修法加以澄清。

七、附屬設施與事業的範圍爲何？（§13）

由於公共建設包含許多無自償性之設施，再加上公共建設多由民間規劃，所以促參公共建設除有主要設施與事業外，尙有數量比例龐大之附屬設施或附屬事業，但主管機關爲管制附屬事業範圍，避免產生不相容之附屬事業，於促參法第13條加以管制，即由主管機關會同內政部有關機關決定附屬事業之容許使用項目。甚至於主辦機關有義務協調內政部等機關，調整土地使用分區管制規定，以促成附屬事業之成立，除此之外，別無限制。

因此，目前促參法案件之附屬事業極爲龐大，甚至於遠超過主要設施，如臺北市府捷運站BOT案，主要設施僅占5%，臺北火車站交九（即京站案）用地BOT案之主要設施亦僅有9%，其他95%或91%都是附屬事業設施，是否會產生量變導致質變的危險，令人擔憂。因此，在理論上宜修法作適度管制，以免失控危害公共利益與公共性。例如：漁港、變電所、醫院、文化園區社福機構的附屬事業均爲商業設施，是否會喧賓奪主呢？

八、權利金如何設計？（§11②）

依促參法第11條第2款規定「權利金」爲投資契約應記載事項，在促

---

[6] 行政程序法第92條規定爲：「本法所稱行政處分，係指行政機關就公法上具體事件所爲之決定或其他公權力措施而對外直接發生法律效果之單方行政行爲（第1項）。前項決定或措施之相對人雖非特定，而依一般性特徵可得確定其範圍者，爲一般處分，適用本法有關行政處分之規定。有關公物之設定、變更、廢止或其一般使用者，亦同（第2項）。」

參甄審程序中，「權利金」之高低，亦常常扮演著重要決定是否成爲最優先議約權人的因素。但是，促參法對權利金除第11條出現該名詞外，即不再加以規定，其主要理由乃希望權利金（即支付主辦機關取得特許開發之代價）能夠透過民間機構與主辦機關之合理協商，因個案而作不同約定，以保持彈性，免得定於法律之中，致因僵化而不符合個別公共設施開發之實際需求。

但是權利金之高低或多寡，除涉及財務、經濟之精算外，約定不當或過高，亦會對民間機構及公共利益造成嚴重侵害。高估權利金會造成類似「低價搶標」之相同後果，低估權利金，則會造成民間機構獲取暴利，有損公共利益。如何協商出最適之權利金，不至於圖利或壓榨民間機構，實有賴正確的財務估算與利潤預期，但此種正確估算，涉及專業而極爲困難及不確定，因爲除有固定之權利金外（土地租金）外，尚有稅前盈餘之浮動權利金。如臺大BOT學生宿舍案，太子建設（民間機構）僅給臺大0.6%之權利金，是否合理妥適？均有賴逐年檢討且正確之財務稽核，逐年作年度調整規劃，不宜固定僵化，似較公平。

九、民間機構借用公權力之範圍

依促參法之主要內容，民間特許公司有下列公權力之享有或優惠，以促成該公共建設：

1. 撥用公有土地（§15）。
2. 出租公有土地或讓售公有土地（§15）。
3. 公有土地設定地上權（§15）。
4. 徵收或區段徵收私有土地（§16、§17）。
5. 公權力融資保證（§30、§31）。
6. 租稅減免（§36、§38、§39）：營利事業所得稅、關稅、地價稅、房屋稅、契稅減免。
7. 投資抵減（§37、§40）。
8. 民間規劃公共建設（§7）。
9. 協調都市或區域計畫機關變更都市或區域計畫內容（§14）。

10. 主辦機關投資或補助民間機構無自償性之建設或利息（§29 I）。

11. 強制拆除私有建築物或工作物（§24）。

這些公權力借用的控制機制，大都是經由民間機構申請，相關主管機關透過許可同意後，即行實施，缺乏其他有效事後監督評鑑機制以便加以限縮或收回，有待修法補充。

十、促參法與大眾捷運法、電業法、商港法、農業發展條例之關係（§2）

依促參法第2條規定，促參法乃是其他有關促進公共建設法律之特別法，應優先適用於其他法律，但法律現實上卻不然，因爲依促參法第19條第2項第1款但書規定：「但大眾捷運系統之土地產權，依大眾捷運法之規定」，即不受促參法之限制，使「大眾捷運法」有關土地產權規定爲「特別法之特別法」，變成所謂「超級特別法」，混亂促參法體系外，亦形成電業法、商港法、農業發展條例紛紛號稱爲「超級特別法」，凌駕促參法之上，使促參法之適用效力支離破碎，且不再是完整有效之統一性基準法。

從法理論上而言，爲貫徹促參法之規範效力，應修改其他與促參法不同之上述規定，一切回歸促參法之程序規定，刪除第19條第2項第1款但書等規定，始爲合理。

問題思考

臺北市政府爲辦理大眾捷運之聯合開發，乃依大眾捷運法第13條第3項之授權，委託民間機構辦理，並依同條第4項規定進行公告及甄審程序，選出A廠商爲最優先議約人，不料在未簽訂聯合開發契約前，爆發A廠商爲空殼公司，且未依公告期日繳交履約保證金19億元，請依大眾捷運法第13條第4項規定，附理由回答下列問題：

1. 大眾捷運系統聯合開發依促參法之相關規定辦理（大眾捷運法§13IV），其理由何在？爲何不自己建立一套自己的法律規定？
2. 臺北市政府是否得因A廠商爲空殼公司，而片面宣布中止聯合開發程序，不與A廠商締約？須不須給與A廠商補償？

3. 臺北市政府有沒有義務再與次優先議約權人B，協商進行聯合開發事宜？
4. 臺北市政府在投標廠商之資格條件審查程序中，有沒有義務去調查所有廠商的文件是否眞實？或僅作形式審查即可？

十一、融資與租稅優惠問題

促參法第三章有關融資及租稅優惠，有高達13條條文規定，對於行政中立原則及租稅平等原則作相當劇烈的破壞與侵蝕，頗値得深思。有關融資有下列重要規定：

1. 洽請中長期之貨款及授信額度（§30、§31）。
2. 補給利息及投資建設之一部（§29）。
3. 發行新股，不受公司法之限制（§33）。
4. 發行公司債，不受公司法之限制（§34）。

有關租稅優惠則有下列具體規定：

1. 免五年營利事業所得稅（§36 I）。
2. 公司投資抵減5%至20%（§37），股東投資抵減（§40）。
3. 免徵關稅（§38）。
4. 免徵地價稅及房屋稅（§39）。
5. 免徵契稅（§39）。

租稅優惠會大幅侵蝕合理稅基，協助融資會破壞行政中立及行政主體不介入金融活動之原則，因此，法律政策上如何修改其介入之深度，有待全盤檢討。

十二、BOT在興建及營運中，國家賠償責任問題

臺灣地區發生多起BOT促參案之重大事故，例如阿里山小火車出軌車禍數次，多人死傷（BOT案）；高雄捷運施工中致民房傾斜或倒塌；OT的游泳池管理不當，致立法委員丁守中之子被吸入排水孔中而腳部受傷；台灣高鐵號誌全面當機停駛或遲到，過站不停；民間機構徵收私人土地產

生違法狀況，私人財產權受損。此時，國家賠償法是否有其適用？在法學上有諸多之法學論文[7]，其爭點主要在於：

1. BOT之促參案件，不論興建或營建階段，通常均屬私經濟行爲，只存在民事法律關係，而非公權力行使，故僅能適用民法第28條及第188條，不能併用國家賠償法。
2. 民間機構人員，通常被視爲非依法從事「公務」之人員。
3. 執行職務或怠於執行職務，只限於公權力行爲，基礎公共建設或經營公共建設行爲，大都與公權力無涉。
4. 民間機構人員之行爲，通常不能歸爲行政機關之行爲，故缺乏因果關係之連結。
5. 在BOT投資契約中，雙方當事人已於契約中明文排除主辦機關之國家賠償責任。
6. 民事法律關係併存國賠之公法關係，在邏輯及概念上無法自圓其說，因爲僅是單一的法律事實關係，卻有兩種（公法及私法）之法律關係。

目前，透過法律解釋及法律適用，無法得出主辦機關之國賠責任，此時，似宜修改國賠法之規定，使得此種官民合作之私經濟行爲，亦得受國賠法之保護適用，增加國家之監督責任，較爲合理妥當。

[7] 例如：詹鎮榮，〈民間參與公共建設之國家賠償責任〉，收錄於《政治思潮與國家法學：吳庚教授七秩華誕祝壽論文集》，2010年1月；葉張基，〈民間參與公共建設國家賠償責任之解構〉，中正法學法學集刊第24期，2008年5月；林三欽，〈公共設施瑕疵責任的最新發展〉，收錄於《2004國家賠償理論與實務》，臺北市政府編印，2004年12月。

伍、促參法案件之履約困難統計表

表8-2　已簽約及履約困難促參案件表（至95年第一季）[8]

年度 項目	91年度	92年度	93年度	94年度	95年度	總計
已簽約件數	8	36	82	152	33	311
計畫規模（億）	18.70	679.99	1,448.96	704.30	54.37	2,906.32
落後案件數	2	7	19	11	0	39
件數百分比	25.00%	19.44%	23.17%	7.24%	0	12.54%
計畫規模（億）	2.15	396.51	221.74	90.74	0	711.14
金額百分比	11.50%	58.31%	15.30%	12.88%	0	24.47%

表8-3　民參方式與建設種類之履約困難案件數比較表（至95年第一季）[9]

建設種類	BOO	BOT	BTO	OT	ROT	總計
文教設施		4		5	1	10
交通建設	1	2				3
農業設施		2		1	1	4
運動設施		1				1
重大工商業設施	1	1				2
環境汙染防治設施	4					4
觀光遊憩重大設施		3	1		1	5
污水下水道設施		3			1	4
衛生醫療設施		1		1	3	5
社會及勞工福利設施					1	1
總計	6	17	1	7	8	39

8 參照陳炳宏，〈民間參與公共建設履約困難案例之研究〉，國立臺灣大學土木工程學研究碩士論文，2006年6月，頁27。

9 參照陳炳宏，同前註，頁41。

表8-4　履約困難案件金額（億元）比較表（至95年第一季）[10]

建設種類	BOO	BOT	BTO	OT	ROT	總計
文教設施		$47.39		$3.90	$0.18	$51.47
交通建設	$12.00	$228.42				$240.42
農業設施		$16.98		$0.34	$1.20	$18.52
運動設施		$0.25				$0.25
重大工商業設施	$173.00	$29.65				$202.65
環境汙染防治設施	$20.27					$20.27
觀光遊憩重大設施		$47.04	$1.00		$4.70	$52.74
污水下水道設施		$113.55			$10.05	$123.6
衛生醫療設施		$0.10		$0.05	$0.48	$0.63
社會及勞工福利設施					$0.59	$0.59
總計	$205.27	$483.38	$1.00	$4.29	$17.20	$711.14

從以上的整理可發現有興建階段之促參案件，較容易發生履約困難，且其投資金額原則上超過九成，影響極大，像是BOT、BOO與ROT。尤其是文教設施後續履約執行需要嚴密的監督，因其總促參投資規模新臺幣72.99億元，但其履約困難投資規模高達新臺幣51.47億元，履約困難案件數居各類公共建設之冠。

陸、結論

促參案件能否成功，主要涉及下列重要因素之具備與否，缺乏其中任一因素即不易成功：

1. 對公共建設作事前嚴謹正確之成本效益評估：該公共建設是否適

10 參照陳炳宏，前揭註8，頁40。

合BOT？

2. 公部門（主辦機關）全程有效持續之管理及協助民間機構（特許廠商）克服困難。
3. 甄審程序中能選出最有財務及能力之民間機構。
4. 投資契約之完備性與風險分配及協商修改可能性。
5. 風險分攤必須符合國際工程慣例，由最有能力者承擔風險或各自分擔風險。
6. 爭議解決：須由當事人透過不斷協商、建立雙方談判機制與平衡，法院裁判及仲裁是最後的解決紛爭手段。

柒、促參法重要條文解說

以下以107年11月21日修正公布之促參法爲基礎，撿其重要條文予以解說：

第3條（公共建設之範圍）

Ⅰ本法所稱公共建設，指下列供公眾使用或促進公共利益之建設：

一、交通建設及共同管道。
二、環境污染防治設施。
三、污水下水道、自來水及水利設施。
四、衛生醫療設施。
五、社會及勞工福利設施。
六、文教設施。
七、觀光遊憩重大設施。
八、電業設施及公用氣體燃料設施。
九、運動設施。
十、公園綠地設施。
十一、工業、商業及科技設施。

十二、新市鎮開發。
十三、農業設施。
十四、政府廳舍設施。
Ⅱ本法所稱重大公共建設，指性質重要且在一定規模以上之公共建設；其範圍，由主管機關會商內政部及中央目的事業主管機關定之。

解說

民間機構可參與的公共建設依第3條所示的範圍爲：

一、促參法應用於共同管道可能要在新市鎭才有可能辦理，因爲原本就開發完成的舊市鎭因當時缺乏規劃，故要整理成共同管道，在法律上及技術上頗爲困難。

二、若環保局在辦理焚化爐促參案，廠商將山裡的土方挖走，再將垃圾填埋起來，辦理土地變更，對廠商算不算是有利可圖的合法行徑呢？

三、目前污水費是跟自來水費一起徵收的，而污水下水道要以促參法實施實是相當有其困難度，因爲在做量測排放污水的住戶接管時，新開發的市鎭比較沒有違建，比較沒什麼問題；但舊的市鎭違建很多，所以在做住戶接管時可能要從他們家外搭的廚房或棚子地底下開挖過去，難度即很高。自來水處就常辦理ROT等的案例。

四、衛生醫療設施方面，像是醫院常用的核磁共振儀器都很重，放置之樓地板都要做結構補強等，所以現今都有使用BOT的方式進行，廠商除提供儀器，也會爲設置空間做樓地板補強等服務。

五、老人院以前都是社福主管機關撥款或自行提供服務，但現今也可以利用促參的形式進行。例如：內政部宜蘭教養院。

六、臺大太子學生宿舍BOT的營運三十年就屬文教設施。

七、觀光遊憩重大設施像是月眉育樂世界、臺大溪頭森林（實驗林）或休閒農場小木屋都可以用促參方式進行。

八、電業設施得以台電的陸上及離岸風力發電爲例，而公用氣體燃料設施則得以台塑化的汽電廠爲例。

九、臺北市與新北市近期興建營造之運動中心都是以促參形式發包出去。

十、公園綠地方面則可以考慮以下面挖空建置停車場，但這可能尚要考慮到法律、工程、財務等方面到底可不可行。

十一、重大工業、商業及科技設施：像是臺北101大樓或市貿展覽館、臺北市太極雙星計畫等類似都可透過促參來加以實施。像是高雄、臺中有國家歌劇院，臺北也有兩廳歌劇院，那如果臺南市也想擁有該地區的歌劇院亦可利用促參方式進行。

十二、新市鎮的開發，例如淡海的新市鎮都是官方政府在承辦的業務，若要以促參進行可能性不大，因為資本及土地均相當龐大。

十三、因應我國加入WTO而增訂農業設施。例如：農產品批發市場、屠宰場或動物收容處所等。

十四、增訂政府廳舍設施，係為解決政府機關辦公廳舍設施不足問題，活化國（公）有土地，帶動周邊區域發展，降低政府財政負擔、活絡民間資金運用、提升政府辦公設施及為民服務品質。例如：職務宿舍或提供服務之政府辦公處。

此外，臺北大巨蛋是以促參法BOT辦理公開招標的運動設施，為長庚醫院常委任的建築師劉培森與遠雄企業集團董事長趙藤雄得標，並由遠雄集團與臺北市政府進行簽約。在簽約後，因遠雄集團欲修改原本招標之設計圖，但劉培森建築師覺得會得此標是因其設計出色卓越故拒絕修改，而慘遭遠雄企業撤換，致使原本得標的BOT團隊拆夥，劉培森建築師也因此向臺北市政府要求重新辦理招標。促參案件招標爭議的問題，還是會準用到政府採購法，經工程會調解後，則最終還是認定該BOT案尚屬有效，但臺北大巨蛋也因此而停擺好幾年，隨後也找了之前臺北小巨蛋的建築師替代之，可以證明促參簽約程序前後階段，亦可能發生法律爭議（臺北市之太極雙星BOT案亦同）。

重大公共建設如雪山隧道，到底可不可以利用促參法的方式進行開發呢？依本條第1款規定其實是可以的，但通行費可能將是現有40元收費制度的數倍以上。社會福利設施之養老院可否以BOT的方式去進行？提供較有金錢能力的銀髮族去入住，如果覺得規模不夠龐大，甚至可以往太平間、殯儀館、靈骨塔等公共設施方向去發展，目前堪稱陰間豪宅的靈骨塔塔位，其一格就可能要價新臺幣30萬元，而一坪可以分至三十至四十格的規模，其股票上市公司例如就有龍巖公司，所以都應該嚴格審查其公共設施之自償比例及未來營運的資費。

第4條（民間機構之定義）

Ⅰ本法所稱民間機構，指依公司法設立之公司或其他經主辦機關核定之私法人，並與主辦機關簽訂參與公共建設之投資契約者。

Ⅱ前項民間機構有政府、公營事業出資或捐助者，其出資或捐助不得超過該民間機構資本總額或財產總額百分之二十。

Ⅲ第一項民間機構有外國人持股者，其持股比例之限制，主辦機關得視個案需要，報請行政院核定，不受其他法律有關外國人持股比例之限制。但涉國家安全及能源自主之考量者，不在此限。

解說

本條規範政府機關出資之比例不得超過民間機構總額或財產之20%，此類似獎參條例[11]之規定，並且本條與第29條相關，第29條允許廠商在不具有完全自償率的時候，政府可以補助一部資金，且該處之投資資金可不受本條之20%之限制。

第8條（民間參與之方式）

Ⅰ民間機構參與公共建設之方式如下：

一、民間機構投資興建並為營運；營運期間屆滿後，移轉該建設之所有權予政府。

二、民間機構投資新建完成後，政府無償取得所有權，並委託該民間機構營運；營運期間屆滿後，營運權歸還政府。

三、民間機構投資新建完成後，政府一次或分期給付建設經費以取得

[11] 參照獎勵民間參與交通建設條例第4條第1項：「本條例所稱民間機構，係指依公司法設立之公司；其有政府或公營事業機構投資者，其直接投資間接投資合計不得高於該公司資本總額百分之二十。」

所有權，並委託該民間機構營運；營運期間屆滿後，營運權歸還政府。

四、民間機構投資增建、改建及修建政府現有建設並為營運；營運期間屆滿後，營運權歸還政府。

五、民間機構營運政府投資興建完成之建設，營運期間屆滿後，營運權歸還政府。

六、配合政府政策，由民間機構自行備具私有土地投資新建，擁有所有權，並自為營運或委託第三人營運。

七、其他經主管機關核定之方式。

Ⅱ前項各款之營運期間，由各該主辦機關於核定之計畫及投資契約中訂定之。其屬公用事業者，不受民營公用事業監督條例第十九條之限制；其訂有租賃契約者，不受民法第四百四十九條、土地法第二十五條、國有財產法第二十八條及地方政府公產管理法令之限制。

解說

促參的方式有BOT、無償之BTO、一次或分期付款之BTO、ROT、OT與BOO。但在很多人的認知中，都可能覺得促參法就僅僅是BOT一種而已，其實裡面還細分了很多項目。英國則是以PPP（Public Private Partnership）或PFI（Private Finance Initiative）來給促參公私合作命名，臺灣則流行稱為BOT法。

在高鐵興建期間因尚無促參法，僅有獎參條例的規定，且為高達4、5,000億臺幣之工程。團隊由大陸工程公司為特許公司籌措經費來興建，並以政府零出資為目標。當時臺灣其實沒有什麼BOT的案子，但高鐵這一案就是個所謂複雜的「Mega Project」。雖然政府標榜零出資，但交通部還是動用其他基金或財團法人經費去支付高鐵的興建成本，那是不是有違背一開始的零出資理念？高鐵工程的機具都很貴，其攤提的折舊與利息的額度也頗大，營運期間的計算也是一個學問。因辦理高鐵發包，只受獎參條例限制，不受政府採購法所限制，故政府採購法對特許公司，除準用爭議程序外，均不受政府採購法之限制。

高雄捷運工程也是依據獎參條例進行的，但以促參法第4條有明定說政府或公營事業機構投資者，其直接投資間接投資合計不得高於民間機構公司資本總額的20%，但當時政府卻投資高達80%以上，而民間機構僅支付不足20%，可以用獎參條例來辦理，且亦可不受政府採購法所限制，請問此種情形是否屬於合理之公私合作類型呢？或是BOT精神並不限制政府出資不得逾半。

第11條（投資契約之內容）

主辦機關與民間機構簽訂投資契約，應依個案特性，記載下列事項：

一、公共建設之規劃、興建、營運及移轉。

二、土地租金、權利金及費用之負擔。

三、費率及費率變更。

四、營運期間屆滿之續約。

五、風險分擔。

六、施工或經營不善之處置及關係人介入。

七、稽核、工程控管及營運品質管理。

八、爭議處理、仲裁條款及契約變更、終止。

九、其他約定事項。

解說

公共工程委員會依政府採購法發布了不同採購類型的契約範本，如工程採購契約範本、勞務採購契約範本、統包採購契約範本等等。而促參法則沒有所謂的契約範本可參考，若要訂定促參工程契約，唯有聘請專業的顧問公司去進行契約訂定，像是當時臺大太子宿舍BOT的工程案就請了專業的法律與財務顧問來完成契約條款，非常具有高度技術性。

促參法第11條說明主辦機關與民間機構簽訂契約時要訂定的事項，雖然法條上僅明文規定了該八項，但尚有許多爭議之處還有待更細膩的規範加以處理，以免產生契約風險分配之不公平。

一、公共建設之規劃、興建、營運及移轉

公共建設的營運期間最長可以多久？法律並沒有明文限制，以臺大宿舍的BOT案爲例，有太子建設與昱成建設兩家廠商進行競標，太子建設是經營多年的老公司，資本額有30多億，每年也有50至60億的營業額，當時太子建設標榜以不向銀行團融資，用自有資金來進行投資，但要求學校保證有超過90%的住宿率，且附屬設施以一坪大約500元的保守價格出租。而昱成建設來投標時，已另外標得中正大學宿舍BOT案，打出會以三成自有資金與七成交通銀行的融資保證來完成，且附屬設施也很樂觀認爲得以一坪1,000至1,200元出租，並假設若於附屬設施賣便當，住在樓上的人都會下來買便當，故一天大概可以賣出住戶數數量的便當。

最後是太子建設得標，興建3,000床之宿舍，時間爲三年，營運期間則爲三十年。目前臺大宿舍在幾乎滿租的狀況下，卻還是沒有辦法達到收支平衡，附屬設施的增設是要讓廠商可以支付其營運的費用與獲得該有的利潤。而營運期爲什麼是三十年，其實沒有一定標準，因爲在促參法裡沒有明文規定營運期間最長爲幾年，而是要看廠商在財務上試算的回收年限與投資報酬率等的考慮而訂定合理營運年限。

例如：像一個車位10坪的地下停車場，若一個造價單價200萬元，一個月的租金爲5,000元，尚有維護成本、消防管線成本、金錢的時間成本等，這樣累積加下來，若是沒有最低五十年的營運期間的保障，根本沒有辦法回收其成本。

二、權利金及費用之負擔

臺大太子宿舍BOT的案子爲例，太子建設承諾會給臺大0.6%的固定權利金，而浮動權利金則視營運情況而定。太子建設提出能不能減免租稅的問題，亦即公有土地不用收房屋稅與地價稅，但被BOT開發並讓廠商經營，則市政府的相關單位便會開始徵收地價稅及房屋稅，此不是臺大所能單獨決定或解決的。

第一高速公路休息站因建立已久而顯老舊欲加以翻新，且希望於翻新後休息站不僅僅只是提供路途休息、上廁所，還需具備可以觀光採購、喝

咖啡之休閒場所，故很多的休息站都已用ROT方式進行翻新與營運。在權利金的訂定到底是要營業額越高，抽的權利金越高或越低，則尚有疑慮。因爲如果民間廠商翻新的越好、經營的越好，想當然的營業額也會越高，若因此被抽取更高的權利金，對他們來說會是一個懲罰，這樣對促進民間機構參與公共工程會有反效果。因爲生意越好，反而需支付更高的權利金，會有「爲誰辛苦，爲誰忙」的誤解。

三、費率及費率變更

費率及費率變更都須於合約中規定清楚，像是多少年才能調整費率一次，調整的額度爲多少，是否須經機關許可等等。例如：台灣高鐵的票價以及漲價額度及程序，均須明訂於投資契約中。

四、營運期間屆滿之續約

營運期間屆滿之續約問題，多半會發生在營運期間僅爲五至十年不等OT（Operate-Transfer）案中，若原來的廠商於營運期間評鑑良好，是不是有優先續約權也是其中的一個重要問題。例如：臺大尊賢館二樓的餐廳當時由立德會館以OT的形式營運，且至今十年的租約已到，民國102年起由晶華酒店來接續該營運契約。

五、施工或經營不善之處置及關係人介入

若廠商施工或經營不善，誰應該去接管是個很大的問題。像是學校要蓋宿舍的地，已經讓廠商設定地上權，並向銀行申貸了抵押，讓土地所有權人（校方）也無法輕易解套請求地政機關塗銷地上權或抵押權登記，故強制接管會有非常複雜的法律問題。

第12條（投資契約之性質、訂定原則及履行方法）

Ⅰ主辦機關與民間機構之權利義務，除本法另有規定外，依投資契約之約定；契約無約定者，適用民事法相關之規定。

Ⅱ投資契約之訂定，應以維護公共利益及公平合理爲原則；其履行，應依誠實及信用之方法。

解說

此條雖說契約的訂定，應以維護公共利益及公平合理爲原則，但甚麼叫公平原則，若促參案沒有賺錢的可能，民間機構則也不會想賠錢的投入。投資契約性質在本條中有甚多法學上之爭議，例如本條例規定「契約無規定者，適用民事法相關規定」，則如何去定性是私法契約或行政契約？連最高行政法院見解迄今仍未統一。

第13條（公共建設所需用地之範圍）

Ⅰ本章所稱公共建設所需用地，係指經主辦機關核定之公共建設整體計畫所需之用地，含公共建設、附屬設施及附屬事業所需用地。

Ⅱ前項用地取得如採區段徵收方式辦理，主辦機關得報經行政院核准後，委託民間機構擬定都市計畫草案及辦理區段徵收開發業務。

Ⅲ附屬事業之經營，須經其他有關機關核准者，應由民間機構申請取得核准。

Ⅳ民間機構經營第一項附屬事業之收入，應計入公共建設整體財務收入。

解說

進行工程的建設，用地的取得如辦理區段徵收等，都是程序很冗長且麻煩的事。促參法第13條可發現，機關只要經行政院核准後，就可以委託民間機構擬定都市計畫草案及辦理區段徵收開發業務，但這些都是各縣市都市發展局之主要業務，雖說這樣制定條文是爲了利於加速促參案件的推行，民間機構突然化身公部門機關也有不太妥當之處。是否即爲行政程序法條文所稱之「委託私人行使公權力」之私人，而具有行政機關之地位？

第14條（土地利用變更之程序）

Ⅰ公共建設所需用地涉及都市計畫變更者，主辦機關應協調都市計畫主管機關依都市計畫法第二十七條規定辦理迅行變更；涉及非都市土地使用變更者，主辦機關應協調區域計畫主管機關依區域計畫法令辦理變更。

Ⅱ前項屬重大公共建設案件所需用地，依法應辦理環境影響評估、實施水土保持之處理與維護者，應依都市計畫法令及區域計畫法令，辦理平行、聯席或併行審查。

解說

促參案件一般都會加上某些比例不等的附屬設施，但有些促參案件如臺北市交九BOT案：市政府轉運站、松山、南港、萬華等車站，附屬設施比主要設施大很多。雖說主要設施是車站，但往上也蓋了很多樓地板作爲商業用途，此時就會產生土地使用變更等都市計畫上之問題。

第15條（公有土地之撥用及提供方式）

Ⅰ公共建設所需用地爲公有土地者，主辦機關得於辦理撥用後，訂定期限出租、設定地上權、信託或以使用土地之權利金或租金出資方式提供民間機構使用，不受土地法第二十五條、國有財產法第二十八條及地方政府公產管理法令之限制。其出租及設定地上權之租金，得予優惠。

Ⅱ前項租金優惠辦法，由內政部會同主管機關定之。

Ⅲ民間機構依第八條第一項第六款開發公共建設用地範圍內之零星公有土地，經公共建設目的事業主管機關核定符合政策需要者，得由出售公地機關將該公有土地讓售予民間機構使用，不受土地法第二十五條及地方政府公產管理法令之限制。

解說

公有土地的出租、設定地上權等，依國有財產法規定是不能超過十年，但促參法卻可不受此限，可以設定三十年、五十年，甚至於一百年之地上權。目前臺北市等直轄市以公有土地設定地上權之方式，取得相當豐富之權利金，而廣受主辦機關之喜愛使用。

第16條（私有地取得之程序及要件）

Ⅰ公共建設所需用地爲私有土地者，由主辦機關或民間機構與所有權人協議以市場正常交易價格價購。價購不成，且該土地係爲舉辦政府規劃之重大公共建設所必需者，得由主辦機關依法辦理徵收。

Ⅱ前項得由主辦機關依法辦理徵收之土地如爲國防、交通、水利事業因公共安全急需使用者，得由主辦機關依法逕行辦理徵收，不受前項協議價購程序之限制。

Ⅲ主辦機關得於徵收計畫中載明辦理聯合開發、委託開發、合作經營、出租、設定地上權、信託或以使用土地之權利金或租金出資方式，提供民間機構開發、興建、營運，不受土地法第二十五條、國有財產法第二十八條及地方政府公產管理法令之限制。

Ⅳ本法施行前徵收取得之公共建設用地，得依前項規定之方式，提供民間機構開發、興建、營運，不受土地法第二十五條、國有財產法第二十八條及地方政府公產管理法令之限制。

Ⅴ徵收土地之出租及設定地上權，準用前條第一項及第二項租金優惠之規定。

解說

價購私有土地最常出現的困難是釘子戶等問題，機關依法辦理徵收之土地如果是爲**國防、交通、水利事業因公共安全急需使用者**，機關可以依土地徵收條例逕行辦理徵收，不受協議價購程序的限制。連議價程序都不用的一個條文，不免讓擁有土地的民眾們產生恐慌，促參案件公權力很大，大得可以把民眾的土地徵收，連正當法律程序都不必遵守，眞令人匪夷所思。而且可以使用諸多開發手段；例如：聯合開發、合作經營、出租、信託及設定地上權等情形，並且可不受國有財產法及土地法之諸多限制。

第24條（鄰地建築物或工作物之拆除）

Ⅰ依前條規定使用公、私有土地或建築物，有拆除建築物或其他工作物全部或一部之必要者，民間機構應報請主辦機關同意後，由主辦機關商請當地主管建築機關通知所有人、占有人或使用人限期拆除之。但屆期不拆除或情況緊急遲延即有發生重大公共利益損害之虞者，主辦機關得逕行或委託當地主管建築機關強制拆除之。

Ⅱ前項拆除及因拆除所遭受之損失，應給予相當補償；對補償有異議，經協議不成時，應報請主辦機關核定後爲之。其補償費，應計入公共建設成本中。

解說

因促參案件的工程，不僅僅只有鑽探等技術問題，有必要的時候還可以拆除民眾的房子。像是當時高雄捷運工程進行地下開挖，致使鄰房傾斜，也因此本條的「避免重大公共利益的損害強制拆除之授權條款」，讓民眾住了三十年的老房子，就這樣連夜被拆除，最終補償是否相當？則是難以解決之困難問題。

第29條（非自償部分之補貼或投資）

Ⅰ公共建設經甄審委員會評定其投資依本法其他獎勵仍未具完全自償能力者，得就其非自償部分，由主辦機關補貼其所需貸款利息或按營運績效給予補貼，並於投資契約中訂明。

Ⅱ主辦機關辦理前項公共建設，其涉及中央政府預算者，實施前應將建設計畫與相關補貼，報請行政院核定；其未涉及中央政府預算者，得依權責由主辦機關自行核定。

Ⅲ第一項之補貼應循預算程序辦理。

解說

依照本法施行細則第43條[12]第1項，「自償能力」係爲「民間參與公

[12] 參照促進民間參與公共建設條例施行細則第43條：「本法第二十九條第一項所稱自償能

共建設計畫評估年期內各年現金流入現值總額，除以計畫評估年期內各年現金流出現值總額之比例」。

但經甄選委員會認定廠商沒有自償能力，則主辦機關須補貼貸款利息或投資該建設之一部，但這一部最大範圍到底是多少頗有爭議，有認爲只要是廠商非自償之部分，就能讓政府出資[13]，且不會計入本法第4條所稱之20%之限制中。

第30條（中長期資金之融通）

主辦機關視公共建設資金融通之必要，得洽請金融機構或特種基金提供民間機構中長期貸款。但主辦機關提供融資保證，或依其他措施造成主辦機關承擔或有負債者，應提報各民意機關審議通過。

解說

行政機關介入融資業務，其實有執行中立之大原則，而其資金來源，依照財政部之「中長期資金運用策劃及推動要點」之規定，包含「郵政儲金」、「郵政簡易人壽責任準備金」、「其他經行政院核定之資金」。

第31條（貸款限制之放寬）

金融機構對民間機構提供用於重大交通建設之授信，係配合政府政策，並報經金融監督管理委員會（以下簡稱金管會）核准者，其授信額度不受銀行法第三十三條之三、第三十八條及第七十二條之二之限制。

力，指民間參與公共建設計畫評估年期內各年現金流入現值總額，除以計畫評估年期內各年現金流出現值總額之比例（第1項）。前項所稱現金流入，指公共建設計畫營運收入、附屬事業收入、資產設備處分收入及其他相關收入之總和（第2項）。第一項所稱現金流出，指公共建設計畫所有工程建設經費、依本法第十五條第一項優惠後之土地出租或設定地上權租金、所得稅費用、不含折舊與利息之公共建設營運成本及費用、不含折舊與利息之附屬事業營運成本及費用、資產設備增置及更新費用等支出之總額（第3項）。」

13 參照洪國欽，《促進民間參與公共建設法逐條釋義》，元照出版社，2008年1月初版，頁175至176。

解說

對於貸款之部分，促參法條文都給予通融之規定，且就交通建設而言，授信額度不受銀行法第33條之3的限制（但銀行法§84已刪除）。

- **銀行法第33條之3：**

主管機關對於銀行就同一人、同一關係人或同一關係企業之授信或其他交易得予限制，其限額、其他交易之範圍及其他應遵行事項之辦法，由主管機關定之。

前項授信或其他交易之同一人、同一關係人或同一關係企業範圍如下：

一、同一人爲同一自然人或同一法人。

二、同一關係人包括本人、配偶、二親等以內之血親，及以本人或配偶爲負責人之企業。

三、同一關係企業適用公司法第三百六十九條之一至第三百六十九條之三、第三百六十九條之九及第三百六十九條之十一規定。

第32條（外國金融機構參與聯合貸款之權利義務及權利能力）

外國金融機構參加對民間機構提供聯合貸款，其組織爲公司型態者，就其與融資有關之權利義務及權利能力，與中華民國公司相同，不受民法總則施行法第十二條及公司法第三百七十五條之限制。

解說

- **民法總則施行法第12條：**

經認許之外國法人，於法令限制內，與同種類之我國法人有同一之權利能力。

前項外國法人，其服從我國法律之義務，與我國法人同。

第33條（參與建設之民間機構公開發行新股）

參與公共建設之民間機構得公開發行新股，不受公司法第二百七十條第一款之限制。但其已連續虧損二年以上者，應提因應計畫，並充分揭露相關資訊。

解說

- **公司法第270條第1款：**

  公司有左列情形之一者，不得公開發行新股：一、最近連續二年有虧損者。但依其事業性質，須有較長準備期間或具有健全之營業計畫，確能改善營利能力者，不在此限。

  依本條規定，縱使民間機構連續虧損兩年以上，仍得公開發行新股，以募集必要資金。

第34條（參與建設之民間機構發行公司債）

民間機構經依法辦理股票公開發行後，為支應公共建設所需之資金，得發行指定用途之公司債，不受公司法第二百四十七條、第二百四十九條第二款及第二百五十條第二款之限制。但其發行總額，應經證券主管機關徵詢中央目的事業主管機關同意。

解說

- **公司法第247條：**

  公開發行股票公司之公司債總額，不得逾公司現有全部資產減去全部負債後之餘額。

  無擔保公司債之總額，不得逾前項餘額二分之一。

- **公司法第249條第2款：**

  公司有下列情形之一者，不得發行無擔保公司債：二、最近三年或開業不及三年之開業年度課稅後之平均淨利，未達原定發行之公司債，應負擔年息總額之百分之一百五十。

- **公司法第250條第2款：**

  公司有左列情形之一者，不得發行公司債：二、最近三年或開業不及三年之開業年度課稅後之平均淨利，未達原定發行之公司債應負擔年息總額之百分之一百者。但經銀行保證發行之公司債不受限制。

第35條（協助民間機構辦理重大天然災害復舊貸款）

民間機構在公共建設興建、營運期間，因天然災變而受重大損害時，主辦機關應會商金管會及有關主管機關協調金融機構或特種基金，提供重大天然災害復舊貸款。

解說

第32條至第34條條文，都給予參與公共建設的民間廠商很大的鬆綁規定。更於第35條提出，天然災變而受重大損害時，政府要幫忙善後。有論者指出雖然臺灣目前在「中小企業發展條例」中，有要求政府對於中小企業給予「緊急性融資」，但由於促參條例所涉之廠商未必是中小企業，因此，需要本法授權政府有給予融資之可能[14]。

第36條（營利事業所得稅之免徵）

Ⅰ民間機構得自所參與重大公共建設開始營運後有課稅所得之年度起，最長以五年爲限，免納營利事業所得稅。

Ⅱ前項之民間機構，得自各該重大公共建設開始營運後有課稅所得之年度起，四年內自行選定延遲開始免稅之期間；其延遲期間最長不得超過三年，延遲後免稅期間之始日，應爲一會計年度之首日。

Ⅲ第一項免稅之範圍及年限、核定機關、申請期限、程序、施行期限、補繳及其他相關事項之辦法，由主管機關會商中央目的事業主管機關定之。

解說

本條爲促參設施之營利事業所得稅之減免規定，主管機關並有依本條制定「民間機構參與重大公共建設適用免納營利事業所得稅辦法」，但依本法第1項限於「經營所生之營利事業所得稅」方有適用，如果非屬開始營運後者，則不在本條得減免之範圍中。

---

14 參照洪國欽，前揭註13，頁192至193。

第37條（投資抵減）

Ⅰ民間機構得在所參與重大公共建設下列支出金額百分之五至百分之二十限度內，抵減當年度應納營利事業所得稅額；當年度不足抵減時，得在以後四年度抵減之：

一、投資於興建、營運設備或技術。

二、購置防治污染設備或技術。

三、投資於研究發展、人才培訓之支出。

Ⅱ前項投資抵減，其每一年度得抵減總額，以不超過該機構當年度應納營利事業所得稅額百分之五十爲限。但最後年度抵減金額，不在此限。

Ⅲ第一項各款之適用範圍、核定機關、申請期限、程序、施行期限、抵減率、補繳及其他相關事項之辦法，由主管機關會商中央目的事業主管機關定之。

解說

民間機構若有投資於興建、營運設備或技術，購置防治污染設備或技術，或投資於研究發展、人才培訓之支出也可以抵免所得稅的稅額，一系列的減免稅額就爲了不斷地在鼓勵與推動促參案件的進行，但是此種租稅減免規定，會大幅腐蝕國家稅基。

第38條（關稅之減免及分期繳納）

Ⅰ民間機構及其直接承包商進口供其興建重大公共建設使用之營建機器、設備、施工用特殊運輸工具、訓練器材及其所需之零組件，經主辦機關證明屬實，並經經濟部證明在國內尚未製造供應者，免徵進口關稅。

Ⅱ民間機構進口供其經營重大公共建設使用之營運機器、設備、訓練器材及其所需之零組件，經主辦機關證明屬實，其進口關稅得提供適當擔保，於開始營運之日起，一年後分期繳納。

Ⅲ民間機構進口第一項規定之器材，如係國內已製造供應者，經主辦機關證明屬實，其進口關稅得提供適當擔保於完工之日起，一年後分期繳納。

Ⅳ依前二項規定辦理分期繳納關稅之貨物，於稅款繳清前，轉讓或變更原目的以外之用途者，應就未繳清之稅款餘額依關稅法規定，於期限內一次繳清。但轉讓經主管機關專案核准者，准由受讓人繼續分期繳稅。

Ⅴ第一項至第三項之免稅、分期繳納關稅及補繳辦法，由主管機關定之。

解說

民間機構若有營建機器、設備、施工用特殊運輸工具、訓練器材及其所需之零組件，經主辦機關證明且經經濟部證明在國內尚未製造供應，也可以**免徵進口關稅**，享有「租稅上之優惠待遇」。

第39條（地價稅、房屋稅、契稅之減免）

Ⅰ參與重大公共建設之民間機構在興建或營運期間，供其直接使用之不動產應課徵之地價稅、房屋稅及取得時應課徵之契稅，得予適當減免。

Ⅱ前項減免之期限、範圍、標準、程序及補繳，由直轄市及縣（市）政府擬訂，提請各該議會通過後，報主管機關備查。

解說

以地價稅與房屋稅而言，各大縣市政府所訂的標準不盡相同，於臺北市參與促參案件的民間廠商在營運前五年，其地價稅可免繳交[15]、房屋稅

15 參照臺北市促進民間機構參與重大公共建設減免地價稅房屋稅及契稅自治條例第4條第1項：「民間機構參與本法第三條所定之本市重大公共建設，在興建或營運期間，經主辦機關核定供直接使用之土地，自稅捐稽徵機關核准之日起，地價稅免徵五年。」

得減半[16]、契稅則得減少30%[17]。像是臺大太子宿舍，就是根據臺北市政府發布之臺北市促進民間參與重大公共建設減免地價稅房屋稅及契稅自治條例之規定去減免其地價稅、房屋稅與契稅。

第41條（附屬事業不適用租稅獎勵）

民間機構依第十三條所經營之附屬事業，不適用本章之規定。

解說

本法雖然提供了一系列的融資與稅收減免優惠的措施，但民間機構依第13條所經營之附屬事業，並不適用上揭租稅減免措施，以避免民間機構雙重不當得利。

第42條（公共建設相關事項之公告）

Ⅰ經主辦機關評估得由民間參與政府規劃之公共建設，主辦機關應將該建設之興建、營運規劃內容及申請人之資格條件等相關事項，公告徵求民間參與。

Ⅱ前項申請人應於公告期限屆滿前，向主辦機關申購相關規劃資料。

解說

促參案件可以由政府主動規劃公告，即機關自己先進行內部評估公私合作之可行性，並公告徵求民間機構參與，與政府採購法的公告形式雷同。

16 參照臺北市促進民間機構參與重大公共建設減免地價稅房屋稅及契稅自治條例第5條第1項：「民間機構參與本法第三條所定之本市重大公共建設，在營運期間，經主辦機關核定供直接使用之房屋，自稅捐稽徵機關核准之日起五年，減徵應納房屋稅額百分之五十。」

17 參照臺北市促進民間機構參與重大公共建設減免地價稅房屋稅及契稅自治條例第6條第1項：「民間機構參與本法第三條所定之本市重大公共建設，在興建或營運期間，以買賣、承典、交換、贈與、分割或因占有取得供其直接使用之不動產所有權者，減徵契稅百分之三十。」

第43條（申請文件）

依前條規定參與公共建設之申請人，應於公告所定期限屆滿前，備妥資格文件、相關土地使用計畫、興建計畫、營運計畫、財務計畫、金融機構融資意願書及其他公告規定資料，向主辦機關提出申請。

解說

本條規定與政府採購法繳交競標的資料是類似的，促參法在必備文件方面的項目則是在此條文中寫得比較清楚。本條之金融機構融資意願書到底是要多少比例才是合理，國內有人對於此做過相關的研究，像是聯合大學的熊慧娟的完全自償BOT專案融資者於獲利指標設定對銀行最佳出資比之影響，但法律中毫無明文規定比例。

第44條（甄審委員會之設置及甄審原則）

Ⅰ 主辦機關爲審核申請案件，應設甄審委員會，按公共建設之目的，決定甄審標準，並就申請人提出之資料，依公平、公正原則，於評審期限內，擇優評定之。

Ⅱ 前項甄審標準，應於公告徵求民間參與之時一併公告；評審期限，依個案決定之，並應通知申請人。

Ⅲ 第一項甄審委員會之組織及評審辦法，由主管機關定之。甄審委員會委員應有二分之一以上爲專家、學者，甄審過程應公開爲之。

解說

以政府採購法而言，凡採用最有利標就必須有政府採購委員會來評選最有利廠商，而促參法則是由甄審委員會來評分並選擇最優先締約廠商，政府採購委員會與甄審委員會之成立與組成的功能雷同。

第45條（最優申請案件之通知、投資契約之簽訂、次優申請案件之遞補）

Ⅰ 經評定爲最優申請案件申請人，應自接獲主辦機關通知之日起，按評定規定時間籌辦，並與主辦機關完成投資契約之簽約手續，依法興建、營運。

Ⅱ經評定爲最優申請案件申請人，如未於前項規定時間籌辦，並與主辦機關完成投資契約簽約手續者，主辦機關得訂定期限，通知補正之。該申請人如於期限內無法補正者，主辦機關得決定由合格之次優申請案件申請人遞補簽約或重新依第四十二條規定公告接受申請。

解說

取得最優先締約權之申請人與主辦的機關通常需在六個月的時間內，議約且完成簽約。最優先申請權人如果未在主辦機關所指定的期限完成締約，則由甄審合格之次優先申請案件申請人遞補簽約或重新依第42條規定公告接受申請。臺北市政府曾因太極雙星計畫疑義，無限期延長締約，主辦機關是否亦受本條規定之拘束？尚有待釐清。

第46條（民間自行規劃申請參與之程序）

Ⅰ民間自行規劃申請參與公共建設者，應擬具相關土地使用計畫、興建計畫、營運計畫、財務計畫、金融機構融資意願書及其他法令規定文件，向主辦機關提出申請。

Ⅱ前項申請案件所需之土地、設施，得由民間申請人自行備具，或由主辦機關提供。

Ⅲ第一項申請案件受申請機關如認爲不符政策需求，應逕予駁回；如認爲符合政策需求，其審查程序如下：

一、民間申請人自行備具私有土地案件，由主辦機關審核。

二、主辦機關提供土地、設施案件，由民間申請人提出規劃構想書，經主辦機關初審通過後，依初審結果備具第一項之文件，由主辦機關依第四十四條第一項規定辦理評審。

Ⅳ經依前項審查程序評定之最優申請人，應按規定時間籌辦，並依主辦機關核定之計畫，取得土地所有權或使用權，並與主辦機關簽訂投資契約後，始得依法興建、營運。

Ⅴ第三項第二款之申請案件未獲審核通過、未按規定時間籌辦完成或未與主辦機關簽訂投資契約者，主辦機關得基於公共利益之考量，及相關法令之規定，將該計畫依第四十二條規定公告徵求民間投資，或由政府自行興建、營運。

Ⅵ第一項至第四項之申請文件、申請與審核程序、審核原則、審核期限及相關作業之辦法，由主管機關定之。

解說

除經政府的主動公告外，民間機構可自行規劃參與公共建設並向主辦機關提出申請。若民間機構之申請不被甄審委員會通過，則一定是甄審委員會對於民間機構所提出的申請有所疑慮，像是計畫書準備不全，或是財務規劃不好等疑慮。但如果主辦機關收了廠商之申請件後辦理退件，但於再次辦理重新公告時，公告的文件內容若抄襲或利用原本投標廠商的計畫書，則很有可能會有侵害前次申請人智慧財產權的問題。

以臺大太子宿舍的促參案件爲例：臺大雖對太子建設的申請曾先辦理退件，但是有額外付了一筆類似顧問費的費用給太子建設，另一方面臺大則是依本法第42條以太子建設提供的八成資料辦理主動公告。而後太子建設說明於第一次申請書曾漏算土地稅及房屋稅等爲由，所以權利金比率比第一次的申請書降得更低。

第47條（申請及審核之異議及申訴處理）

Ⅰ參與公共建設之申請人與主辦機關於申請及審核程序之爭議，其異議及申訴，準用政府採購法處理招標、審標或決標爭議之規定。

Ⅱ前項爭議處理規則，由主管機關定之。

解說

本條明定促參法爭議，其異議及申訴，準用政府採購法之相關規定，以利雙方遵循。但僅限於「申請」及「審核」方式之爭議，並不包含「締約」、「興建」、「營運」及「移轉」程序之爭議，似有放寬適用政府採購程序之必要。

第48條（不適用政府採購法之規定）

依本法核准民間機構興建、營運之公共建設，不適用政府採購法之規定。

解說

促參案的招標、投標及決標等爭議都會到工程會受理，但依促參法核准民間機構興建、營運之公共建設，不適用政府採購法之規定，所以於履約期間之促參案件的爭議，工程會是不會受理其異議或申訴。故促參法第11條第8款之規定，就有規定要於契約內訂定爭議處理的機制及仲裁條款，且爭議處理小組的組成與成立人數等，或是需要透過仲裁，甚至由法院訴訟解決，故都要於投資契約中由雙方明文同意仲裁。

第49條（公用事業營運費率之訂定及調整）

Ⅰ民間機構參與之公共建設屬公用事業者，得參照下列因素，於投資申請案財務計畫內擬訂營運費率標準、調整時機及方式：

一、規劃、興建、營運及財務等成本支出。

二、營運及附屬事業收入。

三、營運年限。

四、權利金之支付。

五、物價指數水準。

Ⅱ前項民間機構擬訂之營運費率標準、調整時機及方式，應於主辦機關與民間機構簽訂投資契約前，經各該公用事業主管機關依法核定後，由主辦機關納入契約並公告之。

Ⅲ前項經核定之營運費率標準、調整時機及方式，於公共建設開始營運後如有修正必要，應經各該公用事業主管機關依法核定後，由主辦機關修正投資契約相關規定並公告之。

解說

促參法第49條開始，即第五章的監督與管理的部分，一般促參案件的執行期間短則五年、八年，長則可以一甲子甚至是百年之久，這樣一個漫長的執行期間內，監督、管理與合作是非常重要的規範內容。像是營運期間是三十年或是五十年的促參案件，原本主辦機關承辦簽約的人可能已經退休離職了，但對於原先契約所承諾的義務，原則上不能由單方加以改變。投資契約是否宜有單方變更契約內容或契約協商之機會，仍有補充修法加以填補之必要。

第50條（減價優惠）

依本法營運之公共建設，政府非依法律不得要求提供減價之優惠；其依法優惠部分，除投資契約另有約定者外，應由各該法律之主管機關編列預算補貼之。

解說

政府非有法律依據，不得要求營運的公共建設提供減價之優惠，避免損失民間機構之財務規劃。但是依法得優惠部分，如果是投資契約有另外訂定者，應由各該法律之主管機關編列預算補貼民間機構。以臺大太子學生宿舍的附屬設施爲例，因對外開放，臺大師生憑教職員證件可以打折，是當時臺大本身給予太子建設很大的暗示，再由太子建設自行主動提出其優惠措施，因此得跳脫本條禁止提供減價之優惠之限制規定。

第51條（投資契約之權利、興建營運之資產設備轉讓出租及設定負擔之禁止）

Ⅰ民間機構依投資契約所取得之權利，除爲第五十二條規定之改善計畫或第五十三條規定之適當措施所需，且經主辦機關同意者外，不得轉讓、出租、設定負擔或爲民事執行之標的。

Ⅱ民間機構因興建、營運所取得之營運資產、設備，非經主辦機關同意，不得轉讓、出租或設定負擔。

Ⅲ違反前二項規定者，其轉讓、出租或設定負擔之行爲，無效。

Ⅳ民間機構非經主辦機關同意，不得辦理合併或分割。

解說

民間機構因興建、營運所取得之營運資產、設備，非經主辦機關同意，不得轉讓、出租或設定負擔，以避免營運期間屆滿後，造成移轉給主辦機關之困擾，但除了BOO的促參案因產權是完全屬於民間機構則不在此限。以臺大第二學生活動中心的商店街爲例，其是以OT的方式進行促參程序，當時的民間機構則曾以二房東的身分，將其權利再轉讓、出租於不同的廠商，此即違反此條的限制規定，而構成違約與違法情形，其行爲應屬無效。

第52條（民間機構經營不善或其他重大事情發生時之處理方式）

Ⅰ民間機構於興建或營運期間，如有施工進度嚴重落後、工程品質重大違失、經營不善或其他重大情事發生，主辦機關依投資契約得爲下列處理，並以書面通知民間機構：

一、要求定期改善。

二、屆期不改善或改善無效者，中止其興建、營運一部或全部。但經主辦機關同意融資機構、保證人自行或擇定符合法令規定之其他機構，於一定期限內暫時接管該公共建設繼續辦理興建或營運者，不在此限。

三、因前款中止興建或營運，或經融資機構、保證人或其指定之其他機構接管後，持續相當期間仍未改善者，終止投資契約。

Ⅱ主辦機關依前項規定辦理時，應通知融資機構、保證人及政府有關機關。

Ⅲ主辦機關依第一項第三款規定終止投資契約並完成結算後，融資機構、保證人得經主辦機關同意，自行或擇定符合法令規定之其他機構，與主辦機關簽訂投資契約，繼續辦理興建或營運。

解說

主辦機關依本條規定可使融資機構、保證人或其他有關機關接管公共工程，但也要看該前述機關或機構是否有相關經驗去接管並經營，若是機關或機構對於該產業完全不認識、不瞭解，該第三人等也不適宜貿然去強制接管。此條也明定如果民間機構經營不善的話，主辦機關有暫時強制接管的權利，這也是「國家擔保責任」的表現與證明，但這僅是暫時接管，而非「終局性」接管。

第53條（緊急處分權）

Ⅰ公共建設之興建、營運如有施工進度嚴重落後、工程品質重大違失、經營不善或其他重大情事發生，於情況緊急，遲延即有損害重大公共利益或造成緊急危難之虞時，中央目的事業主管機關得令民間機構停止興建或營運之一部或全部，並通知政府有關機關。

Ⅱ依前條第一項中止及前項停止其營運一部、全部或終止投資契約時，主辦機關得採取適當措施，繼續維持該公共建設之營運。必要時，並得予以強制接管營運；其接管營運方式、範圍、執行、終止及其相關事項之辦法，由中央目的事業主管機關定之。

解說

公共建設於興建與營運階段，因情況緊急，遲延即有損害重大公共利益或造成緊急危難之虞時，中央目的事業主管機關得令民間機構停止興建或營運之一部或全部，並通知政府有關機關。如未來高鐵因雲、嘉、南等地下水抽水的行為而造成地層下陷發生運輸上之急迫危險，可能會進行一些增高的補強工程，但若無法再增高地基時，則是可能要面臨停止營運其一部或全部，以保障乘客安全。但本條卻未賦予主辦機關之緊急處分權，則屬立法上之疏漏。

第54條（經營期限屆滿時之移轉）

民間機構應於營運期限屆滿後，移轉公共建設予政府者，應將現存所有之營運資產或營運權，依投資契約有償或無償移轉、歸還予主辦機關。

解說

例如臺大太子學生宿舍營運BOT長達三十年期，於未來開始的幾年至二十年後，民間機構基於營運需求，或許會做足應有的維護。但是在二十五年後，廠商或許會覺得特許期間僅只剩下五年，就算五年後自己已無意願再經營，也可能產權移轉至主管機關，所以到時候可能停止維護並撐完那五年就夠了的想法，使得公共建設的維護產生危機。

以民間機構而言，如果二十五年後尚有營運盈餘，或許特許公司會想要再續約，因而持續進行維護，屋齡爲二十年至三十年建築體正是維修的高峰期。但如果整體的營運盈餘足夠去填補維修的費用，則特許公司可能會比較可以接受並進行維修的行爲。因此，利用逐年績效評估並管制民間機構，即非常重要。

第55條（本法施行前各項公共建設之適用）

Ⅰ本法施行前政府依法與民間機構所訂公共建設投資契約之權利義務，不受本法影響。投資契約未規定者，而本法之規定較有利於民間機構時，得適用本法之規定。

Ⅱ本法施行前政府依法公告徵求民間參與，而於本法施行後簽訂投資契約之公共建設，其於公告載明該建設適用公告當時之獎勵民間投資法令，並將應適用之法令於投資契約訂明者，其建設及投資契約之權利義務，適用公告當時之法令規定。但本法之規定較有利於民間機構者，得適用本法之規定。

解說

本條內銜接獎參條例與促參法規定內容之不同，乃採取絕對性「從優原則」，而非中央法規標準法第18條上之「從新從優原則」。

捌、相關考題

1. 試說明促進民間參與公共建設法所稱公共建設，包括那些事項？（106地特三等建築工程營建法規）

2. 促參案件辦理過程中講求的是「資訊公開透明」原則，其目的在於廣為吸引潛在投資人瞭解主辦機關之需求與評估自我投資能力，以避免提出申請經甄審獲得投資機會後的爭議。試請依據促進民間參與公共建設法，說明主辦機關辦理促進民間參與公共建設時之前置規劃、公告招商、甄審作業、議約簽約、績效評定等各階段應有的公開透明機制為何？（105高考三等公職建築師營建法規）

3. 國內公共建設常採用BOT模式，何謂BOT？說明施行BOT模式對政府機關之優點及缺點。（103三等身障特考營建管理與工程材料）

4. 何謂BOT法？其中文名稱為何？其立法目的為何？請舉出一個實際案例說明。（100普考建築工程營建法規概要）

5. 在獎勵民間參與交通建設毗鄰地區禁限建辦法中規定鐵路兩側之建築物，由主管機關商請當地縣（市）政府勘定鐵路行車視距及電車線供電線路之需要後限制之，另為顧及結構及行車安全，高速鐵路兩側之限建範圍有何規定？又其起算基點為何？（99警察、鐵路特考高員建築工程營建法規）

6. 請解釋下列名詞，括號中所列為該名詞之法規出處（98高考建築工程三等營建法規）：

   OT（operation-transfer，促進民間參與公共建設法）

玖、延伸閱讀

1. 古嘉諄／李元得／黃俊凱／陳俐宇，《促參法Q&A》，元照出版社，2009年7月，初版。
2. 李志祥，〈我國推動促進民間參與公共建設之發展與未來展望〉，行政院經濟建設委員會全球資訊網，http：//www.cepd.gov.tw/dn.aspx?uid=7404。

3. 林明鏘，〈促進民間參與公共建設法制與檢討〉，臺灣五都法務（制）局2014年學術研討會論文，2014年6月26日。月旦法學雜誌第234期，2014年11月，頁48至72。
4. 林明鏘，〈政策中止促參程序之法律爭議：評臺北高行95年訴字第2710號判決及最高行98年判字第635號判決〉，東吳大學法律學報第25期第1卷，2013年7月，頁49至74。
5. 林明鏘，《民營化與制度實踐》，新學林公司，2021年4月，初版。
6. 林能白／王文宇／廖咸興，《從高速鐵路及國際金融大樓兩案之經驗檢討我國BOT制度之設計》，行政院研考會委託計畫，2000年。
7. 洪國欽，《促進民間參與公共建設法逐條釋義》，元照出版社，2008年1月，初版。
8. 程明修，〈依據私法契約羅致之私人之國家賠償責任〉，台灣本土法學雜誌第50期，2003年9月，頁152至156。

第九講

都市更新條例

案例

臺北市士林文林苑都更案的啓發

2007年，樂揚建設辦理都市更新興建「文林苑」住宅大樓，並取得更新範圍內36戶住戶同意，取得超過法律規定90%的土地所有權人同意，但原定範圍內的王姓屋主不願參與都更，屢次溝通仍無法取得其同意，樂揚建設在最高行政法院做出王家敗訴的確定判決後，依法申請臺北市政府協助排除都更障礙，臺北市政府即因樂揚建設之申請而以警力驅離現場抗議民眾，並於2012年3月28日強制拆除王家建物，從而引發社會輿論之猛烈批評。試問：

1. 本案臺北市政府之強制拆除行為是否適法？有沒有正當性？
2. 本案王家作為少數權利人，其權益應如何加以保障始為妥當（即如何處理釘子戶條款）？

壹、概說

都市更新條例的緣起原係參考日本都市再開發法（昭和44年，1969年）與都市再生特別措置法（平成14年，2002年）並大幅簡化美國都市更新制度，都市更新制度最初係規定在都市計畫法（第六章舊市區之更新，§63至§73）條內，目的係在處理都市內因都市發展過快而生舊市區的髒亂及窳陋之情形，爲創造都市再開發利用之機會；民國87年時，爲因應都市更新之急進需求及提升都市更新的法規範內容，乃另制定都市更新條例以完善相關規範之建設。目前都市更新的相關法令可分爲中央法規與地方自治團體自治條例兩個層級：中央法規爲總統公布施行之都市更新條例，其立法目的係爲促進都市土地有計畫之再開發利用，復甦都市機能，改善居住環境，增進公共利益，具有特別法（與都市計畫法相較）之性質；其次，我國臺北與高雄兩大都市亦分別定有都市更新自治條例，因都市更新具有因地制宜的特性，相關自治條例如何與都市更新條例融合運作，而非擅開後門，亦值得我們詳加檢視。

都市更新是臺灣近十年發展極爲迅速的一個新領域，截至2016年12月底，六都審核都更事業計畫之案件數量多達251件，且多集中於臺北市、新北市與臺中市，詳參表9-1[1]。惟隨著都市更新議題的蓬勃發展，都市更新條例的規範內容是否合理妥適？一再受到更新居民之質疑，尤因都市更新涉及人民財產權之剝奪（以權利變換之名）、少數人權利保障與正當法律程序等居住正義問題，造成都市更新衝突往往成爲社會輿論關注的焦點，都市更新條例內之法律制度面與法律執行面之缺陷因而浮上檯面，本文以下亦將著重於此予以剖析介紹。

表9-1　六都歷年都更事業計畫核定案件數統計[2]

縣市別	2011年以前	2012年	2013年	2014年	2015年	2016年	累計核定
臺北市	99	13	32	10	1	0	155
新北市	22	8	8	1	0	0	39
臺中市（含臺中縣）	55	0	0	0	0	0	55
臺南市（含臺南縣）	1	0	0	0	0	0	1
高雄市（含高雄縣）	1	0	1	0	0	0	1
桃園市	0	0	0	0	0	0	0
合計	178	21	41	11	1	0	251

1　上述三者案件總數達304件，占整體案件的82.16%。資料整理自麥怡安、江玲穎，〈2013年都市更新大放異彩〉，都市更新簡訊第61期，2014年3月，頁1-24。

2　參照內政部，都市更新網，http://twur.cpami.gov.tw/chart/ChartB.aspx?MP=MQ==（最後瀏覽日期：2017/12/27）。

而在大法官釋字第709號解釋公布後，原本一年後失效的要求，因爲學運占領立法院，致無法如期修改完成，形成法律空窗期，且官方（行政院）版本內容不佳，致有立委提案逾二十個以上版本，最後須整合出一個妥協版本。

貳、都市更新的法定處理方式

依照都市更新條例第4條之規定，都市更新的手段得分爲下列三種：

一、重建

係指拆除更新單元內原有建築物，重新建築，住戶安置，改進公共設施，並得變更土地使用性質或使用密度；其係目前都市更新最常見之方式，誘因主要在於公部門提供之容積獎勵、租稅優惠及公部門審照期間較爲迅捷。具體容積獎勵的內容及依都市更新建築容積獎勵辦法第4條以下之規定。

二、整建

指改建、修建更新單元內建築物或充實其設備，並改進公共設施。

三、維護

係指加強更新單元內土地使用及建築管理，改進公共設施，以保持其良好狀況。目前國外都市更新最受重視的即爲老舊建築物的外牆拉皮，其誘因在於能替老舊建築物做結構補強，並增加建築物價值，故亦逐漸受到國內注意。

目前實務上偏向重建，因爲可以獲利較多，整建及維護並不被廣爲重視。

參、都市更新的流程

都市更新推動程序分爲：更新地區劃定、更新計畫擬定、更新事業概要、更新事業計畫、實施計畫與計畫執行等六個階段，而權利變換計畫則視實際實施方式是否採權利變換方式而定。其內容得以圖9-1表示[3]：

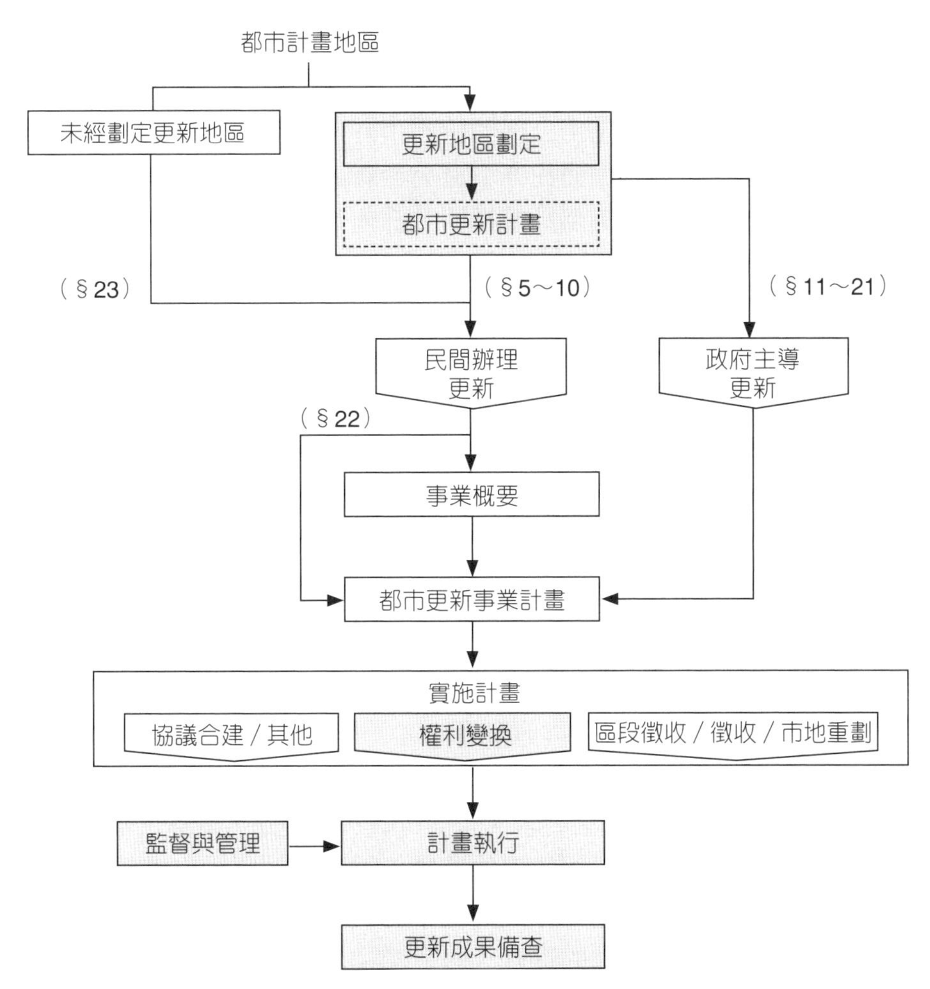

圖9-1　都市更新計畫流程圖（摘自都市更新作業手冊）

3　營建雜誌社，《都市更新作業手冊》，2019年11月，營建雜誌社出版，頁0之8。

肆、都市更新制度面的盲點與瑕疵

一、都更發動要件擴大（§22、§23）

都市更新的發動要件的擴大，即係指劃定都市更新地區或都市更新單元的要件，從早期的「窳陋」到現在「功能不佳」，甚至於擴大及於自治團體之都更自治條例所定列表要件；然而因其要件門檻降低、更具有彈性，造成都市更新的範圍不明確，每個市民住家都有可能被都更的危險！目前都市更新的範圍，若是由公部門依都市計畫法所發布者，會在都市更新計畫內明定都更範圍，然而此亦引發另一新議題：即需否強制各地方政府在都市計畫主要計畫或細部計畫裡明定都市更新之範圍？若都市計畫內未明定都更範圍，依照現行都市更新條例第22條、第23條（修正前都更條例第10條、第11條），由民間來依照都市更新單元劃定標準加以試畫。修正前都更條例第11條之規範，因可能涉及人民財產權之過度侵害而有違憲疑慮，被稱之爲「圈地惡法」，有加以修正檢討的必要，經民國108年修正移爲第23條後，民間須符合一定情形始可申請都更事業。

二、都更程序發動進行門檻過低（修正前§10Ⅱ）

都更條例修正前，我國都市更新程序的發動門檻過低。依照修正前都市更新條例第10條之規定，僅需十分之一的所有權人數及面積，即得啓動都更單元之「插旗圈地」，在申請都更事業計畫概要許可後，不能有第二個對同一區域申請都更，而具有排他壟斷地位。因都市更新涉及人民財產權的剝奪，僅十分之一的所有權人數及面積即可進行都更單元之劃定，似不符合憲法財產權保障及比例原則之要求。若從比較法的觀點，無論日本、韓國、香港或新加坡，對於都市更新單元的啓動皆採高比例制的立法設計；從而都市更新條例修正之一重點在於提高都市更新的發動要件。但國內反對見解認爲，都市更新發動要件的提升，將會減損民間競爭的環境，不利都更啓動及民間經濟之發展；然而本書認爲都市更新的正當性建立在公共利益的基礎上，故不應是市場競爭的獲私利產品，上開反對見解應不足採。

幸而經民國108年最新修正，本條已移至都更條例第22條，並適度提高申請核准事業概要時之同意門檻至二分之一，較先前規定更能符合憲法財產權保障之精神及比例原則之要求，亦增加了事業概要之代表性及可行性。

三、欠缺正當法律（行政）程序（§32Ⅱ）

現行都市更新條例設計的都更程序相當冗長，但簡單來說可分為三個主要部分，分別是都市更新事業概要、都市更新計畫與權利變換計畫，此三個主要程序構成都更程序的正當法律程序的內涵。都市更新的正當法律程序係由公聽、公展與公審三者所構成，其中一個主要問題在於公聽程序的效力不足，若從學理而論，都市更新的公聽程序應改由聽證程序較為妥適，蓋依照行政程序法之規範，聽證程序較為嚴謹、公平，聽證結論具有法律拘束力，對人民權利的保障較屬周全，公聽會因由民間都更實務者主辦，所以時常流於形式。此外，目前都市更新程序中的公聽會通知送達程序採發信主義是否妥適？以及正當法律程序是否符合比例原則，皆仍是可再討論的修法議題（併參見大法官釋字第709號解釋）。

四、民間主辦都更為原則之謬誤（§22、§23）

目前都市更新實務的運作係以民間主辦都市更新為原則，行政機關主辦為例外。惟此會構成學理上之疑慮，蓋因都市更新具有濃厚的公益色彩，應以公辦都更為原則，民辦都更為例外較為妥適，因為民間都更公司以獲私利為目的（公司法§1），與公益會背道而馳。再者，民辦都更應以「原住戶自辦」為原則，諸如都更公司或建設公司因會有利益衝突等問題，皆不宜作為都更事業主體。比較法上如德國即明文禁止建築開發公司開啓或實施都更程序。現行都市更新條例對於公辦更新之規範僅有母法的第12條及施行細則第5條二條，在規範密度上明顯不足。2012年內政部修正草案即試圖加以彌補規定，以扭轉公權力不介入都更之制度缺陷。

五、都更面積過小（§12、§22）

依照臺北市的都更自治條例規定，都更面積最小僅須500平方公尺即可開啓都更程序。惟都更之目的是要改善老舊社區或街廓窳陋的功能，把外部的公共設施成本予以內部化，但是都更面積過小將會導致此功能無法達成；且面積過小的都市更新案件，其本質跟民間之合建並無二致，惟因合建無法如都市更新般符合容積獎勵之要件，從而小面積之都市更新因私部門整合較易，故具有高度誘因存在，在法律上，似宜明定都更最小面積，以杜「名爲都更，實爲合建」的假都更，缺乏公共利益因素。

六、資訊不透明化（§32）

都市更新的另外一個重要問題在於都更資訊的不透明化，舉例以言，目前都更條例雖要求都更事業將權利變換計畫公展於眾，部分民間都更實施者亦會與原住戶約定權利變換方式「依審議結果而定」，惟事實上原住戶往往不易取得相關正確資訊，加之原財產權的估價、權利變換的換算比例皆涉及複雜的專業計算方式（灌成本及費用），具極高的理解門檻，普通人民並不易理解，因而造成許多不公不義的問題產生。因都更程序具有極高的專業知識要求，如由政府機關加以主辦並監督，方屬對人民財產權保障的充足手段，就此而論，現行由民間主辦爲原則的立法模式極不妥當。

七、少數人保障不足（§37Ⅳ）

都更最常引起人民反感的問題在於對不同意參加都更少數人保障的不足：現行都更條例採取的所有權比例制，形成多數人來決定少數人之財產權之現象；其次，因都更條例第37條第4項規定，公展期滿後，原住戶即不得撤銷其原同意，惟此時點過早拘束原住戶的撤銷權利，加之依照目前都更現狀，公展期滿時權利變換方式往往尚非清楚，亦使得少數人的權利保障更爲不足。不願參加之少數人（被稱爲釘子戶）受到權利變換的變相徵收及地方自治團體代爲拆除，也造成臺北市士林文林苑王家的抗爭及社會輿論的同情，因爲民辦都更欠缺公共利益之正當性。

八、都更審議程序及控制密度嚴重不足（§22、§29、§32）

都市更新條例設有都更審議會的制度設計，其目的係在審議更新地區要件是否具備、事業計畫是否合理以及住戶的所有權利變換是否合理妥適，同時分擔行政機關的政治責任。惟審議會是否具有足夠的正當性基礎不無疑問，尤其目前審議會的組成乃係行政機關所選出的專家學者，不具有直接的民主正當性，故其似不具有充足的正當性基礎以審酌人民權利變換之方式。其次，即便肯認審議會制度有存在之必要，現行都更條例亦未賦予審議會足夠的權限以對都更事件予以隨時控管，現行審議會僅能在具重大瑕疵時方能撤銷都更決議，使得行政機關雖有強制接管機制，但畏於被人民求償而不敢行使，對於人民權利保障的效力極爲有限。

九、公有土地一律參與更新（修正前§27）

修正前都更條例第27條規定公有土地應一律參與都市更新而毫無例外，乃係極端對公有財產不友善之惡法，因其毫無彈性，使得功能完善或非屬窳陋的公有土地亦無法拒絕少數私人地主申請都市更新的進行，因而造成公有土地強制不當移轉予民間之現象，嚴重損及公共利益，臺灣大學管理之公有土地即成爲都更案的受害者，本條例應予以修改，附加強制參加更新條件爲妥。現條文已移至都更條例第46條，並新增「除另有合理之利用計畫，確無法併同實施都市更新事業者外」之例外情形，得不需強制參與都更，解決前述規定過於強硬僵化之問題。

十、公權力借用程序過於草率（修正前§36、§58）

公權力借用程序係指所謂的「釘子戶剷除條款」，依修正前都市更新條例第36條、第58條允許民間自辦都市更新，若遇少數人不願參與更新且不願自行拆除時，得借用公權力強制排除相關障礙、拆除房屋，惟現行法對於公權力借用的門檻要件極低，亦不符合公權力介入私權之最後手段等比例原則，故引起社會輿論極大的撻伐，認爲第36條規定違反公共利益，應屬違憲法律。

十一、缺乏社會安置計畫的審議內容（§36⑫）

都市更新條例的另一個缺陷在於缺乏完善的社會安置計畫，社會安置計畫係指都更地區原住戶於都更後搬回原地區的可能性，此問題涉及都市更新制度的設計原則：都市更新制度具有二種截然不同的立法模式，分別爲資本主義式的都更制度及比較社會主義式的都更制度，目前臺灣的都市更新條例因偏向資本主義式的設計，使得都更地區的原住窮人（違章建戶）及弱勢者（面積權利少者）往往成爲被犧牲的對象，尤其都更地區的弱勢者往往並非土地或房屋合法所有權人，故於權利變換計算時，其往往不具有得主張之任何合法權利，從而被迫搬離其居住地區，然而此類長期居住原址之弱勢族群在制度設計上應如何保障，實屬值得探討的問題，惟在資本主義式的都更架構下，相關問題極容易被現行法秩序所忽略，而不加妥善處理，造成社會問題，例如：臺北市之華光社區、臺大紹興社區案等違法住戶。

伍、都市更新執行與爭議之問題

一、公部門監督民辦都更的權限不完備

目前公部門對於民辦都更的監督係以都市更新條例的第54條至第57條爲依據，惟現行法規範並未授權行政機關對都更程序做變更或撤銷的強力監督，舉例而言，現行法並未有主管機關因都更程序後階段的瑕疵而全盤推翻或收回原都更許可的設計，使得主管機關並無一個強烈有效的監督機制，迫使民間都更實施者，應遵循公共利益之要求。

二、都更區域內住民組成之都更會缺乏法定地位

因都市更新事件具有非常高度的專業需求，且更重要的是更新亦需要資金及專業知識的援助，這是目前行政實務上兩難困境。惟值得說明的是，都更會的設置，並非代表國家可因此而脫卸其監督及管理責任，國家仍須居有補充性的地位提供都更會諮詢及必要協助，必要時仍必須承擔親身實施都更責任。

三、土地所有人的「三合一」同意書（即事業概要+事業計畫+權利變化計畫同意書）

三合一的同意書係指全部一次簽給民間實施者，而且沒有時效限制的都更參加同意書，惟在三合一同意書簽發時，往往都更事業計畫的權利變換方式仍未確定，造成原住戶對於權利變換方式有異議卻無法有效表示其意見之困境，故三合一同意書需不需要嚴加管制，或認其屬民法上之輕率、急迫、無經驗之意思表示？係值得探討的議題。此外，所有權人得否重複簽發同意書亦有討論空間，現行實務認爲同意書具有拘束人民之效力，易言之，原住戶在同意書效力期間內不得再重複同意參與其他都更計畫，惟此是否構成人民財產權的過分不當限制不無疑問。

陸、重要條文解說

第1條（立法宗旨及目的）

爲促進都市土地有計畫之再開發利用，復甦都市機能，改善居住環境與景觀，增進公共利益，特制定本條例。

解說

本條例第1條明定本法之立法意旨，係在促進都市土地的再開發利用，復甦都市機能，改善居住環境，增進公共利益。因本條例係爲處理都

市更新事件所設之特別規範，故具有特別法的性質即得優先於都市計畫法之適用。但是，對於眷村改建條例而言，卻因為國內通說不認為眷村改建屬於都市更新一種，故對眷村改建條例不具有特別優先效力。

第4條（都市更新之處理方式）

Ⅰ都市更新處理方式，分為下列三種：

一、重建：指拆除更新單元內原有建築物，重新建築，住戶安置，改進公共設施，並得變更土地使用性質或使用密度。

二、整建：指改建、修建更新單元內建築物或充實其設備，並改進公共設施。

三、維護：指加強更新單元內土地使用及建築管理，改進公共設施，以保持其良好狀況。

Ⅱ都市更新事業得以前項二種以上處理方式辦理之。

解說

本條例第4條明定都市更新的三種形式，分別為重建、整建與維護。重建係指拆除更新單元內原有建築物，重新建築並安置住戶，且得變更土地使用性質或使用密度。因更新單元內建築物的重建，多會伴隨容積獎勵等優惠措施，具有高經濟價值，重建乃成為都市更新最常見之更新手段。

整建係指改建、修建更新單元內建築物或充實其設備，並改進公共設施，近年臺北市政府推行的老舊公寓外牆拉皮即屬整建的一種形式。維護係指加強更新單元內土地使用及建築管理，改進公共設施，以保持其良好狀況，整建與維護在都更實務上較少採用。

第5條（更新地區之劃定應進行調查評估）

直轄市、縣（市）主管機關應就都市之發展狀況、居民意願、原有社會、經濟關係、人文特色及整體景觀，進行全面調查及評估，並視實際情況劃定更新地區、訂定或變更都市更新計畫。

解說

本條爲立法者認爲都市更新地區具有權利人多、權利關係複雜以及所需投入之人力、財力相當龐大之特性，考量到過去辦理之都市更新，大多爲小規模零星進行，導致投入龐大的人力、財力完成之都市更新案，對於都市整體再發展之助益不大，才會明定地方主管機關於推展都市更新工作時，應就全盤都市發展狀況，進行調查評估，劃定更新地區，視實際需要分別訂定都市更新計畫，並於都市更新計畫中，對實質環境做整體的規劃後，訂定適當規模之更新單元之劃定基準，或直接將都市更新地區劃分爲多個適當規模的更新單元，統合公、私部門分頭實施都市更新，以兼顧都市更新事業之可行性及整體性。並且爲了考慮人文因素，明定主管機關於劃定都市更新地區及訂定整體性之都市更新計畫時，即應就居民意願，原有社會、經濟關係、人文特色及整體景觀，加以調查評估，研訂基本的處理策略，以作爲實施者擬定都市更新事業計畫之指導。

第6條（優先劃定更新地區之原則）

有下列各款情形之一者，直轄市、縣（市）主管機關得優先劃定或變更爲更新地區並訂定或變更都市計畫：

一、建築物窳陋且非防火構造或鄰棟間隔不足，有妨害公共安全之虞。

二、建築物因年代久遠有傾頹或朽壞之虞、建築物排列不良或道路彎曲狹小，足以妨害公共交通或公共安全。

三、建築物未符合都市應有之機能。

四、建築物未能與重大建設配合。

五、具有歷史、文化、藝術、紀念價值，亟須辦理保存維護，或其周邊建築物未能與之配合者。

六、居住環境惡劣，足以妨害公共衛生或社會治安。

七、經偵檢確定遭受放射性污染之建築物。

八、特種工業設施有妨害公共安全之虞。

解說

本條明定主管機關得優先劃定爲更新地區的要件，包含因防火因素有害公安者、年代久遠有傾頹朽壞之虞者、道路彎曲有害公共交通或安全者、或是基於文資有保存之亟需必要者，以及未符合應有機能、要與重大建設配合、環境惡劣、遭放射性污染、有妨害公共安全之虞等概括條款。

第7條（都市更新計畫之訂定或變更）

Ⅰ有下列各款情形之一時，直轄市、縣（市）主管機關應視實際情況，迅行劃定或變更更新地區，並視實際需要訂定或變更都市更新計畫：

一、因戰爭、地震、火災、水災、風災或其他重大事變遭受損壞。

二、爲避免重大災害之發生。

三、符合都市危險及老舊建築物加速重建條例第三條第一項第一款、第二款規定之建築物。

Ⅱ前項更新地區之劃定、變更或都市更新計畫之訂定、變更，中央主管機關得指定該管直轄市、縣（市）主管機關限期爲之，必要時並得逕爲辦理。

解說

都市更新條例第5條、第6條與第7條涉及都市更新地區的劃定。都市更新事業計畫之指導，應由主管機關針對都市之發展狀況、居民意願、原有社會、經濟關係及人文特色，進行全面調查及評估，而劃定更新地區，並視實際需要分別訂定都市更新計畫，同時該計畫尚須表明更新地區範圍、基本目標與策略、實質再發展、劃定之更新單元或其劃定基準及其他應注意事項。

若都市舊地區符合建築物窳陋且防火構造或鄰棟間隔不足，有妨害公共安全之虞；建築物因年代久遠有傾頹或朽壞之虞、建築物排列不良或道路彎曲狹小，足以妨害公共交通或公共安全；建築物未符合都市應有之機能；建築物未能與重大建設配合；具有歷史、文化、藝術與紀念價值，亟需辦理保存維護或居住環境惡劣，足以妨害公共衛生或社會治安；經偵檢確定遭受放射性污染之建築物；特種工業設施有妨害公共安全之虞等特性時，本條例則授權主管機關得優先將此類地區劃定爲更新地區。

此外，若都市地區因戰爭、地震、火災、水災、風災或其他重大事變遭受損壞；爲避免重大災害之發生或爲配合中央或地方之重大建設時；或符合都市危險及老舊建築物加速重建條例第3條第1項第1款、第2款規定之建築物，本條例亦明定主管機關應視實際情況，迅行劃定更新地區，並視實際需要訂定或變更都市更新計畫，例如：921大地震後受損嚴重地區，即得依本條規定，迅行劃定都更地區，進行都更工作。

第12條（都市更新事業之自行或委託實施）

Ⅰ經劃定或變更應實施更新之地區，除本條例另有規定外，直轄市、縣（市）主管機關得採下列方式之一，免擬具事業概要，並依第三十二條規定，實施都市更新事業：

一、自行實施或經公開評選委託都市更新事業機構爲實施者實施。

二、同意其他機關（構）自行實施或經公開評選委託都市更新事業機構爲實施者實施。

Ⅱ依第七條第一項規定劃定或變更之更新地區，得由直轄市、縣（市）主管機關合併數相鄰或不相鄰之更新單元後，依前項規定方式實施都市更新事業。

Ⅲ依第七條第二項或第八條規定由中央主管機關劃定或變更之更新地區，其都市更新事業之實施，中央主管機關得準用前二項規定辦理。

解說

經劃定應實施更新之地區，直轄市、縣（市）主管機關得自行實施或經公開評選程序委託都市更新事業機構、同意其他機關（構）爲實施者，實施都市更新事業。目前都更實務上，都更事業的實施，多半係由民間自辦都市更新的方式加以實施，少見行政機關自爲更新事業之案例。然而因都更涉及人民財產權的剝奪與權利變換，加之都更事業實施結果，常伴隨巨大的經濟利益，民間自辦都更常引起私權糾紛、原住戶抗爭或黑道介入等重大問題，從而本條例第12條經民國108年1月30日修正補充後（修正前第9條），增加了公辦都更之法源及程序。

第22條（更新地區之土地及建物所有權人自行或委託實施之程序）

Ⅰ經劃定或變更應實施更新之地區，其土地及合法建築物所有權人得就主管機關劃定之更新單元，或依所定更新單元劃定基準自行劃定更新單元，舉辦公聽會，擬具事業概要，連同公聽會紀錄，申請當地直轄市、縣（市）主管機關依第二十九條規定審議核准，自行組織都市更新會實施該地區之都市更新事業，或委託都市更新事業機構爲實施者實施之；變更時，亦同。

Ⅱ前項之申請，應經該更新單元範圍內私有土地及私有合法建築物所有權人均超過二分之一，並其所有土地總面積及合法建築物總樓地板面積均超過二分之一之同意；其同意比率已達第三十七條規定者，得免擬具事業概要，並依第二十七條及第三十二條規定，逕行擬訂都市更新事業計畫辦理。

Ⅲ任何人民或團體得於第一項審議前，以書面載明姓名或名稱及地址，向直轄市、縣（市）主管機關提出意見，由直轄市、縣（市）主管機關參考審議。

Ⅳ依第一項規定核准之事業概要，直轄市、縣（市）主管機關應即公告三十日，並通知更新單元內土地、合法建築物所有權人、他項權利人、囑託限制登記機關及預告登記請求權人。

解說

民間自辦都更事業之申請，係由經劃定應實施更新之地區，其土地及合法建築物所有權人就主管機關劃定之更新單元，或民間依政府所定更新單元劃定基準自行劃定更新單元，舉辦公聽會，擬具事業概要，連同公聽會紀錄，申請當地主管機關核准，自行組織更新團體實施該地區之都市更新事業，或委託都市更新事業機構爲實施者實施之；前述申請，須得更新單元範圍內私有土地及私有合法建築物所有權人均超過二分之一，並其所有土地總面積及合法建築物總樓地板面積均超過二分之一之同意。

惟因都市更新涉及人民財產權的將來剝奪，故都更案須具有龐大的公共利益方符合比例原則的要求，修正前都更條例第10條僅要求十分之一土地所有權人的同意，即得劃定都市更新單元，因其所有權比例過低，並未具有開啓都更單元的足夠正當性，尤其是非政府劃定的執行都更地區，因此於修正後都更條例第22條中，提高至二分之一，始得申請都更，並刪除「都市更新事業概要」程序。

第23條（未經劃定更新地區申請實施都市更新事業之程序）

Ⅰ未經劃定或變更應實施更新之地區，有第六條第一款至第三款或第六款情形之一者，土地及合法建築物所有權人得按主管機關所定更新單元劃定基準，自行劃定更新單元，依前條規定，申請實施都市更新事業。

Ⅱ前項主管機關訂定更新單元劃定基準，應依第六條第一款至第三款及第六款之意旨，明訂建築物及地區環境狀況之具體認定方式。

Ⅲ第一項更新單元劃定基準於本條例中華民國一百零七年十二月二十八日修正之條文施行後訂定或修正者，應經該管政府都市計畫委員會審議通過後發布實施之；其於本條例中華民國一百零七年十二月二十八日修正之條文施行前訂定者，應於三年內修正，經該管政府都市計畫委員會審議通過後發布實施之。更新單元劃定基準訂定後，主管機關應定期檢討修正之。

解說

本條例就未經都計機關劃定應實施更新之地區（含優先、迅行劃定地區），允許土地及合法建築物所有權人爲促進其土地再開發利用或改善居住環境，得依主管機關所定更新單元劃定基準，自行劃定更新單元，申請實施該地區之都市更新事業。惟都市更新係爲解決都市老舊地區之窳陋，增進都市的再開發利用，方具有剝奪或轉換人民財產權之正當性。本條例修正前第11條允許民間就尚無都更必要之地區實施都更事業，因可能使新穎、功能完善的建築亦被納入更新範圍之內，其有無違反憲法上比例原則的要求及公共利益基本要求，不無疑問，再加上地方自治團體所定之「更新單元劃定基準」過於寬鬆，門檻過低，致不合理之民間自劃都更地區，並不合理妥適！遂本條業經民國108年1月30日修正後，就民間申請都更事業，新增限於符合第6條第1款至第3款或第6款情形之一者始可申請之限制，以消除前述舊法違反憲法上比例原則的要求及公共利益基本要求的疑慮。

第29條（合議制及公開方式辦理）

Ⅰ各級主管機關為審議事業概要、都市更新事業計畫、權利變換計畫及處理實施者與相關權利人有關爭議，應分別遴聘（派）學者、專家、社會公正人士及相關機關（構）代表，以合議制及公開方式辦理之，其中專家學者及民間團體代表不得少於二分之一，任一性別比例不得少於三分之一。

Ⅱ各級主管機關依前項規定辦理審議或處理爭議，必要時，並得委託專業團體或機構協助作技術性之諮商。

Ⅲ第一項審議會之職掌、組成、利益迴避等相關事項之辦法，由中央主管機關定之。

解說

本條例第29條明文要求各級主管機關為審議都市更新事業計畫、權利變換計畫及處理有關爭議，應分別遴聘（派）學者、專家、熱心公益人士及相關機關代表，以組成審議委員會，此一審議委員會一方面沒有民主正當性，另外一方面又有權無責，可以決定都更案件之通過與否，是否宜再有其他配套措施，頗有修法空間。

第32條（都市更新事業計畫之擬訂與變更程序）

Ⅰ都市更新事業計畫由實施者擬訂，送由當地直轄市、縣（市）主管機關審議通過後核定發布實施；其屬中央主管機關依第七條第二項或第八條規定劃定或變更之更新地區辦理都市更新事業，得逕送中央主管機關審議通過後核定發布實施。並即公告三十日及通知更新單元範圍內土地、合法建築物所有權人、他項權利人、囑託限制登記機關及預告登記請求權人；變更時，亦同。

Ⅱ擬訂或變更都市更新事業計畫期間，應舉辦公聽會，聽取民眾意見。

Ⅲ都市更新事業計畫擬訂或變更後，送各級主管機關審議前，應於各該直轄市、縣（市）政府或鄉（鎮、市）公所公開展覽三十日，並舉辦公聽會；實施者已取得更新單元內全體私有土地及私有合法建築物所有權人同意者，公開展覽期間得縮短為十五日。

Ⅳ前二項公開展覽、公聽會之日期及地點，應登報周知，並通知更新單元範圍內土地、合法建築物所有權人、他項權利人、囑託限制登記機關及預告登記請求權人；任何人民或團體得於公開展覽期間內，以書面載明姓名或名稱及地址，向各級主管機關提出意見，由各級主管機關予以參考審議。經各級主管機關審議修正者，免再公開展覽。

Ⅴ依第七條規定劃定或變更之都市更新地區或採整建、維護方式辦理之更新單元，實施者已取得更新單元內全體私有土地及私有合法建築物所有權人之同意者，於擬訂或變更都市更新事業計畫時，得免舉辦公開展覽及公聽會，不受前三項規定之限制。

Ⅵ都市更新事業計畫擬訂或變更後，與事業概要內容不同者，免再辦理事業概要之變更。

解說

本條規定都更之正當法律程序：公聽、公展及公審三者，但因為人民參與並無共同決定之權利與提出意見，又因是民辦都更會，而極易被排斥忽略，所以上述公聽及公展均流於形式，效力不彰。

第37條（都市更新事業計畫之擬訂、變更應取得同意之所有權人及總樓地板面積之比例）

Ⅰ實施者擬訂或變更都市更新事業計畫報核時，應經一定比率之私有土地與私有合法建築物所有權人數及所有權面積之同意；其同意比率依下列規定計算。但私有土地及私有合法建築物所有權面積均超過十分之九同意者，其所有權人數不予計算：

一、依第十二條規定經公開評選委託都市更新事業機構辦理者：應經更新單元內私有土地及私有合法建築物所有權人均超過二分之一，且其所有土地總面積及合法建築物總樓地板面積均超過二分之一之同意。但公有土地面積超過更新單元面積二分之一者，免取得私有土地及私有合法建築物之同意。實施者應保障私有土地及私有合法建築物所有權人權利變換後之權利價值，不得低於都市更新相關法規之規定。

二、依第二十二條規定辦理者：

（一）依第七條規定劃定或變更之更新地區，應經更新單元內私有土地及私有合法建築物所有權人均超過二分之一，且其所有土地總面積及合法建築物總樓地板面積均超過二分之一之同意。

（二）其餘更新地區，應經更新單元內私有土地及私有合法建築物所有權人均超過四分之三，且其所有土地總面積及合法建築物總樓地板面積均超過四分之三之同意。

三、依第二十三條規定辦理者：應經更新單元內私有土地及私有合法建築物所有權人均超過五分之四，且其所有土地總面積及合法建築物總樓地板面積均超過五分之四之同意。

Ⅱ前項人數與土地及建築物所有權比率之計算，準用第二十四條之規定。

Ⅲ都市更新事業以二種以上方式處理時，第一項人數與面積比率，應分別計算之。第二十二條第二項同意比率之計算，亦同。

Ⅳ各級主管機關對第一項同意比率之審核，除有民法第八十八條、第八十九條、第九十二條規定情事或雙方合意撤銷者外，以都市更新事業計畫公開展覽期滿時爲準。所有權人對於公開展覽之計畫所載更新後分配之權利價值比率或分配比率低於出具同意書時者，得於公開展覽期滿前，撤銷其同意。

解說

本條修正前規定於第22條，其都更之人數及權利比例，十分複雜，而且原第1項但書又有權利比例達五分之四，不計人數的「強制條款」，並不合理妥適，違反「民主數人頭原則」，此外，第3項規定撤銷同意都更之截止期限爲公展期滿前，以避免同意都更人出爾反爾，不斷提高價碼，造成都更程序之不確定性，固有所據，但因爲資訊不清，嚴格限制所有權人之同意權，並不合理。修正後條次變更，將原第1項但書刪除，並爲避免實施者一旦取得達法定門檻之同意後，即停止徵詢所有權人意見，致後續審議時產生諸多爭議，影響利害關係人之權益，及考量更新執行之主體性、可行性與急迫性後，除依修正條文第7條劃定或變更之更新地區之同意比率仍維持現行二分之一之規定外，其餘地區之同意比率，以及面積達一定比率以上，則所有權人數免計之情形均適度提高，爰修正原第1項，並列爲第2款及第3款規定，以利後續都市更新之推動。

第46條（範圍內公有土地及建物一律參加都市更新及公有財產之處理方式）

Ⅰ公有土地及建築物，除另有合理之利用計畫，確無法併同實施都市更新事業者外，於舉辦都市更新事業時，應一律參加都市更新，並依都市更新事業計畫處理之，不受土地法第二十五條、國有財產法第七條、第二十八條、第五十三條、第六十六條、預算法第二十五條、第二十六條、第八十六條及地方政府公產管理法令相關規定之限制。

Ⅱ公有土地及建築物爲公用財產而須變更爲非公用財產者，應配合當地都市更新事業計畫，由各該級政府之非公用財產管理機關逕行變更爲非公用財產，統籌處理，不適用國有財產法第三十三條至第三十五條及地方政府公產管理法令之相關規定。

Ⅲ前二項公有財產依下列方式處理：

一、自行辦理、委託其他機關（構）、都市更新事業機構辦理或信託予信託機構辦理更新。

二、由直轄市、縣（市）政府或其他機關以徵收、區段徵收方式實施都市更新事業時，應辦理撥用或撥供使用。

三、以權利變換方式實施都市更新事業時，除按應有之權利價值選擇參與分配土地、建築物、權利金或領取補償金外，並得讓售實施者。

四、以協議合建方式實施都市更新事業時，得主張以權利變換方式參與分配或以標售、專案讓售予實施者；其採標售方式時，除原有法定優先承購者外，實施者得以同樣條件優先承購。

五、以設定地上權方式參與或實施。

六、其他法律規定之方式。

Ⅳ經劃定或變更應實施更新之地區於本條例中華民國一百零七年十二月二十八日修正之條文施行後擬訂報核之都市更新事業計畫，其範圍內之公有土地面積或比率達一定規模以上者，除有特殊原因者外，應依第十二條第一項規定方式之一辦理。其一定規模及特殊原因，由各級主管機關定之。

Ⅴ公有財產依第三項第一款規定委託都市更新事業機構辦理更新時，除本條例另有規定外，其徵求都市更新事業機構之公告申請、審核、異議、申訴程序及審議判斷，準用第十三條至第二十條規定。

Ⅵ公有土地上之舊違章建築戶，如經協議納入都市更新事業計畫處理，並給付管理機關使用補償金等相關費用後，管理機關得與該舊違章建築戶達成訴訟上之和解。

解說

爲促成都更程序之大量使用，修正前第27條本強制公有土地及建築物應一律參加都更，不受國有財產法等限制，結果造成民間小土地吃大土地（公有土地）的不合理現象，修正後規定於本條，並增訂公有土地及建築物應強制參加都更之除外規定，另有合理利用計畫，以利實務執行；此外，本條最後一項設計在臺大紹興南街校地上之違法占住國有土地戶之權利保障，得以協議及和解方式達成雙贏之目的，在學理上稱之爲「社會安置計畫」，而非「住戶安置計畫」，避免都市更新有趕走窮人或原住民之惡名。

第48條（權利變換計畫變更程序之擬訂及規定）

Ⅰ以權利變換方式實施都市更新時，實施者應於都市更新事業計畫核定發布實施後，擬具權利變換計畫，依第三十二條及第三十三條規定程序辦理；變更時，亦同。但必要時，權利變換計畫之擬訂報核，得與都市更新事業計畫一併辦理。

Ⅱ實施者爲擬訂或變更權利變換計畫，須進入權利變換範圍內公、私有土地或建築物實施調查或測量時，準用第四十一條規定辦理。

Ⅲ權利變換計畫應表明之事項及權利變換實施辦法，由中央主管機關定之。

解說

都市更新程序主要由「都市更新事業計畫」（前）與「權利變更計畫」（後）二者組合而成，並均應受都更審議會之審查核定，但是本條第1項所稱「必要時」權變計畫與都更計畫得一併辦理，施行細則卻未明定其要件，應修改施行細則加以補充之避免程序上之縮減影響「正當法律程序」之程序保障。

第53條（權利變換計畫書審議核復期限）

Ⅰ權利變換計畫書核定發布實施後二個月內，土地所有權人對其權利價值有異議時，應以書面敘明理由，向各級主管機關提出，各級主管機關應於受理異議後三個月內審議核復。但因情形特殊，經各級主管機關認有委託專業團體或機構協助作技術性諮商之必要者，得延長審議核復期限三個月。當事人對審議核復結果不服者，得依法提請行政救濟。

Ⅱ前項異議處理或行政救濟期間，實施者非經主管機關核准，不得停止都市更新事業之進行。

Ⅲ第一項異議處理或行政救濟結果與原評定價值有差額部分，由當事人以現金相互找補。

Ⅳ第一項審議核復期限，應扣除各級主管機關委託專業團體或機構協助作技術性諮商及實施者委託專業團體或機構重新查估權利價值之時間。

解說

本條另外規定權利變換審議核定，認其權利價值核定過低時，可以單獨提起異議及後續訴願及行政訴訟，使得行政救濟十分複雜，有待再行整理所有都更爭議，修法直接準用政府採購法之相關規定為要！

第57條（權利變換範圍內應強制拆除或遷移之期限及補償）

Ⅰ權利變換範圍內應行拆除或遷移之土地改良物，由實施者依主管機關公告之權利變換計畫通知其所有權人、管理人或使用人，限期三十日內自行拆除或遷移；屆期不拆除或遷移者，依下列順序辦理：

一、由實施者予以代爲之。

二、由實施者請求當地直轄市、縣（市）主管機關代爲之。

Ⅱ實施者依前項第一款規定代爲拆除或遷移前，應就拆除或遷移之期日、方式、安置或其他拆遷相關事項，本於眞誠磋商精神予以協調，並訂定期限辦理拆除或遷移；協調不成者，由實施者依前項第二款規定請求直轄市、縣（市）主管機關代爲之；直轄市、縣（市）主管機關受理前項第二款之請求後應再行協調，再行協調不成者，直轄市、縣（市）主管機關應訂定期限辦理拆除或遷移。但由直轄市、縣（市）主管機關自行實施者，得於協調不成時逕爲訂定期限辦理拆除或遷移，不適用再行協調之規定。

Ⅲ第一項應拆除或遷移之土地改良物爲政府代管、扣押、法院強制執行或行政執行者，實施者應於拆除或遷移前，通知代管機關、扣押機關、執行法院或行政執行機關爲必要之處理。

Ⅳ第一項因權利變換而拆除或遷移之土地改良物，應補償其價值或建築物之殘餘價值，其補償金額由實施者委託專業估價者查估後評定之，實施者應於權利變換計畫核定發布後定期通知應受補償人領取；逾期不領取者，依法提存。應受補償人對補償金額有異議時，準用第五十三條規定辦理。

V 第一項因權利變換而拆除或遷移之土地改良物，除由所有權人、管理人或使用人自行拆除或遷移者外，其代爲拆除或遷移費用在應領補償金額內扣回。

VI 實施者依第一項第二款規定所提出之申請，及直轄市、縣（市）主管機關依第二項規定辦理協調及拆除或遷移土地改良物，其申請條件、應備文件、協調、評估方式、拆除或遷移土地改良物作業事項及其他應遵行事項之自治法規，由直轄市、縣（市）主管機關定之。

解說

本條規定行政機關代拆民間釘子戶之義務。此條文爲立法委員所加，臺北市實務上代拆仍須經過二次民辦及公辦協議不成始能拆除。但士林文林苑已經五次協調不成，所以臺北市政府乃辯稱其「不得不」拆除王家祖厝，因爲有代爲拆除之義務條款，必須依法行政。此一條文是否違憲而有公權力過度侵害私人財產權之嫌疑，代替財團拆除私人產權，缺乏公共利益，國內有不少質疑的看法。大法官釋字第709號解釋未對此一問題表示意見，甚爲可惜。

柒、相關考題

1. 依據都市計畫法第26條規定：「都市計畫經發布實施後，不得隨時任意變更。但擬定計畫之機關每三年內或五年內至少應通盤檢討一次，依據發展情況，並參考人民建議作必要之變更。」若人民因都市計畫通盤檢討後，其土地自由使用、收益及處分之權能受到限制，因而損其權利或因而增加負擔時，該受影響之人民應如何主張其憲法所保障之財產權？（106高考三等公職建築師營建法規與實務）

2. 近年來由於部分都市建築日漸老舊，生活環境亦漸趨惡化，為促進都市土地再活化利用並復甦都市機能，政府與民間均大力推動都市更新工作。請依都市計畫法、都市更新條例及其施行細則，與都市更新容積獎勵辦法，回答下列問題：（105高考三等建築工程營建法規）

(1) 說明劃定都市更新範圍後，需拆除重建地區應如何管制。

(2) 如何劃定都市更新單元？

(3) 都市更新竣工書圖應包括那些資料？

(4) 建築基地及建築物取得綠建築標章可獲得何種容積獎勵？

3. 請說明下列名詞及其意涵：（103高考二等建築工程營建法規）

(1) 管理負責人（公寓大廈管理條例）

(2) 社會住宅（住宅法）

(3) 權利變換（都市更新條例）

4. 近年來部分國家常以都市更新方式，促進軌道場站周邊土地之活化利用，以帶動都市發展。請依都市計畫法、都市更新條例、都市更新建築容積獎勵辦法、智慧綠建築推動方案等法規，回答下列問題：（103員級警察、鐵路人員升等考試營建法規與結構學）

(1) 請說明都市計畫之主管機關。

(2) 請說明何謂都市更新事業？

(3) 請說明擬定都市更新計畫應涵蓋之內容。

(4) 請說明都市更新建築基地採綠建築設計可獲得容積獎勵之額度。

5. 請回答下列都市更新地區之相關問題：（102高考三等建築工程營建法規）

(1) 依現行法規，政府得劃定都市更新地區之規定有那些？

(2) 都市更新範圍包含政府劃定之更新地區及自行劃定之更新單元，其同意比例應如何計算？

6. 司法院釋字第709號解釋文釐清了許多重要的都市更新條例之爭議，並且對於都市更新的程序正義、設立都市更新審議機構、合理化的比例原則等要素，都發揮了明確的引導作用。請您就該釋憲文對於現行都市更新條例的修法方向提出評析。（102司法特考檢察事務官營繕工程

組營建法規）

7. 請解釋下列有關於都市更新之名詞：（102調查人員營繕工程組）
   (1) 都市更新
   (2) 都市更新事業
   (3) 更新單元
   (4) 實施者
   (5) 權利變換

8. 臺灣位於環太平洋地震帶，地質環境欠佳，山險湍急，且為每年颱風行經路徑，其脆弱程度高居世界之冠，因此政府積極推動防災型都市更新。請依據都市更新條例及其相關規定，回答以下問題：（102簡任升官等考試建築工程營建法規研究）
   (1) 如何劃定防災型都市更新地區？
   (2) 另請簡要說明何謂防災型都市更新？
   (3) 並請提出推動防災型都市更新之構想。

9. 近年來都市發展快速，部分老舊市區由於建築物窳陋，居住環境品質低落，有妨害公共衛生或社會治安之虞，地方政府乃積極規劃辦理都市更新。但因更新單元範圍內尚有具歷史性、紀念性、藝術價值之建築物。請依都市計畫法、都市更新條例及其施行細則與都市更新建築容積獎勵辦法等相關規定，回答下列問題：（102薦任升官等考試建築工程營建法規）
   (1) 何謂都市更新單元？
   (2) 主管機關應如何劃定更新地區？訂定之都市更新計畫應涵蓋那些事項？
   (3) 保存維護更新單元範圍內具歷史性、紀念性、藝術價值之建築物，有何容積獎勵之規定與額度？

10. 依據都市更新條例，都市更新事業召開公聽會有何法律上之重要意義？又，都市更新事業召開公聽會後，因故變更範圍或召開公聽會時，倘漏未通知他項權利人，應如何補救？（101高考三等建築工程營

建法規）

11.試依都市更新條例規定，詳述直轄市、縣（市）主管機關，得優先劃定為更新地區之條件。（101地特四等建築工程營建法規概要）

12.都市更新制度於容積獎勵與稅捐減免上有何誘因？（100四等身障特考建築工程營建法規概要）

13.為促進都市土地有計畫之再開發利用，復甦都市機能、改善居住環境、增進公共利益，特訂定都市更新條例，請列舉其立法重點內容及都市更新地區劃設原則。（100一般警察、警察特考、鐵路人員高員三級鐵路人員考試建築工程營建法規）

14.都市更新條例第6條規定那些建築物之座落地區，直轄市、縣（市）主管機關得優先劃定為更新地區？（100高考三等建築工程營建法規）

15.請說明「公辦都市更新」與「民間自辦都市更新」的辦理方式。（100地特三等公職建築師營建法規與實務）

捌、延伸閱讀

1. 王珍玲，〈論都市更新地區範圍或更新單元之劃定等相關問題—兼評臺北高等行政法院100年度訴字第883號判決〉，政大法學評論第130期，2012年12月，頁1至50。
2. 林明鏘，《都市法學研究》，元照出版社，2018年6月，初版。
3. 林旺根等，《都市更新實務專授全輯》，永然出版社，2010年4月，初版。
4. 林明鏘，〈都市更新之公共利益：兼評司法院大法官釋字第709號解釋〉，台灣法學雜誌第227期，2013年7月1日，頁121至139。
5. 林明鏘，〈都市更新之正當法律程序：兼論司法院大法官釋字第709號解釋〉，法令月刊第67卷第1期，頁1至27。

6. 林明鏘，〈對都更條例之十點修法意見〉，全國律師雜誌，2012年11月，頁36至50。
7. 金玉瑩，《都市更新條例裁判函令彙編》，新學林公司，2012年3月，初版。
8. 洪任遠，〈都市更新與少數之權利人保護〉，臺大法研所碩士論文，2008年6月。
9. 張杏端，《都市更新解析》，三民書局，2011年2月，初版。
10. 張金鶚，《都市更新九堂課》，方智出版社，2011年12月，初版。
11. 章毅／林元興，〈各國推動都市更新的階段與機制〉，土地問題研究季刊第10卷第3期，2011年，頁54至69。
12. 蔡志揚，《一次看穿都更×合建契約陷阱》，時報文化公司，2017年，初版。
13. 蔡志揚，《圖解！良心律師教你看穿都更法律陷阱》，三采出版社，2011年8月，初版。
14. 謝哲勝編，《都市更新法律與政策》，元照出版社，2015年7月，初版。

第十講

臺灣工程與法律科技整合

案例

臺大小巨蛋工程爭訟判決

國立臺灣大學於民國83年7月15日，經由公開招標程序後，與出價最低價之金豐營造公司締結興建臺大綜合體育館之契約（即小巨蛋），決標金額為9億1,200萬餘元，迄民國90年11月26日驗收完畢，結算工程金額為9億2,281萬餘元，於工程尾款支付並結算完成後，金豐營造公司以臺大為被告，向臺北地方法院起訴主張增加給付工程款2億，主要請求項目略為：

1. 其實作數量逾契約所定數量10%以上，要求臺大增加給付5,424萬餘元；
2. 因設計變更請求追加工程項目金額6,567萬餘元；
3. 遲延開工，停工及驗收之待工待料損失約7,248萬元，依民法第229條規定，請求臺大賠償。

試問：前三項請求從工程及法律觀點而論，是否有理由？（參考臺北地院92年度重訴字第556號判決、臺灣高等法院93年度重上字第498號判決、最高法院97年度台上字第360號判決）

壹、前言

在「科際整合」（interdisciplinary approach）的時代潮流與驅動下，臺灣地區的法學教育與研究，近年來似乎不再滿足於法學體系內單純之法律詮釋與邏輯推理以解決衍生之法律糾紛；相反地，法學的研究，不斷地伸出其觸角範圍，嘗試與經濟學（法律與經濟）[1]、醫學（法律與

[1] 例如：簡資修，《經濟推理與法律》2版，元照出版社，2006年；熊秉元，《熊秉元漫步法律》，時報文化，2003年；熊秉元，《約法哪三章？法律及制度經濟學論文集（一）》，元照出版社，2002年；熊秉元，《天平的機械原理：法律與經濟學論文集（二）》，元照

醫學）[2]、工程（法律與工程）[3]、高科技之研發[4]等等進行雙向對話與溝通，也累積出一些的研究成果，並且提供進一步法學與其他學門整合的基礎平臺。但是，不同學門間彼此研究教學之鴻溝，似未隨著研究設備及方法之現代化或國際化而完全弭平；相反的，各學門間仍存在專業知識與價值認知的基本差距，難免常有各說各話，雞同鴨講的情形發生，要建立一個「整合」而且能夠讓兩個專業領域內之人員，都能普遍接受的「共識」，目前似仍有一段遙遠的距離，因爲不論是以法律學爲本位，去剖析或建構並整合其他研究領域，或是以其他領域爲主軸，用其他研究方法或體系架構去理解法律規定之價值抉擇或制度弊端，通常也很難產生雙方之「共識」，而可能僅僅是單方面的「一廂情願」想法。例如：工程與醫學領域中均存在有相當高度的科技風險，憑藉著人類現有的科技水準，仍然無法將此種風險加以事前預防時，在法律學的觀點下，究竟應該將其歸類定性爲「不可歸責於雙方當事人之事由」危險，或「可歸責於一方當事人之事由」危險？在「因果關係」的認定上，是如何斷定「因」、「果」間具有「相當關係」？怎麼詮釋法學上之「相當」因果關係等等一系列之問題，我們似乎都可以在法律人與其他領域者之諸多對話及討論中，不斷發現有南轅北轍之觀點。在目前法律人缺乏其他專業領域訓練背景；以及其他專業人士很難跨入法學之邏輯體系的思維架構之客觀不利條件下，不斷地去嘗試相互對話瞭解對方或共同開課研究，或許是減少彼此鴻溝，或積極建立整合基礎平臺的不二法門。

基於前述的認知與假定，本文試圖從「法律」與「工程」溝通對話尋求共識之觀點，以法律學觀點爲本位出發，結合本書團隊自民國92年起於

出版社，2002年。

[2] 例如：蔡墩銘，《疾病與法律》，翰蘆出版社，2007年；曾淑瑜，《醫療、法律、倫理》，元照出版社，2007年；葉俊榮等，《天平上的基因：民爲貴，Gene爲輕》，元照出版社，2006年。

[3] 例如：林明鏘，《營建法學研究》，臺大法學叢書158，元照出版社，2006年；謝哲勝、李全松，《工程契約理論與求償實務》，翰蘆出版社，2005年。

[4] 例如：馮震宇，《高科技產業之法律策略與規劃》，元照出版社，2003年；何建志，《基因歧視與法律對策之研究》，元照出版社，2003年；林子儀、蔡明誠，《基因技術挑戰與法律回應》，學林出版社，2003年。

臺大土木學系開設「工程與法律」[5]之教學經驗，企圖進一步去探討解答下列問題：

一、「工程與法律」教學與研究，其「核心內容」應包括哪些範圍？其足以使法律人及非法律人得具有共同基礎知識後，以便進行實際問題之對話？工程與法律有沒有共同基礎知識呢？

二、對於具體爭議個案之分析，工程學與法律學有何重大難以突破或溝通之基本歧見？致其歧見之理由爲何？是因爲法律制度之基本價值假定或是基於背景專業知識之認知不同？

貳、工程法律紛爭與教學研究

一、概說

我國現行工程法律紛爭的類型不僅五花八門，而且涉及之當事人（主體）範圍亦十分龐雜[6]，紛爭複雜之主要原因一方面是對「工程」的概念，迄今國內在法律上並沒有統一之範圍：雖依政府採購法第7條第1項規定：「本法所稱工程，指在地面上下新建、增建、改建、修建、拆除構造物與其所屬設備及改變自然環境之行爲，包括建築、土木、水利、環境、交通、機械、電氣、化工及其他經主管機關認定之工程。」僅將「工程」明文限制成「營建工程」（construction），而非指學術意義之「工程」（engineering）。因爲在學術意義的「工程」範圍過大，尚且包含政府採購法所未涵蓋之基固工程、化學工程、材料工程、造船工程、奈米工程……等科技工程，所以爲聚焦討論起見，「工程」在通常「法律與工

5 「工程與法律」分別於土木系研究所（下學期），大學部（上學期）與郭斯傑教授及曾惠斌教授合開，選修學生大致爲法律系及土木系學生各半，故此種上課，性質上每周都在進行科際整合之學術對話。

6 本文所稱當事人，係指一般法律關係之主體，包含有公部門主體（以行政機關爲最典型代表）以及私部門主體（在本文中以建築投資公司、建設公司爲主）在內。至於第三部門主體（民間團體或NGO）則目前扮演的當事人角色，並不特殊，故於此暫予省略。

程」教學課程中，宜加以限縮，通常也僅指「營建工程」（construction engineering）而言。否則教學與研究將因範圍過廣而失焦，難以整合或對話[7]。

其次，「紛爭」案例邏輯上當然不能涵蓋「工程與法律」教學或研究的全部範圍；但不容諱言的，「紛爭」案例卻是研究教學上最重要的素材之一，因爲這些法律紛爭可以反映出現今法律制度的不完善性或契約內容（甚至於是定型化採購契約內容）的闕漏不完整性，透過紛爭案例的檢討反省，可以藉此預防未來紛爭之繼續出現或擴大，以節省制度運作上之成本支出及窒礙難行之處，故饒富教學及研究價值。此外，以「工程紛爭」案例作爲教學研究之主軸，不僅能使學生或研究者，充分明瞭營建管理體系中之爭點癥結，而且因爲案例眞實且具有本土性，更可以有效結合理論與實務，帶動大學討論及研究之熱忱，所以說：「工程案例之討論」乃是「工程法律」體系大樓興建之基本建材（Baustein），似不爲過。透過建材間之搭配與結合，逐漸營造出「工程與法律」的理論體系，即形成工程與法律的具體形骸與內容。

最後，「工程與法律」可以從不同法律觀點進行體系化的觀察與分類，所以目前國內對於「法律與工程」的研究教學範圍，儼然形成百花齊放的景緻。最常見的觀察分類，似以個別法律作爲章節標題，進行其內容之重點介紹。例如：以政府採購法、建築法、營造業法、技師法（或建築師法）、促參法（或獎參條例）、工程技術顧問條例等作爲章節名稱，進行解說[8]。此種逐法解說之體系架構有其優點，即現行法律內容具體明確，便於介紹及分析，並能迅速結合相關法院判決及行政機關之令函解釋，作爲教學研究之豐富教材；其缺點則爲：各法律之間的關聯性及體系性架構連結不足，致各章節彼此間既無邏輯上清楚連結，初學者無法有一

---

7 例如由中原大學財經法律系所編寫之教材《工程與法律》，其英文名稱亦標明（Construction and Law），陳櫻琴、陳希佳、黃仲宜，《工程與法律》，新文京出版社，2004年，頁3以下。

8 例如：陳櫻琴、陳希佳、黃仲宜，同前註；古嘉諄、劉志鵬編，《工程法律實務研析（一）》，元照出版社，2004年；古嘉諄、陳希佳、顏玉明編，《工程法律實務研析（二）》，元照出版社，2006年；古嘉諄、陳希佳、陳秋華編，《工程法律實務研析（三）》，元照出版社，2007年。

套工程與法律清晰架構，通常只有零散地學習到細碎繁瑣之個別規定介紹。其次，「法律與工程」之研究亦得以實務上之判決爭議作爲體系上之分類，例如：工程契約、工程遲延、工程延展、工程變更、施工鄰損、工程驗收、工程強制接管、契約終止、工程程序、工程保險、工程與文化資產保存、工程之爭議處理程序等[9]，此種分類，固然可以將個別系爭問題，作深入性之焦點討論，甚至於得作個案法院判決及行政函釋之評析或檢討，但是，對工程師或初學法律者而言，此種個別議題式之章節，不僅難以入門，而且通常亦無體系性及基本概念之先前介紹，尤其是這些議題涉及那些周邊法律規定，其討論的背景工程實務爲何？因缺乏先前知識之完整介紹，致使學習者只能有零碎而無宏觀面的片段性學習，則係其缺陷。綜上所述，如果要兼顧工程進行中之各種主體及其彼此間所生之法律關係，在理論體系上，以「法律關係」作爲分類架構，似比較能兼顧宏觀（體系）與微觀（個別爭議），而且對於非法律人（尤其是未來的工程師而言）及初學者的學習入門，均有相當不錯的效果，申言之，我們得以下列公部門之行政機關及私部門之建設公司爲例，描繪出營建工程錯綜複雜之法律關係，在法律關係之說明中，使得學習者得有粗淺的工程法「體系」概念：

---

[9] 例如：王伯儉，《工程糾紛與索賠實務》，元照出版社，2004年；古嘉諄、劉志鵬編，前揭註8；古嘉諄、陳希佳、顏玉明編，前揭註8；古嘉諄、陳希佳、陳秋華編，前揭註8。

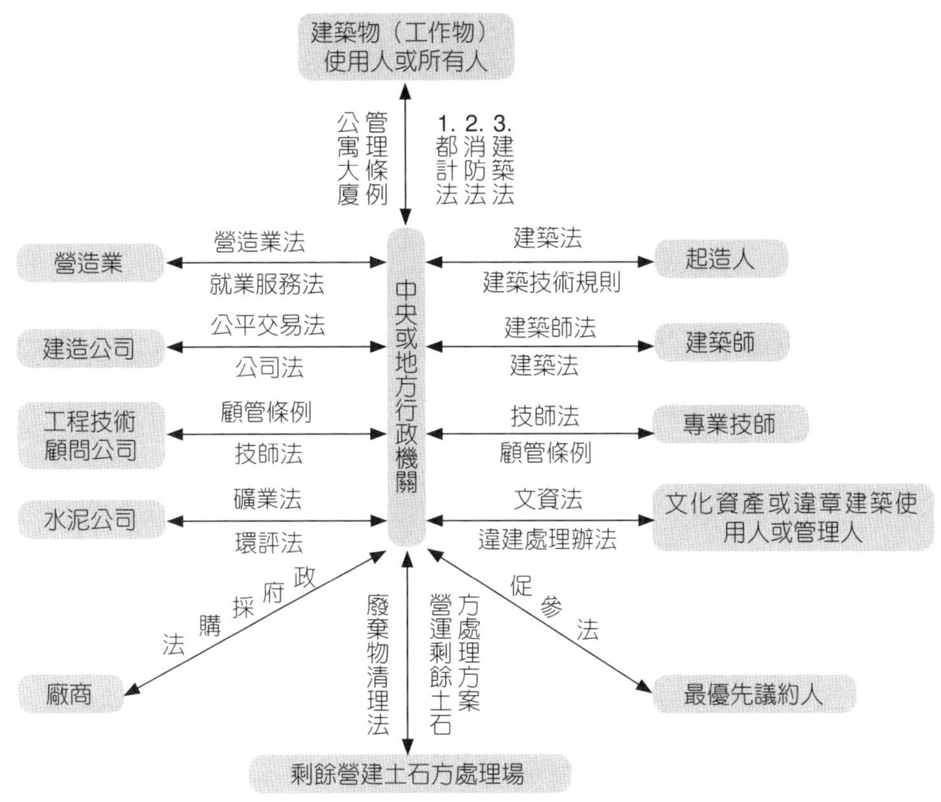

圖10-1　以公部門（行政機關為主體）之法律關係

（本圖爲作者自製）

圖10-1一方面可以顯示以行政機關（含中央及地方機關在內）爲首（核心）的法律關係；另外一方面也可以呈現出個別之管制法令。由此圖可以明瞭：營建法律關係涉及之主體雖甚龐雜，但是，爲確保營建秩序，避免偷工減料，致危害未來住戶之生命權益，所以法律制度即設計出種種的管制法律及管制措施，藉以提供行政機關發動公權力，介入民間經濟活動的法律依據，即「依法行政」或「法律保留」之要求，使得立法院必須針對不同的規範對象（主體），制定不同之管制法律，去落實擔保營建秩序的國家職責[10]。

---

[10] 擔保國家概念雖起源於當國家自己不履行其法定之公共任務，而由私人提供給付內容

值得注意的是：雖然行政機關包含中央及地方行政機關在內，但是因爲營建管理具有地方特性，除少數例外情形外，依地方制度法第18條、第19條、第20條第6款之規定，營建事項乃屬於自治事項，所以地方自治團體所扮演之管制角色及地位，遠重於中央主管機關。中央主管機關毋寧扮演著營建政策及法律修正之推動者，並作爲法律制度執行上之監督者角色而已。

除了前述公部門管制性之法律關係外，工程法律關係還有一大部分乃屬於傳統民事法律關係。若以營建工程爲中心，則常爲起造人之建築投資公司（或人們俗稱之建設公司）爲首，得描繪出下列複雜主體間之法律關係，參圖10-2。

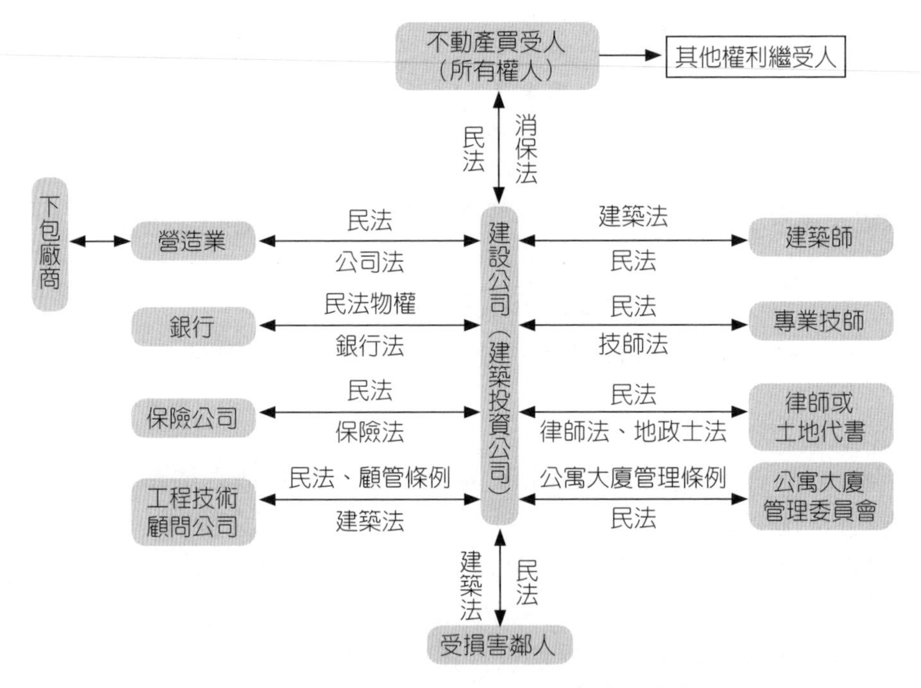

圖10-2 以私部門（建設公司）為主體之法律關係

（本圖爲作者自製）

時使用，但此時國家之管制高權並不當然即由市場自由競爭法則所取代，因此國家仍應創造出框架性的保護規範。於此參見Schoch, Gewährleistungsverwaltung: Stärkung der Privatrechtsgesellschaft?, NVwZ 2008, S. 241ff; Franzius, Der Gewährleistungsstaat: Ein neues Leitbild für den sich wandelnden Staat?, Der Staat 42(2003), S. 493ff。

與公部門之管制性法律關係相較，私部門之法律關係在形式上雙方當事人處於較平等之地位，於私法自治的大原則下，當事人在不牴觸法律之強行規定下，原則上均得自由形成其間之權利義務關係。不過，因爲交易秩序常因法律關係一造過於強勢，致他造當事人在定型化契約之宰制下，必須接受許多不平等之條件，所以，在新興法律中，例如：消費者保護法、公平交易法及民法等規定中，加入甚多強行規範，藉以保障弱勢之交易相對人，避免發生強凌弱、眾暴寡之現象，維繫社會交易秩序最低程度的平等及保障。不過，此種公權力介入市場之競爭秩序，毋寧應視爲一種例外情形，所以原則上其法律關係之發生、變更、消滅，均宜建立在尊重私法自治原則上，對市場供需及價格，法律制度並沒有意圖全面性加以規律，只有在例外「顯失公平」的情形下，強制（即透過訴訟調整或衡平仲裁等方式）加以部分調整而已。

由於營建工程是一種類似自然人由「出生」到「死亡」的流程，因此亦可由工程時間之序列，排列出營建工程的行政管制程序，即以「行政程序」的觀點，去架構分析營建工程之諸多問題，此種流程得以圖10-3顯示之。

以工程程序作爲軸心進行營建工程體系的架構方法，其優點爲符合實務操作之流程，初學者能夠快速理解此種程序階段的逐步進展，並且能夠言簡意賅地歸納現今建築法的程序要項；但其缺點則爲：無法有效呈現

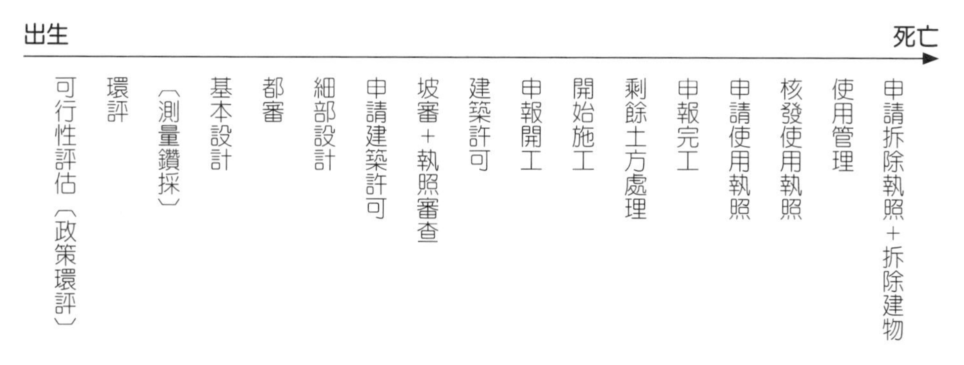

圖10-3　營建工程行政管制程序表

（本圖爲作者自製）

出在各階段中所產生複雜性之法律關係，尤其是無法描述各權利主體彼此間所可能在各階段中所形成之私法法律關係，例如：在核發建造執照階段後，僅用開工程序表列，實在無法看出建設公司即得依公寓大廈管理條例第58條第1項規定，辦理種種複雜且數量龐大之「銷售行爲」情況。所以用「行政程序」來剖析或架構工程與法律體系，尚嫌不足，申言之，行政程序論之體系，必須與法律關係理論共同搭配，才能比較清楚地使「工程與法律」的多面、複雜、動態關聯的法律體系融入體系中，獲得具有立體與生動之元素，進而建立全面完整的法律體系。

二、紛爭涉及之法律規範

工程紛爭事件，不僅涉及金額龐大，且常與社會大眾權利相關聯，例如：ETC判決[11]，而且涉及之相關「核心」法律規範，更是複雜多端。申言之：工程法律紛爭，除涉及國內法令規範外，亦常涉及國際工程規範，例如FIDIC及WTO採購協定；除涉及國內實體法外，亦常涉及國內程序法，例如：仲裁法、民事訴訟法或政府採購法之申訴異議程序；除涉及國內私法規範（如：民法、商事法、財經金融法）外，亦涉及大量國內之公法規範，例如：政府採購法、建築法、促參法及營造業法等繁雜規定。因此，此種兼跨法學公私法領域，必須貫通實體法與程序法，且又必須具有國際法之基本基礎知識，所以說工程法學之研究「入門門檻」不低，是其無法在短暫期間內一目瞭然之龐雜「法律體系」，當不爲過。

爲歸納出相關之國內法及國際法規範，並對其作簡要體系性之介紹，以使得非法律人得與法律人作基本性對話，便成爲教學研究上刻不容緩的任務，故以下僅就國內法規範及國際法重要規範簡要加以介紹分析，以作爲法學與工程科際整合的核心基礎知識（Kernbereich）。

[11] 有關國內文獻對ETC判決之評論，有近二十篇專論，其詳細整理，請參閱林明鏘，〈BOT契約與給付拒絕〉，台灣本土法學雜誌第95期，2007年，頁229以下。

（一）國內法規範

1. 私法規範

「承攬契約」與「委任契約」無疑的是「工程與法律」中最爲核心的內容，而規範承攬契約及委任契約者，主要則爲民法（私法）第490條至第514條（承攬契約）；及民法第528條至第552條（委任契約）加以規範者，在體系上與上述兩類契約規範息息相關者，尙有其上位之債總篇中契約基本規範（即民法§245-1至§270）例如：定型化契約條款之限制等，民總有關法律行爲之通則性規定（民法§71至§74規定）及權利行使之誠信原則（民法§148規定）等內容，因此，就民事契約之學習與認識，架設工程與法律之對話平臺，進行科際整合前，必須先熟悉此種債各→債總→民總中相關法律對契約之基本規範及概念，才能有效進行，否則非法律人對私法契約之前述架構體系毫無認識下（或認識不透徹下），根本無從進行與法律人之基本討論或對話。

其次，工程契約若屬「定型化契約」[12]，則尙須注意消費者保護法第11條至第17條之特殊管制規定（即強行規定）；若工程契約涉及保險事項者，則須注意保險法第43條至第69條之保險契約規定；若工程契約涉及融資者，尙應注意銀行法第32條以下（尤其是§38等規定）之規定……等等，由此可知，「工程契約」所能涵蓋之範圍甚廣，而且「工程契約」種類繁多，卻是「工程爭議」的主要始因[13]。

除了工程契約外，因爲建築施工肇致鄰損事件發生時，則有民法「侵

---

[12] 依消費者保護法第2條第7款及第9款規定，分別對定型化契約條款（指企業經營者若爲與不特定多數消費者訂立同類契約之用，所提出預先擬定之契約條款），定型化契約（企業經營者提出之定型化契約條款作爲契約內容之全部或一部而訂定之契約）加以法律定義。目前司法實務並不認政府採購契約係定型化契約（例如：最高法院92年度台上字第785號及91年度台上字第2220號判決）其詳細內容解釋，得參閱朱柏松，《消費者保護法》，翰蘆出版社，2004年增訂版，頁18，黃立，《民法債篇總論》，元照出版社，2006年3版，頁88。

[13] 例如：陳自強，〈公共工程計算錯誤之研究〉，王明德（主持人），《工程與法律學術研討會》，臺大法律學院、臺大工學院等主辦，2007年；王文宇，〈契約漏洞的填補與任意規定的適用〉，謝定亞（主持人），《工程與法律學術研討會》，臺大法律學院、臺大工學院等主辦，2007年；汪信君，〈履約保證保險〉，古嘉諄（主持人），《工程與法律學術研討會》，臺大法律學院、臺大工學院等主辦，2007年，等論文均屬工程契約爭議案件剖析。

權行爲」規定之適用，尤其是民法第184條之請求權規範基礎，民法第189條定作人與承攬人之侵權責任歸屬或連帶及民法第197條之時效規定均屬爭議時經常被引用之民事規範，此種因侵權行爲而生之案例，不僅有民事法院判決，甚至於有行政法院裁判[14]及學術討論[15]，只可惜在行政公權力強行介入私人鄰損爭議事件，是否妥當？則國內少有論文深入研究。從國家中立性原則及社會自主性的觀點來看，行政權介入私權紛爭，法理上有待商榷[16]，但若從財產權之保護義務觀點，公權力因申請而強行介入，卻有其本土性之正面功能。

在私法的程序規範中，目前因工程契約或工程侵權行爲的爭議事件中，最爲人熟悉的即爲仲裁（仲裁法），調解與申訴（政府採購法）及訴訟（民事訴訟法）程序規定，在營建商解散、破產爭議事件中，尚涉及「破產法」及「非訟事件法」、「強制執行法」之相關規定，其內容不僅具高度專業性及技術性，更滲雜著許多程序法理，交織著實體法與程序法相互連結的更複雜問題[17]，於此不擬深入討論。

2. 公法規範

由於工程之興建，以迄其拆除爲止，除涉及眾多私人利益而成公共利益外，尚因爲有公共工程之舉辦，影響國家財政支出甚鉅，成爲公共利益所關注之焦點，因此，「工程法律」另外一個重點即屬有眾多龐雜之公法規範，即以公權力爲後盾，藉行政機關爲執行機制，強行介入或規範並調整個別之交易行爲。此種公權力之介入，在私法體系中，乃透過民法第71條之「強制或禁止規定」，使違反此等公法規範之法律行爲淪爲「無效」之結果；在公法體系上，則使行政行爲因牴觸行政程序法第4條之依法行

---

14 例如臺北高等行政法院90年度訴字第4928號判決。

15 例如：朱信忠，〈從營造業觀點對建築施工損鄰處理機制之研究〉，國立成功大學建築學系碩士論文，2002年；葉昱賢，〈建築施工損鄰事件處理模式之研究〉，國立臺灣大學土木工程學系碩士論文，2003年。

16 有關擔保行政下之基本原則，併請參閱Schmidt-Aßmann, Das allgemeine Verwaltungsrecht als Ordnungsidee, 2 Aufl., 2004, Rdnr. 156。

17 參照邱聯恭，《程序利益保護論》，自刊，2005年，頁1以下；許士宦，《執行力擴張與不動產執行》，學林出版社，2003年，頁183以下。

政要求，亦使得該行政行爲受到無效或得撤銷之影響。

隨著我國法治程度的進步，法律保留原則[18]的強調，公權力介入私法上之交易行爲或公法上之行政行爲，必須要有法律明文依據的結果，此種公法管制法律，不僅數量逐漸增多，而且規範密度亦不斷加深，致「工程與法律」之教學研究必須採取選擇性的重點公法規範介紹，否則極易產生「歧路亡羊」的結果。依本文工程法律關係的架構體系而言，狹義營建工程（指興建階段而言，不包含工程之營運及後續之使用或處分階段）最重要之三角法律關係，得以圖10-4顯示。

首先是行政機關對起造人之公法規範，其最主要的管制規範者當屬建築法，其次對營造業之管理，則爲營造業法，最後對於建築師及其他相關專業技師之規制，則有建築師法及技師法。所以建築法，營造業法，建築師法及技師法乃屬「工程與法律」教學與研究之第一層核心公法規範，也是作爲科際整合討論的首要內容。

行政機關若處於類似民間「起造人」之角色時，爲嚴格管控公權力主體，避免其公務員枉法貪瀆，並增加人民參與公共建設之機會，提高效率及對人民之生存照顧水準，目前亦有政府採購法，促進民間參與公共建設法（促參法）與獎勵民間參與交通建設條例（獎參條例）三種法律，

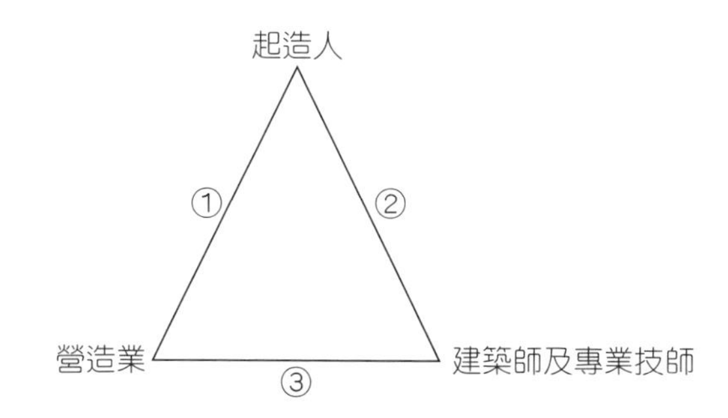

圖10-4　營建工程三角法律主體關係

（本圖爲作者自製）

[18] 有關法律保留原則之概念及大法官解釋之強調重點，請參閱吳庚，《行政法理論與實用》，自刊，2007年10版，頁86以下分析。

以供行政主體遵循。惟促參法與獎參條例規定，體系上大致雷同，因此在研究教學上通常僅以最後制定之促參法爲對象，原則上不再以舊法（即獎參條例）爲論述。且目前促參體系與政府採購體系分途發展，所以二者各自獨立，其體系與立法目的雖均不相同。但是，德國之政府採購法（Vergabenrecht）與其促參體系（PPP）均規定於同一法典內，只有部分政府採購程序不適用於促參案件，其主要理由爲：促參案件與政府採購案件本質相同，均屬公私部門共同履行公法任務，故無獨立於採購體系外。此種體例，我國因前述促參案件弊端不少，且其程序過於簡單，似有再斟酌德國制度之必要[19]。

綜合言之，工程與法律在公法規範的重點選擇上，本文認爲：下列五種法律可以作爲工程與法律論述之基本核心規範，因爲這五種法律規範可以構築基本的營建法律關係：

(1) 政府採購法。

(2) 促參法。

(3) 建築法。

(4) 營造業法。

(5) 建築師法及技師法。

至於其他公法規範，例如：公寓大廈管理條例、工程技術顧問公司管理條例、文化資產保護法、殯葬管理條例、都市計畫法、區域計畫法、農業發展條例、水土保持法、山坡地保育利用條例等雖與營建，使用或開發行爲有密切關聯，但就工程法律關係體系而言，仍較間接，故除有特別例外情事外，原則上得因教學研究聚焦爲由而予以割捨忽略，不予深論。

3. 程序規範

工程紛爭除透過程序外和解方式解決外，其解決之程序規範重要性實不容小覷，因爲國內越來越多的工程案件，乃透過法定程序之紛爭解決機制，以協調解決當事人間之利害衝突。這種解決工程爭議的程序規範，目

---

[19] 德國有關政府採購法之立法目的及體系介紹最完整者請參閱Prieß, Handbuch des europäischen Vergaberchts, 3 Aufl., 2005; Frenz, Beihilfe und Vergaberecht, 2007; Weyand, Vergaberecht, 2 Aufl., 2007。

前主要有下列三種：

(1) 民事訴訟程序。

(2) 仲裁程序。

(3) 政府採購法上之異議、申訴及調解程序。

此三種法律紛爭之解決程序規範，呈現鼎足分立，各自發揮其紛爭解決功能。由於程序規範兼含有公法規範及私法規範，所以其具有規範之特殊性，難以單純將其歸類爲私法規範或公法規範（雖然例如民事訴訟法因爲係由法院適用之規範，依新主體說的見解，常被認定亦屬「公法規範」，但是狹義之公法範圍傳統上並不包含民事訴訟法[20]）。

由於民事訴訟程序及仲裁程序，其體系完整龐大，並有其各自獨特之指導理念及理論基礎[21]，對於工程爭議事件，其法規上並無特殊規定，所以在工程與法律之教學研究上，目前較少有對此工程領域爲比較性深入研究者，再加上民訴及仲裁法體系涉及之法律爭點過多，也難以融入一般性之工程法研究教學範圍內；而必須於體系外另外開闢一扇研究之窗，臺灣目前之工程法學研究，此一領域尙有待學界及實務攜手共同開發。

比較受到較多討論的是政府採購法上之程序規範，即申訴，異議程序之設計，該等程序之重要性，甚且被稱爲「整部政府採購法的精髓所在」[22]。依政府採購法第74條到第85條有關異議及申訴程序得簡化如圖10-5。

此種異議及申訴程序，在性質上屬於「行政訴訟前置」程序，專業性法理類似稅務案件之復查、再復查程序，除得由原機關自行反省外，在申訴程序中，因爲尙有專門職業人員之參與審查（政府採購法第86條規定參照），所以也能針對申訴案件之工程技術面之爭執，提出較爲具說服力之解決方案，易爲雙方當事人所接受，而不需再提起訴願，對於紛爭之解決及確定，似應有正面積極之貢獻[23]。

---

[20] 狹義之公法，依德國傳統分類僅包含憲法、行政法與國際公法。Vgl. Sodan/Ziekow, Grundkurs öffentliches Recht, 2 Aufl., 2007, § 1 Rdnr. 5ff.

[21] 有關仲裁法國內相關論述，得參閱陳煥文，《仲裁法逐條釋義》，崗華，2002年2版；楊崇森等，《仲裁法新論》，中華民國仲裁協會，2004年2版。

[22] 羅昌發，《政府採購法與政府採購協定論析》，元照出版社，2000年，頁325。

[23] 有關申訴程序之功能，得參閱林明昕，〈論公共工程之爭訟解決機制：以促參法及政府採購法爲中心〉，古嘉諄（主持人），《工程與法律學術研討會》，臺大法律學院、臺大工

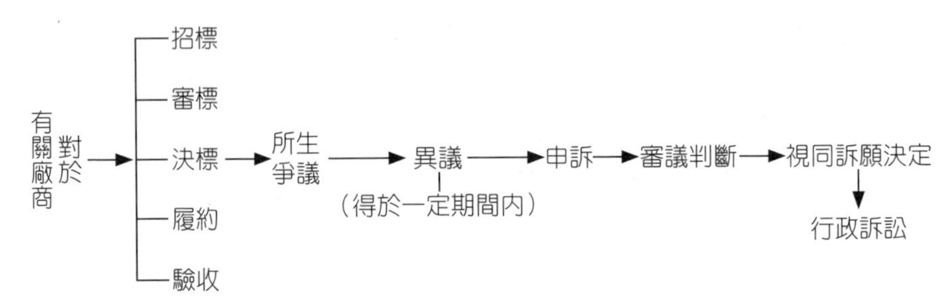

圖10-5 異議及申訴體系

（本圖為作者自製）

此外，依政府採購法第85條之1規定，尚有工程爭議之調解程序，申請調解之爭議原則上限於履約爭議（所以亦含驗收爭議），而且不限廠商，即使採購機關亦得申請調解。不過，調解是否能夠成立，關鍵乃繫諸雙方當事人互相讓步之程度，以及和解方案之公平性及雙方可接受程度而定。由於涉及廠商及採購機關之重大私人利益或公共利益，加上採購機關本位主義及自我防衛本能甚強，公務人員通常不願被指採購行為有故意過失違法或甚至於有圖利他人情事，所以調解制度似尚未能充分發揮其制度功能[24]。由此可以歸納得出一個小結論：透過一個公正機關（或公正委員會）的公權力介入，加上專業能力之兼備（即工程專業與法律專業），會使得紛爭能夠比較有效解決，而不必訴諸耗費（資、時）甚鉅之訴訟程序，充分發揮ADR（訴訟外紛爭解決）的功能[25]。當然，修正政府採購法第85條之1之規定，使得工程調解成為必經之訴訟前置階段，調解程序之正當化，賦予調解委員較大的調解權限，調解委員之專業性及公正性確保

學院等主辦，2007年。

24 有關仲裁與調解制度如何有效結合，得參閱吳光明，〈論仲裁與調解之結合〉，《仲裁法理論與判決研究》，臺灣財產法暨經濟法研究協會，2004年，頁162以下。調解案件由行政院工程會統計，由民國88年5月27日至95年5月31日，共計有3,999件。成立調解的有2,030件，共占67.1%，比例雖然不低，但是，卻未進一步統計調解成立案件之平均金額及占申請比例之多寡，致無法明確判斷其成效。

25 ADR（Alternative Disputes resolution）制度之價值理念及功能，得參閱吳光明，〈多元文化與訴訟外解決糾紛（ADR）機制〉，《仲裁法理論與判決研究》，臺灣財產法暨經濟法研究協會，2004年，頁2以下。

配套措施，都是值得斟酌的修正方向。

（二）國際法規範

由於工程法理具有全球類似性之國際化特色，因此在解決工程紛爭時，尤其是仲裁或政府採購之異議申訴程序中，經常引用國際法規範作爲仲裁或判斷之依據[26]，再加上政府採購法第63條第1項明文規定：「各類採購契約之要項，由主管機關參考國際及國內慣例定之。」亦可證明「國際法」或「國際工程慣例」之重要性，透過採購契約要項[27]及工程會定頒之工程契約範本[28]的法理繼受，國際工程法理形式上儼然已成爲內國法之一部分，不過，國際工程慣例及國際工程法理，除已受國內法繼受部分者外，仍不斷被國內仲裁庭或工程紛爭ADR機構（組織）所援用，因此，在工程爭議中比較重要的國際法，例如：政府採購協定，或國際慣例國際諮詢工程師聯合會（Federation Internationale des Ingenieurs-Conseils, FIDIC）所定頒之國際土木工程標準契約條款即有研究及教學介紹之必要。

首先，對於「政府採購協定（Agreement on Government Procurement, GPA）」內容之初步認識，有助於瞭解我國「政府採購法」之架構精神外，並有助於具體個案工程紛爭，就系爭政府採購法個別條文之解釋，有積極正面之引導作用。我國目前雖爲世界貿易組織（World Trade Organization, WTO）的會員國，理論上雖沒有義務須參加政府採購協定，惟事實上我國在全球貿易市場及自由競爭秩序之壓力下，必須與其他國家或國際組織簽訂複邊政府採購協定，因此，對於政府採購協定（或自由貿易協定）的內容爲何？對我國政府採購事項有何種影響？政府採購

[26] 例如在工程仲裁程序中，常引用「衡平仲裁」；在工程申訴程序中則常引用衡平原則，調整契約原約定內容，得參閱孔繁琦，〈論工程契約對於不可抗力致工程本體毀損滅失之風險分配原則〉，律師雜誌第330期，2007年，頁9以下；陳希佳，〈衡平仲裁與實體法之適用〉，古嘉諄、陳希佳、顏玉明編，《工程法律實務研析（三）》，元照出版社，2007年，頁25以下。

[27] 民國108年8月6日最後一次修正。

[28] 工程契約範本在實務上重要性之深入討論，得參閱廖銘洋，〈工程合約執行之省思〉，律師雜誌第330期，2007年，頁62以下。

協定之適用範圍爲何？有哪些例外得排除政府採購協定之事由？政府採購協定之不歧視原則是否適用於所有政府採購事項上？均值得深入研究分析[29]，蓋一方面除能更清楚解釋適用我國現行之政府採購法，以在工程紛爭中，作爲解決之參考模式外，另外一方面亦能作爲修改我國政府採購法之重要參考。

其次，在土木工程之國際標準契約條款內容（Conditions of contract for Construction）經常在國內工程契約紛爭案例中，作爲塡補契約漏洞，甚至於作爲修正或取代契約原約定條款之不合理內容[30]。但是，依據我國契約法理而言，當事人於個別工程契約中所約定之事項，或「公共工程契約範本」所定內容，縱使與FIDIC國際工程標準契約條款背道而馳（例如：目前備受學界批評之風險分配方式），除非認其屬定型化契約，且約定內容顯失公平者外（民法§247-1規定參照），法院或契約當事人一方，即不得主張或依法理斟酌調整原契約內容之含意，蓋「契約內容嚴守」乃中外數千年之文化傳統，在法理上並無法因有「國際法理」即可當然取代契約條款之效力，否則當事人之主觀事前合意，即未能受到有效尊重，影響法律秩序安定及當事人之合理期待甚鉅，也造成對當事人的程序突襲，因此，法院於適用民法第247條之1之規定，去宣告該相關定型化契約條款無效時，須愼重及在極端不合理情形下，始得爲之，否則無異以法院單方意思取代當事人之合意，並不合宜。國內對FIDIC的國際工程標準契約條款之研究並不完整及深入[31]，而且較缺乏對照於國內工程契約（或契約範本）之細膩比較分析，剖析國內現行制式契約條款之不公平性或不合理性處，並尋求在國內契約標準範本中加以變更或更詳實規定之內

29 有關上述問題之深入討論，得參閱，羅昌發，前揭註22，頁373以下。

30 孔繁琦，前揭註26，頁15至16；古嘉諄，〈工程契約索賠條款之研究〉，古嘉諄、陳希佳、陳秋華編，《工程法律實務研析（三）》，元照出版社，2007年，頁3以下；顏玉明，〈FIDIC國際工程標準契約與國內工程契約文件風險分配原則之比較研究〉，古嘉諄、陳希佳、陳秋華編，《工程法律實務研析（三）》，元照出版社，2007年，頁101以下。

31 我國法律學術界對於FIDIC國際工程標準契約條款之介紹，均缺乏完整體系性之論點，除前揭古嘉諄及顏玉明之論文外，尚有古嘉諄，〈爭議裁決委員會機制之研究〉，古嘉諄、陳希佳、顏玉明編，《工程法律實務研析（二）》，元照出版社，2006年，頁325至341；大陸之介紹及翻譯，則較爲豐富，例如：張水汲、何伯森，《FIDIC新版合同條件導讀與解析》，北京：中國建築工業，2002年。

容[32]，如此一來，FIDIC的契約研究成果，才能有其實益與價值，並能進一步去說服法院的法官及工程行政主管機關，將FIDIC的標準契約條款，當成工程界的「文明世界遊戲規則」，或當成「工程法理」直接加以適用，或當成調整當事人契約條款的參據，經過長期判決之宣示及累積以及逐步放入工程會之「公共工程契約範本」當中，始能在國內法上取得其生存及發展功能。對於法律工程之研究，這是一條有待眾志成城的待開發領域，這個領域一旦體系完備，就可以提供工程界與法律界最基本的共識基礎[33]。

三、紛爭類型

工程紛爭類型固然五花八門，各新式態樣亦層出不窮，但如果以契約之締結爲中心加以觀察分類的話，大致可以分成下列三種類型：

（一）締約前之工程紛爭：例如：招標、審標及決標爭議事件；
（二）契約內容紛爭：例如：契約漏項或計算錯誤等紛爭[34]；
（三）締約後履行契約所衍生之紛爭：例如：工程預算被議會刪除，居民抗爭致完工遲延等；或保固期間所生費用分擔或因物價指數上漲請求調整約款爭議等[35]事件。

以下就此三種紛爭類型，簡要說明如下：

---

[32] 國內已有的具體建議，例如：王伯儉，前揭註9，頁289以下；張志朋，〈工程定型化契約條款之適用問題〉，古嘉諄、陳希佳、顏玉明編，《工程法律實務研析（二）》，元照出版社，2006年，頁41以下。

[33] FIDIC 1999年版之國際工程標準契約，其提供四種標準契約條款範本，分別針對簡要版條款（The Green Book），營建施工條款（The New Red Book），設計與建契約條款（The Silver Book）作不同設計，其進一步說明，得參閱顏玉明，前揭註30，頁103以下。

[34] 例如，陳自強，前揭註13；王文宇，前揭註13。

[35] 相關論文，例如：池泰毅，〈定作人拒絕辦理變更設計之解決途徑〉，古嘉諄、陳希佳、陳秋華編，《工程法律實務研析（三）》，元照出版社，2007年，頁41以下；劉素吟，〈物價指數調整約款與情事變更原則之關係〉，古嘉諄、陳希佳、陳秋華編，《工程法律實務研析（三）》，元照出版社，2007年，頁267以下。

（一）締約前之工程紛爭

由於法治觀念之進步，一定規模以上之營繕工程，當事人通常均締結有書面契約，所以工程爭議案件，多以契約紛爭爲主軸，包含契約內容之解釋，當事人眞意之探求及契約之調整或修改……等。但是，隨著政府採購法及促參法等重要工程法律之公布施行，嚴格明確規定行政機關於締約前應遵循之「正當法律程序」（due Process of Law），因此締約前之法律爭議案件，國內亦有逐漸增加之趨勢。此由政府採購程序中，異議及申訴案件不斷增多，得到證明[36]。此種在招商程序所發生之爭議，主要有：

1. 對招標公告之爭議：例如有「綁規格或綁資格[37]」之圖利特定廠商之虞者。
2. 對審議之爭議：例如：剔除不符形式資格或借牌、陪標、圍標之投標廠商。
3. 對開標之爭議：例如：對開標日期之暫緩等。
4. 對決標之爭議：例如：決標委員之資格或有應行迴避事由；決標分數與排序；剔除不合理之低標廠商、臨時取消採購等紛爭。

上述爭議案件，形形色色，不一而同，因此處理此等爭議之機關（即申訴會）的公正性、獨立性、專業性與迅速性，即扮演著極爲重要之決定性因素。申言之，如果沒有有效率，低成本支出的爭議處理程序，即難以有效管控招商程序之諸多不法或不當情事。

（二）契約內容紛爭

由於個別工程之特異性、必要彈性保留、重大性及複雜性、風險性無法事前預測等種種因素混雜下，當事人所締結之工程契約，在本質上不可能盡善盡美或完美無缺；相反地，契約內容之不完備性，毋寧是工程契約之本質實態[38]，而契約內容不完備所引起之爭議，主要可歸納下列各種類

36 黃俊凱，〈工程會BOT申訴審議之實務問題〉，古嘉諄、陳希佳、陳秋華編，《工程法律實務研析（三）》，元照出版社，2007年，頁131至132。

37 有關政府採購法中「綁資格」與「綁規格」之具體行爲類型，可參閱陳櫻琴、陳希佳、黃仲宜，前揭註7，頁80至82。

38 相類似見解，併請參閱余文恭，〈工程契約的正義從何而來？〉，律師雜誌第330期，2007

型[39]：

1. 契約本文與附件文件之項目或計算不符。
2. 數量與漏項爭議：總價承攬有無漏項問題？[40]
3. 工期計算爭議（日曆天可否扣除不能施作日數？）[41]。
4. 同等品之認定爭議。
5. 有否契約明示或默示變更（擬制變更）爭議[42]。
6. 得否適用情事變更原則，請求調整契約內容？[43]
7. 驗收及保固條款效力範圍問題。
8. 保證廠商應否概括承受原倒閉廠商之所有權利義務？
9. 契約是否成立？重要之點的意思表示是否合致？
10. 是否構成終止（解除）契約之事由？[44]

年，頁22。

39 併請參閱廖銘洋，前揭註28，頁62至65。

40 有關工程漏項認定問題及應由何人承擔之討論，國內文獻甚多，包含陳秋華，〈漏項〉，古嘉諄、劉志鵬編，《工程法律實務研析（一）》，元照出版社，2004年，頁141以下；李家慶，〈工程計價漏項之爭議〉，營建知訊第181期，1998年，頁61至63；張宏節、江苑臻，〈公共工程總價承攬契約數量差異問題研究〉，月旦法學雜誌第103期，2003年，頁120等。

41 採日曆天爲工期者，在理論上因爲已斟酌不能工作之日期，所以本質上不能再行扣除情事變更或不可歸責於廠商（承攬人）事由之延遲工期，但在實務上工作天與日曆天已無結果上之太大差異，有關工期遲延（展延）之國內文獻甚多，包含有顏玉明，〈營建工程契約進度及工期問題探討〉，月旦法學雜誌第129期，2006年，頁33以下；李惠貞，〈展延工期增加費用相關問題〉，古嘉諄、陳希佳、顏玉明編，《工程法律實務研析（二）》，元照出版社，2006年，頁149以下；陳俐宇，〈逾期罰款〉，古嘉諄、陳希佳、顏玉明編，《工程法律實務研析（二）》，元照出版社，2006年，頁187以下；呂純純，〈公共工程逾期爭議之研究〉，國立政治大學法律研究所碩士論文，2004年；楊芳賢，〈承攬人工作延遲：論民法第502條及第503條解除契約規定之問題〉，臺大法學論叢第30卷第1期，2001年，頁163以下。

42 「擬制變更」（constructive change）或譯成「實作變更」，係指定作人與承攬人雖未辦理契約變更，但因定作人之指示或單方命令，而承攬人同意依其指示施作者，與我國民法上之「默示變更」有頗多類似之處，其相關論文甚多，例如：鐘亦梅，〈工程契約變更與求償之研究〉，國立高雄第一科技大學營建工程系碩士論文，2004年；許世明，〈營建工程契約中變更設計之研究〉，東吳大學法律研究所碩士論文，2005年；陳玉潔，〈工程契約變更之爭議問題〉，國立政治大學法律研究所碩士論文，2004年；池泰毅，前揭註35，頁42至44。

43 參閱劉素吟，前揭註35，頁280至281。

44 終止工程契約與解除工程契約在概念區辨上，不僅非法律人十分困惑，連法律專業人僅能以抽象描述，凡工程之工作於特定期限內完成爲契約要素者，當事人未於期限完成，致無

11. 違約是否有歸責於一方當事人之事由？
12. 工程契約是否受消費者保護法之適用？
13. 工程契約外之第三人是否有國家賠償法適用餘地？[45]
14. 職災風險由何方承擔始符契約法理？[46]

以上種種契約紛爭，乃形成實務上爭議案件之最大根源，法學上之研究成果也最爲豐碩，只可惜絕大部分僅就私法契約（即承攬契約）爲範圍論述及教學，並未對司法院釋字第540號解釋所創造出之公私兩階段理論[47]或行政程序法第135條以下規定「行政契約」成立之可能性進行探究分析，實屬嚴重缺陷[48]，有待公法及私法學者，攜手合作，共同研究有關工程契約定性變更後（例如：促參投資契約目前被最高行政法院定性爲行政契約），對契約相對人之影響，以及對於公共利益有何種保護機制？提供理論及實際運用結果之分析，才能有效因應法制面及司法審判見解變革所帶來的衝擊。

（三）締約後履約所生爭議

締約後之履約爭議問題，例如：契約預算項目或金額受立法院刪除；施工期間居民抗爭或阻撓施工致工程進度落後；驗收（初驗與複驗）爭

法達成契約目的者，始得溯及效力解除契約，但是，工程契約是否有「解除情形」？實令人懷疑，併請參閱李惠貞，〈工程契約之終止〉，古嘉諄、陳希佳、陳秋華編，《工程法律實務研析（三）》，元照出版社，2007年，頁179以下。

45 王雪娟，〈工程案件與國家賠償法之關係〉，古嘉諄、陳希佳、陳秋華編，《工程法律實務研析（三）》，元照出版社，2007年，頁155以下。

46 劉志鵬，〈營造業如何管理勞務風險〉，古嘉諄、陳希佳、陳秋華編，《工程法律實務研析（三）》，元照出版社，2007年，頁339以下。

47 司法院釋字第540號解釋文謂：「國家爲達成行政上之任務，得選擇以公法上行爲或私法上行爲作爲實施之手段。其因各該行爲所生爭議之審理，屬於公法性質者歸行政法院，私法性質者歸普通法院。惟立法機關亦得依職權衡酌事件之性質，既有訴訟制度之功能及公益之考量，就審判權歸屬或解決紛爭程序另爲適當之設計。此種情形一經定爲法律，即有拘束全國機關及人民之效力，各級審判機關自亦有遵循之義務。」見司法院大法官書記處編纂，《司法院大法官解釋續編（十五）》，2002年，頁170以下。德國有關兩階段理論之精要評析，得參見Ehlers, in Erichsen/ Ehlers, Allgemeines Verwaltungsrecht, 13 Aufl., 2006, §3 Rdnr. 37ff (40)。

48 國內有關行政契約的詳細深入討論，得參閱林明鏘，《行政契約法研究》，翰蘆出版社，2006年。

議；強制接管工程；委託營運期間發生終止契約情事……等，此等爭議與契約本身仍有密切關係，所以在理論上亦可歸屬於「契約上之紛爭」，不過從「時間序列」而論，當事人於工程契約締結當時，並未有紛爭，可能因爲履約期間甚長（例如：BOT契約之營運期間動輒有長達四、五十年以上者），客觀環境發生劇烈變化，致引發契約內潛在之不完整性（或無可預見性）或未約定之內容。所以也可以從邏輯上將此種紛爭類型獨立觀察。此種獨立類型之區別實益在於：對於履約或興建期間較長之工程契約，必須在契約中另設保留雙方當事人另行談判協商之明文機制，而毋庸在契約之完備性（完美性）上作太多的預設及努力，因爲「人算不如天算」，所以屬於此種類型之工程紛爭，不宜以「契約形式文義」爲紛爭解決的唯一標準；相反地，透過尊重當事人新協商的意見表示（協議），或是由紛爭解決機關及法院，經由「情事變更原則」之規定，或「約定內容顯失公平」（民法§247-1）而單方調整契約內容，或塡補契約內容時，應得到較爲寬鬆之限制，至於契約內容紛爭，原則上若無法探知當事人眞意時，由紛爭解決機關主動單方調整或取代當事人約定時，即應嚴格遵守「審愼」及「例外」原則，以免嚴重破壞「私法自治」的基本精神。

綜上所述，工程紛爭類型，依時間序列，雖可分成締約前、契約本身及締約後三個階段之不同類型，但是，法學研究者最大的任務，乃是分析出紛爭產生之原因，以及其未來有效之預防措施。在締約前之紛爭原因主要係行政機關未遵守「程序正義」或未能提供揭露「充分資訊」，使得廠商有不平之鳴；在契約本身及履約過程的紛爭，其原因主要可以歸納爲契約內容過度不完整，契約內容不公平（例如：契約疑義之最後解釋權由定作人，即業主獨享；濫用免責條款）與契約基本事實之重大變遷（例如：原物料價格大漲），此種原因，即無法在契約內事先完全予以排除，因此保留雙方嗣後平等協商之空間與機制，恐怕是唯一的未來預防紛爭之道。

四、紛爭之法律關係

如前圖10-1及圖10-2所示，工程法律關係主體十分龐雜，故其法律關係亦呈現多面現象，不論是以行政機關爲主軸，或是以建築投資公司爲主軸，均可呈現我國法律關係的雙面性特徵：即工程法律關係同時存在私法關係及公法關係，彼此雖然互相獨立，但又密切交融，例如：興建過程的鄰損事件，表面看是一個私法上典型的侵權行爲（民法§184以下規定），但建築法（公法）上卻又設置有公權力得介入之調處機制，兩者互相作用，藉以達成「工程順利進行」且「受損鄰人得到適當補（賠）償」之雙重公益目標[49]。隨著國家角色的轉變，由全能政府變成爲瘦身國家，此種公法關係會不會繼續擴張其範圍？入侵傳統私法自治之固有領域，混淆國家與社會兩分的界限？值得我們密切關注，以下分就私法關係與公法關係在工程法學上之特殊現象，說明如下：

（一）私法關係

如前所述營建工程的核心爲私法契約關係，在事事講理及法治的社會中，私法契約便成爲私人間權利義務關係的基本文件，私法契約固包含有書面（形式）與非書面者，但因爲營建工程之金額大，工期長，工作項目複雜，涉及主體亦多，所以在法制上是否宜立法強制工程契約均應以書面爲之，以排除不要式契約之諾成契約，減少舉證困難並提高紛爭預防的功能，實有再行斟酌立法之必要，至於是否應經律師認證或公證，亦屬未來立法可供考量之方向。

其次，工程契約在民法債編各論中，雖得適用承攬契約之規定，但工程之種種特殊性，若適用於通常一般勞務提供型及傳統承攬契約，常會有格格不入之情形，因此，是否於民法契約章中，增訂「工程契約」一章，有別於一般「承攬契約」之規定。雖然工程契約當事人仍得以合意排除民法規定之適用，但是，合適工程契約之任意規定，仍具有相當教育引導功能，甚至於可以進而改變行政機關所定之「契約要項」，使定作人與承攬工程人，處於較平等的法律地位，來共同營造臺灣互信的工程基礎。

再者，私法上之法律關係雖以「私法自治」爲基軸，但是，在私法

---

[49] 併請參閱黃世芳，〈建築施工鄰損事件之責任界定與處理模式〉，古嘉諄、陳希佳、顏玉明編，《工程法律實務研析（二）》，元照出版社，2006年，頁207以下（尤其是頁215以下）。

（尤其是民法）規範中，並未排除「強行規定」之設置，藉以保障「交易安全」或確保法律關係當事人之「交易平等」秩序，在工程法律關係中，尤須對風險轉嫁之不合理的約定或免責條款之極度濫用，民法得作更細緻之規定，使得優勢地位之當事人不得以約定排除該等強行規定，例如：在風險分配原則，民法即得明定：「風險應分配於立於掌控風險地位之人」，「風險分配不宜由無能力承擔結果之人負擔」[50]，此種強行性規定，因爲得明定於「工程契約章」中且列爲強行規定，不容以契約合意加以排除，可以大量減少工程不合理約款或者定型化契約條款之濫用。

最後，私法關係的舉證責任分配，程序有效進行及紛爭快速解決機制，亦均應配套明訂，在「效率」「專業」「公平」的指導下，設計出一套合理之程序規範，以茲配合，亦屬刻不容緩。例如工程紛爭之舉證責任分配，得部分轉嫁於特定人（即業主），應負擔協力行爲與協力義務之明確化；紛爭程序一律先進行調處或申訴程序，以避免訴訟程序之冗長及耗費過多社會成本；訴訟程序採取由當事人聲請之參審制，容許非專業法官充當工程案件之陪席法官，期能作出「專業」「公平」之判決……等等，均屬未來規範民事法律關係，有效解決工程紛爭之必要核心配套措施；如果不以立法或修法解決或預防紛爭，徒單純認爲由行政權（尤其是更改工程契約要項）或司法權（尤其個案審判結果的妥適性）之運作，即可迎刃而解的想法，恐怕不僅昧於臺灣現存的工程實況外，亦可能過度高估行政機關與司法機關預防或解決工程紛爭之能力。

（二）公法關係

在目前司法二元的客觀環境下（參閱憲法§77規定）[51]，即私法關係由普通法院審理，公法關係由行政法院審判的二元系統分殊下，對於公法關係的形成、變更或消滅，亦不容小覷，因爲工程紛爭，依目前我國法律制度之設計，公權力機關或公權力措施始終如影隨形，伴隨著工程法律關

---

50 參閱顏玉明，前揭註30，頁128。

51 有關憲法第77條規定，是否即明示司法應採二元制（或多元審判制）？國內學說固有爭議，但前揭司法院釋字第540號解釋，已間接肯認司法二元制之合憲性。

係之形成、變更或消滅。最典型的例證即爲政府採購法及促參法的設計，公權力之介入使得原本單純之私經濟關係（即國庫行政行爲），因爲公共利益或公共建設之特殊國庫考量，而形成公法關係具舉足輕重的地位，例如：促參法及政府採購之甄審程序，從程序之開動（公開招標或由民間開始進行工程規劃設計）到選出最優先議約廠商，均有公權力之不斷介入，最優先議約廠商（或落選廠商）對於此等公權力行爲，除得依促參法或政府採購法之規定，提起異議申訴外，並得繼續提起訴願或行政訴訟，請求行政法院加以審理，而行政法院之合法性審查，透過判決之宣示（例如：高速公路之ETC判決）[52]，進而影響或推翻已確定之私法關係，可以明確見到：在我國法律關係中，公法關係不僅影響到私法關係，而且亦可推翻已確定之私法關係。因此，在充滿公權力機關監督下之工程營建關係，其中有一大部分係屬公法關係，例如：建築監督關係、政府採購關係（至簽訂採購契約前）、都市更新、都市開發及技師、建築師、營造業、工程技術顧問公司管理關係……等均有大部分屬於公權力色彩之法律關係，因爲行政機關得透過個別部門公法之「授權」，以公權力措施（含合意或行政契約之方式）去發生、變更或消滅公法及私法關係，所以在使用公部門預算的營建工程法律關係，可以說公法關係已成爲最主要的核心關係，並不爲過，再加上公共建設，占我國工程營造有不低之比例，因此益加突顯出公法關係的重要性。

公法上之法律關係，其重大特徵在於當事人之不對等性及公共利益之考量扮演絕對性之角色；公法上之法律關係具有相當之快速變動性及多面性特徵；此外公法上之法律關係爲避免法律關係之不穩定性，所以有「依法行政」或「法律保留原則」之適用，結果造成行政裁量之萎縮以及工程彈性之減少，此種「防弊」重於「興利」的價值抉擇，在目前國民不信賴行政官僚的廉潔的前提下，短期間之內，似不易有所大幅更動。公法之法律關係與私法法律關係，如何在雙階法律關係下，和諧共處而不生矛盾齟齬，不僅考驗著立法者，司法者及行政權，更考驗著法律學界及工程學界

52 請參閱臺北高等行政法院94年度訴字第752號判決；最高行政法院95年度判字第1239號判決，關於ETC判決之評析，請參見林明鏘，前揭註11，頁229以下之整理。

的智慧，因爲這種雙階段法律關係之設計，本質上已存在指導價值之不一致性即依法行政與私法自治的兩種基本價值，所以乃屬恆久以來的人類制度及智慧的挑戰。

（三）兩階段法律關係

依政府採購法第83條規定：「審議判斷，視同訴願決定。」另促參法第47條第1項亦規定：「參與公共建設之申請人與主辦機關於申請及審核程序之爭議，其異議及申訴，準用政府採購法處理招標、審標或決標爭議之規定。」再加上學理及實務上目前均認爲政府採購契約爲民事契約[53]，所以在政府採購過程中，即發生所謂「雙階段法律關係」（Zwei-Stufen-Rechtsverhaltnis），申言之，在招標至決標及申訴審議程序，均屬公法關係，但是，締結契約以後（含履約管理、驗收等階段）則屬私法關係，同一件政府採購事件，兼有公法、私法之法律關係，得以圖10-6簡圖示之。

但是，在促參法上之「投資契約」（§12Ⅰ規定參照）卻被最高行政法院定性爲行政契約，相類似公共工程之興辦，只因爲法律規定之不同，致其契約性質亦有不同之定性，是否妥適？容有通盤檢討之必要！依本文所見，由於政府採購程序及促參程序，立法者均有意將其程序分成雙階段處理，但其程序不論依其涉及之公共利益或適用主體而論均屬公法關係，

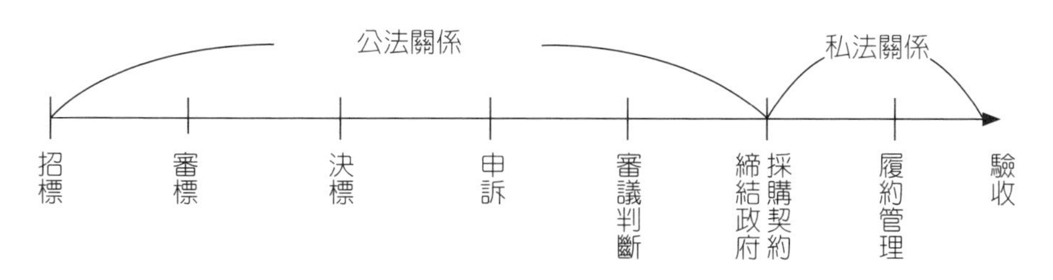

圖10-6　政府採購兩階段法律關係

（本圖爲作者自製）

53 最高法院91年度台上字第2220號判決；92年度台上字第785號判決等參照。

加上「行政契約」已於行政程序法中加以明定，所以從整體法律關係判斷，似應均定性此兩階段爲公法關係，即行政處分＋行政契約關係，始不致於發生同一程序之法律紛爭，只因程序階段前後不同，而須分由不同法院審理之怪異現象；相反地，如果能將政府採購契約，亦比照促參法上之投資契約定性，均認定其係屬行政契約，而由行政法院審理其紛爭，不僅理論一貫，而且有助於利用行政契約之法理規定，有效解決公法契約之紛爭[54]。

五、紛爭之法律程序

如前所述，工程法律關係有私法關係、公法關係及公私混合法律關係，因此，工程爭議亦呈現多樣化及多軌救濟型態，首先，就私法關係爭議而言，其爭訟途徑得以圖10-7呈現之。

私法紛爭之爭訟途徑，目前又以訴訟途徑爲大宗，該程序不僅耗費當事人之時間、費用、勞力，而且因爲程序相當冗長，對於營建工程之廠商及業者而言，乃是一種相當大之交易風險。至於當事人依工程契約條款所

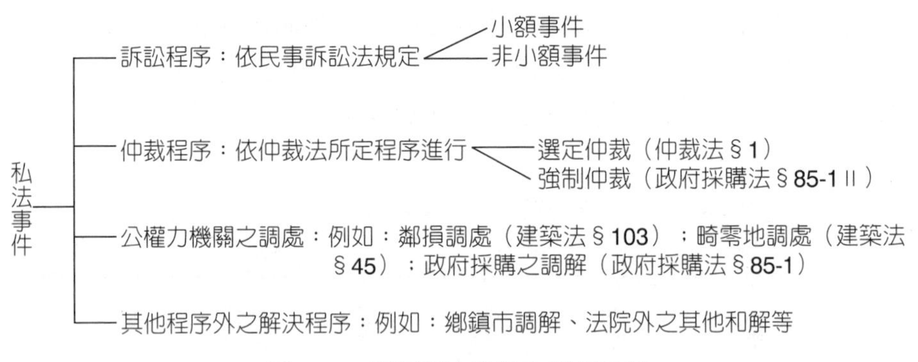

圖10-7　工程私法紛爭之爭訟途徑

（本圖爲作者自製）

54 林明鏘，〈促進民間參與公共建設法事件法律性質之分析〉，《營建法學研究》，臺大法學叢書158，元照出版社，2006年，頁113以下（尤其是頁122以下至124）。

約定之仲裁或因政府採購法第85條之1第2項之強制仲裁條款[55]，雖有快速解決紛爭之優點（目前約六至八個月即可作成仲裁判斷），但是，行政機關對仲裁制度之公正性、舉證責任分配原則等，並無全盤之信賴，所以目前仲裁案件所占工程紛爭解決之比例並不太高；至於公權力機關之工程紛爭調處，原則上亦無強制效力，所以當事人一方若不願接受調處方案或建議時，該等程序即無法有效解決紛爭，因此，私法紛爭目前仍以訴訟途徑爲大宗時，如何有效且公平快速處理工程紛爭案件，在程序上如何作加速之措施，都是值得司法制度加以檢討者。

就公法關係之爭議途徑，目前亦呈現多元複雜之管道，其體系，得以圖10-8簡述之。

由於公法關係之爭訟途徑，因公法關係基礎事由之不同，而會產生種種不同之法定程序，如果再加上私法關係爭訟與公法關係爭訟，程序得各自獨立進行，互不影響或相互牽制的影響，所以縱使是一件單純的公共建

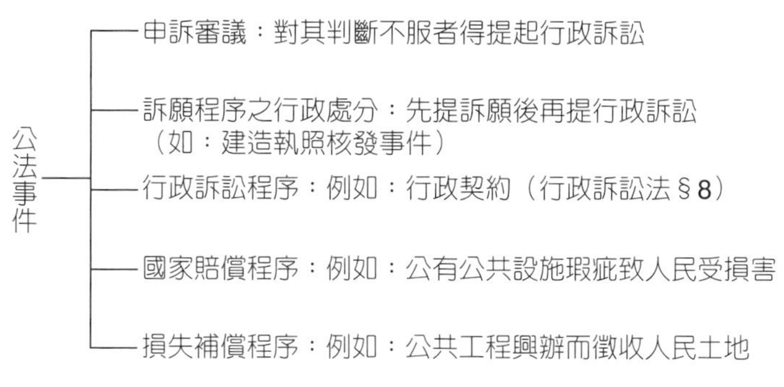

圖10-8　工程公法紛爭之爭訟途徑

55 政府採購法第85條之1第2項規定：「前項調解屬廠商申請者，機關不得拒絕。工程採購經採購申訴審議委員會提出調解建議或調解方案，因機關不同意致調解不成立者，廠商提付仲裁，機關不得拒絕。」可知，凡廠商申請調解，卻因故未能達成協議時，廠商向仲裁機構聲請仲裁時，則機關即不得拒絕仲裁。此種「強迫仲裁」之規定，乃當時立法院受營造業者遊説及外國廠商（商會）之壓力而於民國96年所增訂者，該規定除因適用要件不明確外，是否有違反憲法第16條及第23條比例原則等之規定？均有待深究。併請參見張嘉眞、吳典倫，〈政府採購法第85條之1第2項修訂爲「先調後仲」之強制仲裁對公共工程合約之影響分析及因應建議〉，萬國法律第157期，2008年，頁40至48。

設，就有可能發生數次之法律紛爭，例如：行政院公共工程委員會統計自民國103年至105年度，中央及地方各機關申訴與調解案件數統計，三年共有4,823件爭議案件[56]，可以見微知著，公法關係及私法關係之工程爭議事件，其重疊、多元解決途徑之複雜性，此種複雜性，雖肇始於憲法上保障人民訴願及訴訟之基本人權，但是，在法制度的設計上，如何避免產生公法關係與私法關係的混合程序或理論，加強工程仲裁的功能及範圍，或擴大工程法律關係當事人互相協商及談判之空間，或許可以適度解決目前臺灣工程紛爭程序氾濫的惡化局面，使得「工程獲利須靠訴訟索賠」的不正常現象[57]，加以制度性合理修正的不二法門。

參、延伸閱讀

1. 陳櫻琴／陳希佳／黃仲宜，《工程與法律》，新文京開發出版公司，2010年，2版。
2. 林明鏘，〈工程與法律教學研究之科技整合〉，臺大法學論叢第38卷第3期，2009年9月，頁109至171。
3. 李家慶，《工程與法律的對話》，三民書局，2010年，初版。

[56] 其中申訴案件2,346件（44.9%），調解案件2,477件（55.8%），參照行政院公共工程委員會，中央及地方各機關申訴與調解案件統計，https://www.pcc.gov.tw/Content_List.aspx?n=D33EDAD705D8E4A1（最後瀏覽日期：2018/1/24）。

[57] 王伯儉，前揭註9，頁244（業主處理工程糾紛索賠的要領爲何？）。

參考文獻 | REFERENCES

1. 于俊明，建築業爭訟攻防解析，永然出版社，1998年初版。
2. 王伯儉，工程糾紛與索賠實務，元照出版社，2004年8月初版。
3. 王伯儉，工程人員契約法律實務，永然出版社，2003年9月3版。
4. 尹章華，公共工程與採購法，漢興書局，1998年7月初版。
5. 古嘉諄、劉志鵬，工程法律實務研析（一），元照出版社，2004年9月，2版。
6. 古嘉諄／陳希佳／顏玉明，工程法律實務研析（二），元照出版社，2006年2月初版。
7. 古嘉諄／陳希佳／陳秋華，工程法律實務研析（三），元照出版社，2007年7月初版。
8. 古嘉諄／吳詩敏，工程法律實務研析（四），元照出版社，2008年9月初版。
9. 古嘉諄／吳詩敏／孫丁居，工程法律實務研析（五），元照出版社，2009年11月初版。
10. 古嘉諄／劉志鵬／吳詩敏／李惠貞，工程法律實務研析（六），元照出版社，2011年10月初版。
11. 古嘉諄／李元德／黃俊凱／陳俐宇，《促參法Q&A》，元照出版社，2009年7月初版。
12. 江建勳，政府採購法規，五南出版社，2012年3月11版。
13. 余文恭，論工程契約之性質及其義務群，月旦法學雜誌第129期，2006年2月。
14. 李家慶主編，工程爭議處理〔臺灣營建研究院出版品〕，2003年3月初版。
15. 李家慶，論工程契約變更，收錄於交大科技法律研究所主辦，全國科技法律研討會論文集，2002年。
16. 李家慶，工程計價漏項之爭議，營建知訊第181期，1998年3月，頁61以下。
17. 李家慶，如何處理工程現場差異情況，營建知訊第211期，2000年8月，頁71以下。
18. 李家慶（主編），工程與法律的對話，三民書局，2011年2版。
19. 李孝安、黃玉霖，民間參與公共建設之現況與展望〔臺灣營建研究院出版品〕，2003年初版。
20. 李永然，工程及採購法律實務Q&A，永然出版社，2010年7月再版。
21. 李永然、李宗憲，工程爭議與解決法律實務，永然出版社，2011年8月3版。
22. 李永然、林旺根、吳聖洪、陳美華、張能政，都市更新實務專授全輯，永然出版社，2010年12月2版。
23. 呂彥彬，工程契約履約擔保制度之研究，元照出版社，2010年3月初版。
24. 林孜俞，公共工程契約之議定與招標機關之義務，臺大法研所碩士論文，2002年6月。
25. 林孜俞，工程契約業主不為協力行為之效力，月旦法學雜誌第129期，2006年2月。
26. 林家祺，政府採購法之救濟程序，五南出版社，2002年3月初版。
27. 林鴻銘，政府採購法之實用權益，永然出版社，2013年12月12版。
28. 林明鏘，建築管理法制基本問題之研究，臺大法學論叢第30卷第2期，2001年3月，頁29至76。
29. 林明鏘，國土計畫法學研究，臺大法學叢書159，元照出版社，2006年11月初版。
30. 林明鏘，營建法學研究，臺大法學叢書158，元照出版社，2017年11月2版。
31. 林明鏘，工程與法律教學研究之科際整合，臺大法學論叢第38卷第3期，2009年9月，頁109至171。
32. 林明鏘，民營化與制度實踐，臺大法學叢書237，新學林公司，2021年4月初版。
33. 金玉瑩，都市更新條例裁判函令彙編，新學林出版社，2012年3月初版。
34. 林欣蓉、楊正綺，工程展延與情事變更原則適用關係之檢討，交大科技法律研究所主辦，全國科技法律研討會論文集，2002年。
35. 林炳坤，政府採購最有利標實例精解，永然出版社，2012年2月3版。

36. 胡偉良，由工程仲裁談工程與法律實務（上）（中）（下），營造天下第15、16、17期，1997年5月、6月、7月。
37. 洪國欽／蔡秋聰，情事變更原則與公共工程之理論與實務，元照出版社，2010年2月初版。
38. 洪國欽，促進民間參與公共建設法逐條釋義，元照出版社，2008年1月初版。
39. 郭芳婷，公共工程契約之研究，臺大法研所碩士論文，2003年。
40. 郭斯傑，國內促參案例統計現況工程會研究計畫，2006年1月（尚未出版）。
41. 唐國聖，政府採購法律應用篇，永然出版社，2011年6月8版。
42. 黃立，工程承攬契約中情勢變更之適用問題，政大法學評論第119期，2011年2月，頁189至233。
43. 黃鈺華、蔡佩芳，李世祺，政府採購法解讀，元照出版社，2017年9月6版。
44. 黃武達，建築法釋義，茂榮圖書公司，1977年9月初版。
45. 黃宗源，土地開發與建築法規應用，永然出版社，2015年3月5版。
46. 梁鑑（編），國際工程施工索賠，淑馨出版社，1999年1月初版。
47. 陳櫻琴、陳希佳、黃仲宜，工程與法律，新文京開發出版公司，2010年9月2版。
48. 陳建宇，政府採購異議、申訴、調解實務，永然出版社，2003年初版。
49. 楊國平，建築物室內裝修法規概要，五南出版社，2015年6月2版。
50. 張金鶚，張金鶚的都市更新九堂課，方智出版公司，2011年12月。
51. 張南薰，情事變更原則在公共工程上之應用，政大法研所碩士論文，2000年。
52. 張祥暉（主編），政府採購法問答集，新學林出版社，2014年9月2版。
53. 詹森林，承攬瑕疵擔保責任重要實務問題，月旦法學雜誌第129期，2006年2月。
54. 潘秀菊，政府採購法，新學林出版社，2009年8月初版。
55. 顏玉明，營建工程契約進度及工期問題之探討，月旦法學雜誌第129期，2006年2月。

56. 顏玉明，政府採購環境保護產品之探討，軍法專刊第60卷第3期，2014年，頁71至102。
57. 蔡志揚，論營建工程建照審查及施工勘驗之國家定位，輔大法研所碩士論文，2007年1月。
58. 蔡志揚，圖解！良心律師教你看穿都更法律陷阱，三采出版社，2011年8月初版。
59. 蔡志揚主編，營建法規，五南出版社，2016年11月16版。
60. 謝哲勝／李金松，工程契約理論與實務（上冊）（下冊），臺灣財產法暨經濟法研究協會出版，2014年9月增訂3版。
61. 謝定亞，你所不知的工程訴訟—工程司法判決研析Ⅰ，元照出版社，2013年3月，初版。
62. 蕭偉松，論營建工程遲延與情事變更原則之應用，東吳法律專業碩士班論文，2001年8月。
63. 蕭華強，政府採購法，新學林出版社，2016年8月6版。
64. 羅昌發，政府採購法與政府採購協定論析，元照出版社，2008年11月3版。
65. 羅明通，公平合理原則與不可歸責於兩造之工期延宕之補償，月旦法學雜誌第91期，2002年12月，頁251以下。
66. 公共工程委員會編，政府採購履約爭議處理案例彙編（一），2001年3月。
67. 公共工程委員會編，政府採購法令彙編，2017年2月32版。
68. 公共工程委員會編，促進民間參與公共建設法令彙編，2016年11月初版。
69. 公共工程委員會編，公共工程爭議處理案例彙編（Ⅰ）（Ⅱ），1997年11月、12月。
70. 中華民國仲裁協會編，工程仲裁案例選輯（Ⅰ）～（Ⅲ），1999年及2000年。
71. 中華民國仲裁協會編，工程爭議問題與實務（一）（二），2010年初版。
72. 東吳大學法學院，政府採購法制之省思與開展，第一屆東吳工程法律學術研討會，2014年6月6日。
73. 萬國法律事務所，工程法律探索，元照出版社，2009年10月初版。

索引 | INDEX

三劃

四劃

五劃

六劃

七劃

八劃

九劃

十劃

十一劃

十二劃

十三劃

十四劃

十五劃

十六劃

十七劃

十八劃

二十一劃

國家圖書館出版品預行編目資料

工程與法律十講／林明鏘，郭斯傑著．-- 四版．-- 臺北市：五南圖書出版股份有限公司，2021.08
面；　公分
ISBN 978-986-522-786-9（平裝）

1.工程　2.法規　3.論述分析

440.023　　110007409

1R94

工程與法律十講

作　　者— 林明鏘（120.7）　郭斯傑（241.6）
發 行 人— 楊榮川
總 經 理— 楊士清
總 編 輯— 楊秀麗
副總編輯— 劉靜芬
責任編輯— 呂伊真
封面設計— 姚孝慈
出 版 者— 五南圖書出版股份有限公司
地　　址：106台北市大安區和平東路二段339號4樓
電　　話：(02)2705-5066　　傳　　真：(02)2706-6100
網　　址：https://www.wunan.com.tw
電子郵件：wunan@wunan.com.tw
劃撥帳號：01068953
戶　　名：五南圖書出版股份有限公司
法律顧問　林勝安律師事務所　林勝安律師
出版日期　2013年9月初版一刷
　　　　　2014年9月二版一刷
　　　　　2018年2月三版一刷
　　　　　2021年8月四版一刷
定　　價　新臺幣500元

經典永恆・名著常在

五十週年的獻禮——經典名著文庫

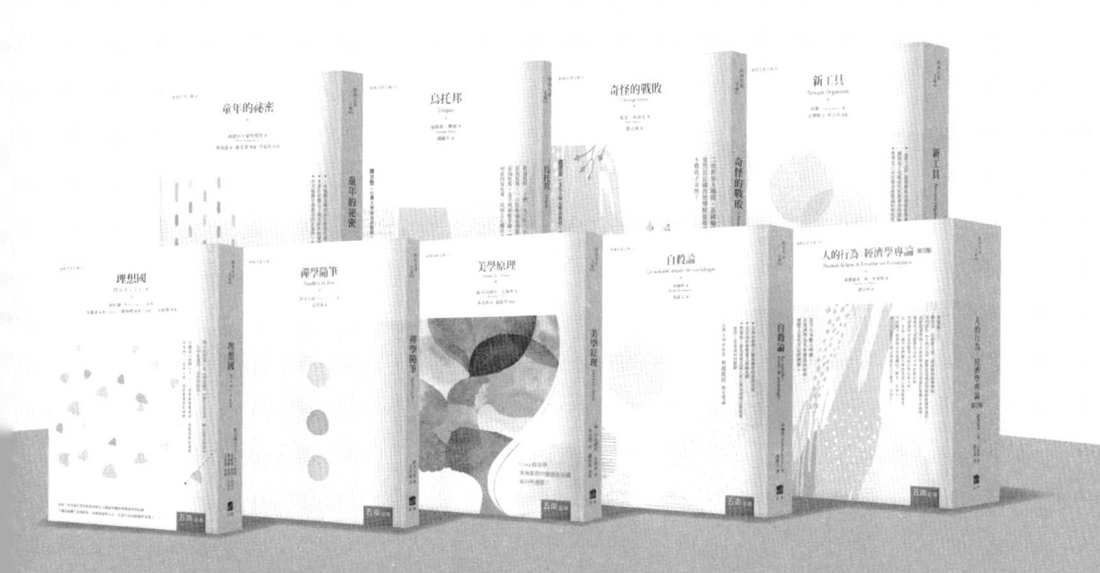

五南，五十年了，半個世紀，人生旅程的一大半，走過來了。
思索著，邁向百年的未來歷程，能為知識界、文化學術界作些什麼？
在速食文化的生態下，有什麼值得讓人雋永品味的？

歷代經典・當今名著，經過時間的洗禮，千錘百鍊，流傳至今，光芒耀人；
不僅使我們能領悟前人的智慧，同時也增深加廣我們思考的深度與視野。
我們決心投入巨資，有計畫的系統梳選，成立「經典名著文庫」，
希望收入古今中外思想性的、充滿睿智與獨見的經典、名著。
這是一項理想性的、永續性的巨大出版工程。
不在意讀者的眾寡，只考慮它的學術價值，力求完整展現先哲思想的軌跡；
為知識界開啟一片智慧之窗，營造一座百花綻放的世界文明公園，
任君遨遊、取菁吸蜜、嘉惠學子！